U0191374

普通高等教育规划教材

混凝土结构设计原理

主　编　赵东拂　孟宪强

副主编　王　萱　庞　平

参　编　庄　鹏

机械工业出版社

本书依据 GB 55008—2021《混凝土结构通用规范》、GB 50010—2010《混凝土结构设计规范》（2015 年版）、GB 50009—2012《建筑结构荷载规范》、GB 50068—2018《建筑结构可靠性设计统一标准》以及《高等学校土木工程本科指导性专业规范》编写，内容紧密围绕混凝土结构的形态、平衡与协调这三个方面，主要介绍基本理论和基本构件，精选例题、思考题与习题，以使本书能更好地适应当前"混凝土结构设计原理"课程教学发展的需要。

本书共 10 章，主要内容包括：绪论，混凝土结构材料的物理力学性能，混凝土结构设计方法，受弯构件正截面承载力，受弯构件斜截面承载力，受扭构件承载力，受压构件承载力，受拉构件承载力，钢筋混凝土构件的裂缝、变形和耐久性，预应力混凝土结构构件等。

本书可作为高等院校土木工程专业的专业基础课教材，也可供从事混凝土结构设计、施工与管理等从业人员参考。

图书在版编目（CIP）数据

混凝土结构设计原理/赵东拂，孟宪强主编. —北京：机械工业出版社，2015. 11（2023. 7 重印）
　ISBN 978-7-111-51324-7

Ⅰ.①混…　Ⅱ.①赵…②孟…　Ⅲ.①混凝土结构 – 结构设计 – 高等学校 – 教材　Ⅳ.①TU370.4

中国版本图书馆 CIP 数据核字（2015）第 202796 号

机械工业出版社（北京市百万庄大街 22 号　邮政编码 100037）
策划编辑：林　辉　责任编辑：林　辉　崔立秋
版式设计：赵颖喆　责任校对：樊钟英
封面设计：马精明　责任印制：单爱军
北京虎彩文化传播有限公司印刷
2023 年 7 月第 1 版第 3 次印刷
184mm×260mm・13. 25 印张・326 千字
标准书号：ISBN 978-7-111-51324-7
定价：45. 00 元

电话服务　　　　　　　　　网络服务
客服电话：010-88361066　　机　工　官　网：www. cmpbook. com
　　　　　010-88379833　　机　工　官　博：weibo. com/cmp1952
　　　　　010-68326294　　金　书　网：www. golden-book. com
封底无防伪标均为盗版　机工教育服务网：www. cmpedu. com

前　言

"混凝土结构设计原理"是土木工程专业的主干专业基础课程之一，也是专业平台课。"混凝土结构设计原理"课程不同于"结构力学"等先修课程，结构力学课程具有严谨的逻辑推导，也不同于《混凝土结构设计规范》的条文说明，该课程是学生由基础课的学习向专业课程学习过渡的一门必修课程。这导致已经习惯的基础课程学习方法并不完全适用于本课程，这也给许多初学者带来一定的困扰。结构工程有其自身的理论体系和基本规律，本书在培养学生创新意识和综合能力的同时，侧重引导学生从形态、平衡及协调三个基本要素及其辩证关系入手，学习和理解混凝土结构乃至结构工程学，以建立他们的工程概念，提高他们的工程实践能力，为后续专业课程的学习打下良好的理论基础。

本书的编写旨在贯彻土木工程专业指导委员会制定的《高等学校土木工程本科指导性专业规范》和培养"卓越工程师"的指导思想。本书依据 GB 55008—2021《混凝土结构通用规范》、GB 50010—2010《混凝土结构设计规范》（2015 年版）、GB 50009—2012《建筑结构荷载规范》、GB 50068—2018《建筑结构可靠性设计统一标准》等规范编写，展现了我国混凝土结构在土木工程领域的新成果。

本书主要内容包括：绪论，混凝土结构材料的物理力学性能，混凝土结构设计方法，受弯构件正截面承载力，受弯构件斜截面承载力，受扭构件承载力，受压构件承载力，受拉构件承载力，钢筋混凝土构件的裂缝、变形和耐久性，预应力混凝土结构构件等。每章均配有来自工程实践的典型例题，并配有思考题与习题。本书既可供普通高等院校土木工程专业教学使用，也可供专业技术人员参考学习。

本书由赵东拂、孟宪强主编，王萱、庞平副主编，全书由赵东拂统稿。全书共分为 10 章。其中，第 1、3 章，第 2、4、5、6、7 章的思考题与习题，附录及符号说明由赵东拂编写；第 2 章及第 8 章由孟宪强编写；第 4、5、6 章由庄鹏编写；第 7 章及第 9 章由王萱编写；第 10 章由庞平编写。硕士研究生刘梅、张晓琳、高海静、孟颖、孙菲等协助完成本书的部分编辑和整理工作。

本书采用双色印刷以突显重要内容，希望能够对学生熟悉课本、认知知识起到引导作用，期望学生能够对概念做到"深刻理解"或"熟悉掌握"。

本书配套免费教学课件，以及赵东拂教授在第十七届全国混凝土结构教学研讨会上所做的报告"混凝土结构三要素及其辩证关系"视频，以便选用教材的教师教学参考。

由于编者水平有限，疏漏之处在所难免，敬请广大读者批评指正！

编　者

符 号 说 明

1. 材料性能

E_c——混凝土的弹性模量；

E_s——钢筋的弹性模量；

f_{ck}、f_c——混凝土轴心抗压强度标准值、设计值；

f_{tk}、f_t——混凝土轴心抗拉强度标准值、设计值；

f_{yk}、f_{pyk}——普通钢筋、预应力筋屈服强度标准值；

f_{stk}、f_{ptk}——普通钢筋、预应力筋极限强度标准值；

f_y、f'_y——普通钢筋抗拉、抗压强度设计值；

f_{yv}——横向钢筋的抗拉强度设计值；

f_{py}、f'_{py}——预应力筋抗拉、抗压强度设计值；

δ_{gt}——钢筋最大力下的总伸长率，或均匀伸长率；

C30——立方体抗压强度标准值为 $30N/mm^2$ 的混凝土强度等级；

HRB500——强度等级为 500MPa 的普通热轧带肋钢筋；

HRBF400——强度等级为 400MPa 的细晶粒热轧带肋钢筋；

RRB400——强度等级为 400MPa 的余热处理带肋钢筋；

HPB300——强度等级为 300MPa 的热轧光圆钢筋；

HRB400E——强度等级为 400MPa 且有较高抗震性能的普通热轧带肋钢筋。

2. 作用和作用效应

N——轴向力设计值；

N_k、N_q——按荷载标准组合、准永久组合计算的轴向力值；

N_{u0}——构件的截面轴心受压或轴心受拉承载力设计值；

N_{p0}——预应力构件混凝土法向预应力等于零时的预加力；

M——弯矩设计值；

M_k、M_q——按荷载标准组合、准永久组合计算的弯矩值；

M_u——构件的正截面受弯承载力设计值；

M_{cr}——受弯构件的正截面开裂弯矩值；

T——扭矩设计值；

V——剪力设计值；

F_l——局部荷载设计值或集中反力设计值；

σ_s、σ_p——正截面承载力计算中纵向钢筋、预应力筋的应力；

σ_{pe}——预应力筋的有效预应力；

σ_l、σ'_l——受拉区、受压区预应力筋在相应阶段的预应力损失值；

τ——混凝土的剪应力；

w_{max}——按荷载准永久组合或标准组合，并考虑长期作用影响的计算最大裂缝宽度。

3. 几何参数

b——矩形截面宽度，T形、I形截面的腹板宽度；

c——混凝土保护层厚度；

h——截面高度；

h_0——截面有效高度；

d——钢筋的公称直径（简称直径）或圆形截面的直径；

d_e——等效直径；

l_0——计算跨度或计算长度；

l_{ab}、l_a——纵向受拉钢筋的基本锚固长度、锚固长度；

s——沿构件轴线方向上横向钢筋的间距、螺旋筋的间距或箍筋的间距；

x——混凝土受压区高度；

A——构件截面面积；

$A_s(A_p)$，$A'_s(A'_p)$——受拉区、受压区纵向普通钢筋（预应力筋）的截面面积；

A_l——混凝土局部受压面积；

A_{cor}——箍筋、螺旋筋或钢筋网所围成的混凝土核心截面面积；

B——受弯构件的截面刚度；

I——截面惯性矩；

W——截面受拉边缘的弹性抵抗矩；

W_t——截面受扭塑性抵抗矩。

4. 计算系数及其他

α_E——钢筋弹性模量与混凝土弹性模量的比值；

γ——混凝土构件的截面抵抗矩塑性影响系数；

η_{ns}——偏心受压构件考虑二阶效应影响的轴向力偏心距增大系数；

C_m——偏心距调节系数；

λ——计算截面的剪跨比，即 $M/(Vh_0)$；

ρ——纵向受力钢筋的配筋率；

ρ_v——间接钢筋或箍筋的体积配筋率；

ϕ——表示钢筋直径的符号，$\phi20$ 表示直径为 20mm 的钢筋。

目　　录

第1章 绪 论

1.1 混凝土结构的一般概念

结构,广义上是指土木工程的建筑物、构筑物及其相关组成部分的实体,狭义上是指各种工程实体的承重骨架。混凝土结构是指以混凝土为主要建筑材料制成的结构,包括素混凝土结构、钢筋混凝土结构、预应力混凝土结构和各种其他形式的加筋混凝土结构等。素混凝土结构是指无筋或不配置受力钢筋的混凝土结构,常用于路面和一些非承重结构;钢筋混凝土结构是指配置受力普通钢筋、钢筋网或钢筋骨架的混凝土结构;预应力混凝土结构是指配置受力的预应力筋,通过张拉或其他方法建立预加应力的混凝土结构。

1.1.1 钢筋混凝土结构的一般概念

钢筋混凝土结构是由钢筋和混凝土组成的结构。混凝土抗压强度高,抗拉强度低(混凝土的抗拉强度一般仅为抗压强度的1/10左右)。钢筋的抗压和抗拉能力都很强。为了充分发挥材料的性能,将钢筋和混凝土两种材料结合在一起共同工作,使钢筋主要承受拉力,混凝土主要承受压力,则能使两种材料各尽其能,组成良好的结构构件。

1.1.2 钢筋与混凝土共同工作的原因

钢筋与混凝土是两种不同的材料,它们能有效地结合在一起共同工作,其主要原因有:

1)混凝土和钢筋之间有良好的黏结性能,两者能可靠地结合在一起,共同受力,共同变形。

2)混凝土和钢筋两种材料的温度线膨胀系数很接近,混凝土的线膨胀系数为$(1.0 \sim 1.5) \times 10^{-5}/℃$,钢筋的线膨胀系数为$1.2 \times 10^{-5}/℃$,因此避免了温度变化产生较大的温度应力破坏二者之间的黏结力。

3)混凝土包裹在钢筋的外部,使钢筋免于腐蚀或高温软化。

1.1.3 钢筋混凝土构件的分类

钢筋混凝土结构由一系列受力类型不同的构件组成。这些构件称为基本构件,主要包括:板、梁、柱、墙和基础等。基本构件按其受力特点的不同可以分为:

1)受弯构件,如各种单独的梁、板以及由梁组成的楼盖、屋盖等。

2)受压构件,如柱、剪力墙等。

3)受拉构件,如屋架的拉杆、水池的池壁等。

4)受扭构件,如带有悬挑雨篷的过梁、框架的边梁等。

1.1.4 预应力混凝土结构的一般概念

预应力混凝土结构是指结构在承受外荷载以前,预先采用人为的方法,在结构内部形成一种应力状态，使结构在使用阶段产生拉应力的区域先受到压应力，这项压应力将抵消一部分或全部使用阶段荷载产生的拉应力，从而推迟裂缝的出现，限制裂缝的展开，提高结构的刚度。预应力混凝土结构的实质是采用预先加压的手段间接提高混凝土的抗拉强度，即极限拉应力，从本质上改善混凝土容易开裂的特性，这是工程结构设计的一个飞跃发展。

1.1.5　混凝土结构的优缺点

混凝土结构能在各种不同的工程中得以广泛应用，除了充分利用混凝土和钢筋的性能外，还具有下列优点：

1）耐久性好。混凝土结构中混凝土的强度随时间的增长而增长。在一般环境下，钢筋可以受到混凝土的保护不发生锈蚀；在恶劣环境中，经过合理的设计并采取特殊的构造措施，一般能满足工程需要。

2）耐火性好。混凝土是不良导热体，当发生火灾时，由于有混凝土作为保护层，混凝土内的钢筋不会像钢结构的受力构件那样很快升温达到软化温度而丧失承载能力。混凝土结构的耐火性能优于钢木结构。

3）可模性好。混凝土结构可以根据需要浇筑成各种形状和尺寸的构件，如空间结构、箱形结构、曲线形的梁等。

4）整体性好。现场整浇的混凝土结构各构件之间连接牢固，具有良好的整体性，对抗震、抗爆有利。

5）可就地取材。在混凝土结构中，用量最多的砂、石等材料属于地方材料，可就地供应。还可以将工业废料制成人工集料，将粉煤灰作为水泥或混凝土的外加成分，变废为宝，保护环境。

6）节约钢材。和钢结构相比，混凝土结构中用混凝土代替钢筋受压，合理发挥了材料的性能，节约了钢材。

但是混凝土结构也有一些缺点，如自身重力较大，这对大跨度结构、高层建筑结构以及抗震不利，也给运输和施工吊装带来困难。另外，钢筋混凝土结构抗裂性较差，受拉和受弯等构件在正常使用时往往带裂缝工作，对一些不允许出现裂缝或对裂缝宽度有严格限制的结构，要满足这些要求就需要提高工程造价。此外，钢筋混凝土结构的隔热隔声性能也较差。随着科学技术的发展，这些缺点会逐渐被克服。

1.2　混凝土结构的发展

1.2.1　混凝土结构的发展阶段

与砌体结构、钢结构、木结构相比，混凝土结构的历史不长，但自19世纪中叶开始使用后，由于混凝土和钢筋材料性能的不断改进，结构理论、施工技术的不断进步，使得钢筋混凝土结构得到迅速发展。目前，混凝土结构已经广泛应用于工业和民用建筑、桥梁、隧道、矿井以及水利、海港等土木工程领域。建筑用混凝土的发展史可以追溯到古希腊、罗马时代，甚至可能在更早的古代文明中就已经使用了混凝土及其胶结材料。但直到1824年波特兰水泥（硅酸盐水泥）的发明才为混凝土的大量使用开创了新纪元，至今仅有190多年的历史。它的发展大致经历了四个不同的阶段。

第一阶段为钢筋混凝土小构件的应用，设计计算依据为弹性理论方法。这一阶段所采用的钢筋和混凝土的强度都比较低，主要用来建造中小型楼板、梁、拱和基础等构件。例如，1872 年美国人沃德（E. W. Ward）建造了第一幢钢筋混凝土构件的房屋，1906 年特纳（C. A. P. Turner）研制了第一个无梁平板。从此钢筋混凝土小构件进入工程实用阶段。

第二阶段为钢筋混凝土结构与预应力混凝土结构的大量应用，设计计算依据为材料的破损阶段方法。1922 年，英国人狄森（Dyson）提出了受弯构件按破损阶段的计算方法。1928 年法国工程师弗莱西奈（E. Freyssinet）发明了预应力混凝土。其后钢筋混凝土与预应力混凝土在分析、设计与施工等方面得到了迅速发展，出现了许多独特的建筑物，如美国波士顿市（Boston）的 Kresge 大会堂，英国的 1951 节日穹顶，美国芝加哥市（Chicago）的 Marina 摩天大楼等建筑物。1950 年前苏联根据极限平衡理论制定了"塑性内力重分布计算规程"。1955 年颁布了极限状态设计法，从而结束了按破损阶段的设计计算方法。

第三阶段为工业化生产预制构件与机械化施工，结构体系应用范围扩大，设计计算按极限状态方法。由于第二次世界大战后许多大城市百废待兴，重建任务繁重。工程中大量应用预制构件和机械化施工以加快建造速度。继前苏联提出的极限状态设计法之后，1970 年英国、联邦德国、加拿大、波兰相继采用了此方法，并在欧洲混凝土委员会与国际预应力混凝土协会（CEB-FIP）第六届国际会议上提出了混凝土结构设计与施工建议，形成了设计思想上的国际化统一准则。

第四阶段是由于近代钢筋混凝土力学这一新的学科分支逐渐形成，以统计教学为基础的结构可靠性理论已逐渐进入工程实用阶段。计算机技术的迅速发展使复杂的数学运算成为可能。设计计算依据概率极限状态设计法。该阶段可概括为计算理论趋于完善，材料强度不断提高，施工机械化程度越来越高，建筑物向大跨高层发展。

我国的钢筋混凝土结构发展比较曲折，新中国成立前几乎是空白，20 世纪 60 年代边学习前苏联的经验边完善提高，70 年代自己动手搞科研、编规范。近四十年来，作为反映我国混凝土结构学科技术水平的《混凝土结构设计规范》，随着我国工程建设经验的积累、科研工作的成果及世界范围内技术的进步而不断改进。我国不断制订和修订相关规范、标准，这在一定程度上反映了我国土木工程领域中混凝土结构的新进展，满足了我国在相关工程领域可持续发展的需求。我国在钢筋混凝土基本理论与计算方法、可靠度与荷载分析、单层与多层厂房结构、高层建筑结构、大板与升板结构、大跨度结构、结构抗震、工业化建筑体系、电子技术在钢筋混凝土结构中的应用和测试技术等方面取得了很多成果，为修订和制定有关规范和规程提供了大量的数据和科学依据。

1.2.2　混凝土结构材料方面的发展

钢筋混凝土结构自诞生以来在材料方面的发展主要表现在以下几个方面：混凝土和钢筋强度的不断提高，混凝土性能的不断改善，轻质混凝土的应用和用纤维增强复合材料筋（FRP 筋）代替钢筋。

随着水泥和钢材工业的发展，混凝土和钢材的性能不断改进、强度逐步提高。美国在 20 世纪 60 年代使用的混凝土抗压强度平均为 $28N/mm^2$，在 70 年代已经提高到 $42N/mm^2$。

近年来一些特殊结构的混凝土抗压强度可达 $100N/mm^2$，而试验室得出的抗压强度最高已达 $266N/mm^2$。前苏联在 20 世纪 70 年代使用钢材平均屈服强度为 $380N/mm^2$，在 80 年代提高到 $420N/mm^2$；美国在 20 世纪 70 年代钢材平均屈服强度已达 $420N/mm^2$。预应力筋所用钢材的强度则更高。这些均为进一步扩大钢筋混凝土结构的应用范围创造了条件，特别是自 20 世纪 70 年代以来，很多国家已把高强度钢筋和高强度混凝土用于大跨、重型、高层结构中，在减轻结构自重、节约钢材上取得了良好的效果。

20 世纪 90 年代以前，我国采用的混凝土抗压强度仅为 $15\sim20N/mm^2$，但随着经济的发展和科技的进步，高强混凝土在工程实践中得以应用。目前，我国的土木工程结构，尤其是超高层混凝土房屋，应用抗压强度为 $60N/mm^2$ 的混凝土已相当普遍。

为提高混凝土的抗拉强度，改善混凝土的抗裂、抗冲击、抗疲劳、抗磨等性能，在普通混凝土中掺入各种纤维（如钢纤维、合成纤维、玻璃纤维和碳纤维等）而形成的纤维混凝土已在工程中得到广泛的应用，其中以钢纤维混凝土的技术最为成熟，应用最为广泛。美国、日本和我国都相继编制了钢纤维混凝土结构的施工设计规程或规范。

为克服混凝土自重大的缺点，经国内外学者的努力，由胶结料、多孔粗骨料、多孔或密实细骨料与水拌制而成的轻质混凝土（一般干重度不大于 $18kN/m^3$）得到了很大的发展。国外用于承重结构的轻质混凝土的抗压强度一般为 $30\sim60N/mm^2$，其重度一般为 $14\sim18kN/m^3$。国内轻质混凝土的抗压强度一般为 $20\sim40N/mm^2$，其重度一般为 $12\sim18kN/m^3$。1976 年建成的美国芝加哥市（Chicago）Water Tower 广场大厦的楼板采用了抗压强度为 $35N/mm^2$ 的轻骨料混凝土。美国休斯敦市（Houston）52 层 210m 高的贝壳广场大厦则全部由轻质混凝土建造。当对混凝土的强度要求不高时，可以采用普通粗骨料制成的无砂大孔混凝土，其重度一般为 $16\sim19kN/m^3$。

对于混凝土结构中的钢筋，主要是向高强并有较好延性、防腐性、黏结锚固性等方向发展。我国用于普通混凝土结构的钢筋强度已达 $500N/mm^2$。在中等跨度的预应力构件中将采用强度为 $800\sim1370N/mm^2$ 的中强螺旋肋钢丝，在大跨度的预应力构建中采用强度为 $1570\sim1960N/mm^2$ 的高强钢丝和钢绞线。混凝土结构中钢筋的锈蚀是影响结构寿命的重要因素之一，用 FRP 筋代替混凝土中的钢筋将是一种有效的解决锈蚀问题的方法。

FRP 筋是一种由纤维加筋、树脂母体和一些添加料制成的复合材料，具有强度高、质量轻、抗腐蚀、低松弛、易加工等优良特性，是钢筋的良好替代物。FRP 筋是近年来在土木工程中开始应用的新型材料，在桥梁工程中有着广阔的应用前景。

1.2.3 混凝土结构的设计理论的发展

混凝土结构的基本理论和设计方法是不断发展的。早期以弹性理论为基础的"容许应力法"一经提出便很快被工程界所接受。此方法认为截面应力分布是线性的，尽管在数学处理上比较简单，但是没有考虑钢筋与混凝土之间以及超静定结构各截面之间的应力或内力重分布，也没有深入考虑抗震设计中所必须考虑的延性。所以，这种设计方法不能正确揭示混凝土结构或构件受力性能的内在规律。现在绝大多数国家已不再采用容许应力法。

20 世纪 40 年代，前苏联的学者提出了按破损阶段计算的方法，该方法以截面所能抵抗的破坏内力为依据进行设计计算。这种方法虽然考虑了混凝土和钢筋的塑性，更接近于钢筋混凝土的实际情况，但在总的安全系数的规定方面仍带有很大的经验性。

20 世纪 50 年代提出了按极限状态计算结构承载力的设计方法。这种方法指出结构的极限状态是一种特定状态，当达到此状态时，结构或构件会丧失承载力或不能正常使用。由于计算系数是根据荷载及材料强度的变异性由统计规律分项确定，并考虑了影响结构构件承载力的非统计因素，因此这种设计方法又称为半经验、半概率极限状态设计方法。该方法在20 世纪 70 年代已被多数国家所接受。

随着结构设计理论的进一步发展，为了合理规定结构及其构件的安全系数或分项系数，结构可靠度理论也得到了发展，提出了以失效概率来度量结构安全性的极限状态设计方法。在大量的调查、统计和分析后，能够比较合理地确定各分项系数，而且用失效概率和可靠度指标能够比较明确地说明结构"可靠"或"不可靠"的概念。所以，到目前为止，已经有许多国家采用了以概率理论为基础的极限状态设计方法。

目前，我国已编制出了 GB 55008—2021《混凝土结构通用规范》、GB 50068—2018《建筑结构可靠性设计统一标准》，GB 50010—2010《混凝土结构设计规范》（2015 年版）、GB 50009—2012《建筑结构荷载规范》、GB 50011—2010《建筑抗震设计规范》（2016 年版）、JGJ 3—2010《高层建筑混凝土结构技术规程》等。这些规范和规程积累了我国半个世纪以来丰富的工程实践经验和最新的科研成果，把我国混凝土结构设计方法提高到了当前的国际水平，这将促进我国混凝土结构设计的进一步发展。

1.2.4　混凝土结构的工程应用

混凝土结构可应用于土木工程中的各个领域，其在房屋建筑中占有相当大的比例。高强混凝土的发展促进了混凝土结构在超高层建筑中的应用。例如，1976 年建成的美国芝加哥市（Chicago）水塔广场大厦，该大厦达74 层，高 262m；朝鲜平壤的柳京大厦，共 105 层，高 305m。美国、俄罗斯等国家在高层建筑中采用的混凝土强度已达 C100。例如，美国西雅图市（Seattle）的 Two Union Square 大厦（58 层），该大厦60% 的竖向荷载由中央四根直径为 3.05m 的钢管混凝土柱承受，钢管内填充的混凝土强度等级达 C135，如图 1-1 所示。1998 年在我国台北地区建成的台北 101 大楼，高 509m；2008 年在上海陆家嘴建成的上海环球金融中心，高 492m；2010 年在阿拉伯联合酋长国迪拜市建成的哈利法塔，高 828m；2014 年在上海陆家嘴建成的上海中心，高 636m。混凝土结构工程示例如图 1-2 所示。

图 1-1　Two Union
Square 大厦

钢筋混凝土结构在桥梁、特种结构、水利工程、海洋工程、港口码头工程等领域也得到不断发展。2000 年德国建成了维尔德格拉桥，主跨 252m；2005 年在克罗地亚的希贝尼克建成了斯克拉丁桥钢筋混凝土主拱肋跨度为 204m；2014 年在辽宁省大连市建成主桥主跨 206m 的预应力混凝土矮塔斜拉桥等。桥梁工程示例如图 1-3 所示。

从 1925 年德国第一次采用折板结构大型煤仓开始，薄壁空间结构逐渐在屋盖及贮仓、水塔、水池等构筑物中得到广泛应用。

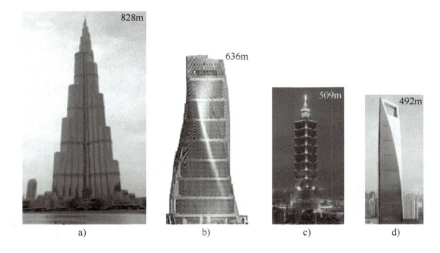

图 1-2　混凝土结构工程示例

a）哈利法塔　b）上海中心大厦　c）台北 101 大厦　d）上海环球金融中心

图 1-3　桥梁工程示例

a）德国维尔德格拉桥　b）克罗地亚斯克拉丁桥　c）辽宁大连的短塔斜拉桥

1.3　本课程的特点和学习方法

混凝土结构三要素
及其辩证关系

本课程是土木工程专业的一门重要专业课程。学好这门课，能够为学习"砌体结构""钢结构""高层建筑结构"等课程打下坚实的基础。所以，该课程也是一门非常重要的专业平台课。本课程的特点是概念多、计算公式多、符号多、图多、构造规定多，这使得许多初学者在学习时感到困难重重。要学好本课程，就需要把握课程的要点，掌握结构构件的基本力学性能、计算分析方法以及混凝土结构构件基本构造措施。

1.3.1　把握混凝土结构的三要素

在钢筋混凝土结构中，钢筋和混凝土需要满足一定的条件才能使它们可以有效地完成工作，例如要考虑两种材料的数量比例、搭配及构件承载力等方面问题。随着对混凝土结构的深入研究，相关的规范和图集在不断变化调整，需要我们有能力适应这些变化，并加以理解、掌握和吸收。本书总结归纳出钢筋混凝土构件承载力问题的三个要点，即形态、平衡和协调。透彻理解这三个要点，并把握这三点之间的关系，会对本课程的学习有很大帮助。

1. 形态

形态是指构件的截面、结构的构件及节点、整体结构在某一工作阶段的形貌、状态、属性等。形态具有具体、直观、形象的特点。一般通过参观实际工程结构或观察科学试验现象来认识结构形态。

混凝土结构在不同的工作阶段会呈现不同的形态特征，如混凝土结构受弯构件、受压构件、受扭构件及预应力混凝土构件等在不同工作阶段（包括达到承载力极限状态时）都有不同的破坏形态。正是由于这些带有各自特点的形态特征，表达出其受力平衡机理的差异，在选择计算方法时的侧重点也有很大不同。

以混凝土受弯构件正截面受弯破坏为例，当梁中纵向受力钢筋的配筋率适中（称为适筋梁），梁达到承载力极限状态而破坏时，受拉钢筋已经屈服，受压区边缘混凝土压碎。这就是适筋梁正截面承载力极限状态时的破坏形态。这一形态可以用上述文字表达，也可以用示意图（见图 1-4f）或实验照片描述，还可以用符号和数值来表述（受拉钢筋应力为 f_y，

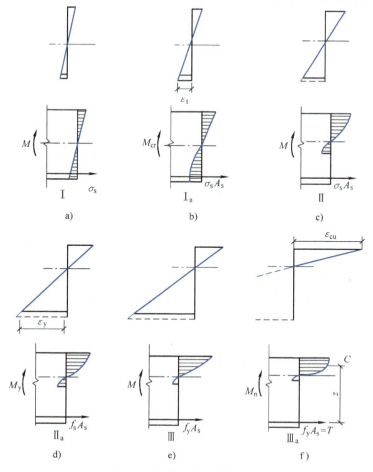

图 1-4　适筋梁受弯破坏过程

受压区边缘混凝土应变为 ε_{cu}）。三种方式虽然不同，但是都从不同角度准确说明了受弯构件正截面受弯破坏承载力极限状态时的截面形态。

结构在不同工作阶段的形态是不一样的，上面描述的是适筋梁受力过程的第三个阶段末（Ⅲa）的截面形态，用于承载力极限状态计算和设计。此前，还有两个阶段。第一阶段称为弹性工作阶段，阶段末（Ⅰa）截面形态：受拉区混凝土边缘纤维应变到达混凝土的极限拉应变 ε_{tu}，梁处于将裂未裂的极限状态，可用于开裂分析。第二阶段称为带裂缝工作阶段，阶段末（Ⅱa）截面形态：受拉钢筋应力达到屈服强度 f_y，这一阶段是裂缝宽度和挠度验算的依据。可见，结构不同工作阶段的形态各有用途，均应注重学习和掌握。

混凝土结构形态的基础作用不仅体现在宏观结构分析上，对于材料的微观结构形态与力学性能研究也很重要。混凝土微观结构的改变是宏观力学性能改变的根本原因，这里以温度影响下微观结构的变化为例，介绍微观形态可以反映温度变化历程与强度性能的关系。

混凝土的微观结构随着温度的变化是比较明显的，随着温度的升高，混凝土微观结构的形貌发生变化。对于常温下的混凝土，通过扫描电镜观察其微观形貌可以发现，水化物相的棱角清晰、没有缺损，经过长时间的水化后，矿物掺和料的表面也有大量的水化产物出现，并且与混凝土基体的结合完好，如图 1-5 所示。但是当混凝土经过高温后（当最高温度到达 650 ~ 720℃时），如图 1-6 所示，通过扫描电镜可以观察到水化硅酸钙（CSH）凝胶基体已经收缩为小颗粒状，浆体结构疏松没有强度或强度很低，且基体中存在大量的气孔和贯穿性的裂纹，还有大量的纤维状水化产物出现，这是由于对高温后混凝土试样进行喷水冷却或冷却后遇到空气中的水分，试样中未水化的水泥颗粒重新水化造成的。通过 X 射线衍射图谱（图 1-6d）可以直观地看出氢氧化钙不复存在，白云石的峰值隐约可见，表明温度对骨料影响程度很大，且碳酸钙的峰值较高，应存在部分白云石分解。

a)   b)

图 1-5　常温下的微观结构

a）水化良好的浆体　b）结构孔洞间充满了水化产物

2. 平衡

平衡是指受力平衡，主要指构件的截面、结构的构件及节点、整体结构的受力平衡，包括力的平衡和力矩的平衡。

以钢筋混凝土适筋梁正截面受弯承载力问题为例：钢筋混凝土适筋梁正截面受弯破坏时，其破坏形态为受拉区钢筋屈服，受压区混凝土被压碎。基于这个破坏形态，并考虑钢筋和混凝土两种材料的应力与应变协调关系，可以得到单筋矩形截面受弯构件正截面的承载力

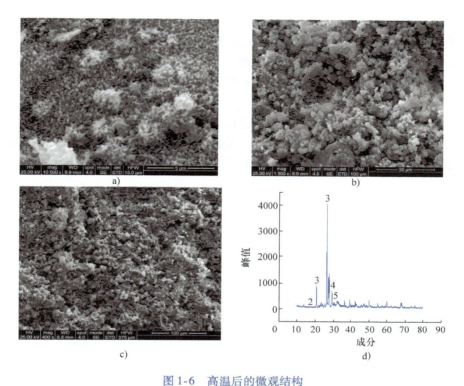

图 1-6　高温后的微观结构

a）水化产物已经收缩成小颗粒　b）疏松的浆体结构　c）浆体中存在大量的气孔　d）XRD 图谱

1—氢氧化钙　2—石英　3—碳酸钙　4—白云石　5—球霰石

计算简图，如图 1-7 所示。根据受力简图，就能很快列出其极限状态下的受力平衡方程和弯矩平衡方程。

3. 协调

协调是指组成截面的材料之间、组成构件的截面之间、组成结构的构件及节点之间、整体结构的各个部分之间，在共同工作时的抗力互相匹配、彼此协调。因此，构件的截面、结构的构件和节点、整体结构都需要考虑协调的问题。

例如，钢筋混凝土适筋梁正截面受弯承载力问题中的适用条件 $\rho \geqslant \rho_{\min}$，$\xi \leqslant \xi_b$，目的就是使梁正截面的钢筋和混凝土两种材料的数量比例协调，能组成一个和谐、优化的抗弯截面。这样，在受弯破坏时，钢

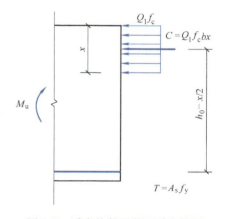

图 1-7　受弯构件正截面受力简图

筋和混凝土两种材料都能充分发挥各自的抗拉和抗压特性，两种材料的能量都能得到充分的利用。同时，适筋梁的设计也是为了保证构件具有一定的延性，防止其发生危险性较大的脆性破坏。

1.3.2　理解三要素之间的关系

形态、平衡、协调的关系可以概括为：形态是基础，平衡是准则，协调是目的。三者彼

此联系、三位一体，遵循辩证统一的关系。

（1）形态是建立平衡关系的基础，也是发挥协调功能的前提　基于结构形态的不同，混凝土结构的受力平衡机理，包括构件的截面、结构的构件及节点、整体结构的受力简图和计算公式也会存在很大不同。同时，没有结构形态作为前提条件，结构是否协调也会失去判断依据。

形态是基础且重要的，在学习中忽略对形态的认识和思考，只会记忆和罗列力学公式的做法是不可取的，是典型的舍本逐末。现在人们可以随时获得很多的工程事故图片，如何依据图片判断结构失效的根本原因呢？首先就要求我们掌握结构的形态，包括破坏形态。例如，汶川地震房屋倒塌的照片（见图1-8），在多数非专业人士的眼里只是断壁残垣，而专家们却能从破坏形态中看出结构失效机理和根由。扎实掌握结构形态特征可以为今后的职业生涯打下坚实的基础。

a)　　　　　　　　　　　　　　b)

图1-8　汶川地震震害示例

（2）平衡是基于形态特征得到的力学规律，也是协调优化必须依照的准则　平衡是建筑结构必须服从的内在力学规律对于一个结点、一个截面、一个构件乃至一个结构，不同的工程师设计的成果各不相同，结构的形态可以千差万别，结构的协调关系能够不断被优化，但始终不变且必须遵循的是结构内在的平衡规律。

平衡是联系形态与协调的纽带。没有平衡，形态只能是工地上的散石碎砂、钢筋水泥笨拙的堆砌；没有平衡，协调也会变得空幻虚无，失去根本。建筑师的创作正是以力学平衡为前提的。

（3）协调是建立在受力平衡规律基础上对结构形态的优化，是建筑结构设计的最高层次和最终目标　在考虑结构形态特点且满足平衡规律的前提下，通过协调材料之间的关系，充分利用截面的各组成部分，可以设计出优化的截面；通过协调截面之间的关系，充分利用构件的各截面，可以设计出优化的构件；通过协调构件及节点之间的关系，充分利用结构的各构件及节点，最终才能设计出优化的整体结构。

结构设计中需要协调之处比比皆是，"强剪弱弯"、"强柱弱梁"是协调；控制轴压比、剪重比、刚重比、刚度比、位移比等参数也是协调；子结构与主体结构之间需要协调，地上结构与基础和地基之间需要协调。广而言之，建筑是结构的形态，结构为建筑提供平衡，两者的匹配得当也是协调。进一步可以蔓延到结构与建筑的协调，建筑与周围景观的协调，建筑景观与地理环境及人文历史的协调。

协调是建筑结构设计的最高层次。如果说平衡使建筑结构由原始的石木堆砌工作发展为科学技术，那么协调则使其进一步升华为艺术。协调是千变万化、不断发展的，永远没有止境。在协调的过程中，赋予了建筑结构不断被优化的空间，也展现了工程师们无穷的创造力。

1.3.3　正确对待"设计"

本课程是土木工程专业的专业平台课，由此开始，课程逐渐从数学、力学等基础课向专业课过渡，也就是从"理"向"工"的过渡，顺利完成这个过渡对于大学生进入土木工程专业很重要。

解剖教材和课程的名称，不仅有"原理"，还有"设计"，这一点不容忽视。这与之前学习过的数学、力学等课程性质明显不同，数学、力学等课程多是在给定条件下，依据公理、定理等进行推导、计算。而设计是创造性的工作，即使是简单的截面设计，也需要根据设计任务，初步选定部分参数，如材料的强度等级，截面的形状、尺寸等，这就需要借鉴一定的经验，而多数在校学生刚开始接触专业课，基本是没有工程实践经验的。因此，一方面要注意例题里面相关参数的选取方法，建立常用参数以及设计指标数量级的概念。另一方面，经验算如果发现初选参数不合理，需要修改不合理的参数，循环计算直至结果满意为止。既然结构设计是创造性的，那么结构设计的结果就不是唯一的，但从技术经济效果来讲，设计方案相对有优劣之分，这就是上面所说的"协调"问题。学习"混凝土结构设计原理"的过程，不是一蹴而就的，而是一个反复尝试、循序渐进的过程，一定要注意在学习的过程中积累宝贵的经验。另外，为了能更有效的学习本课程，学生还应注意以下几点：

1）钢筋混凝土材料与"理论力学"课程中的刚性材料以及"材料力学"中理想弹性材料有很大的区别。为了对混凝土结构的受力性能与破坏特征有较好的了解，首先要求很好地掌握钢筋、混凝土的力学性能。

2）清楚分析过程与设计公式之间区别，了解我国当前有关混凝土结构设计的技术规范。工程实际情况是非常复杂的，建筑结构的实际荷载和实际材料及结构的指标与规范规定的标准会有一定的出入。

3）混凝土结构设计的计算公式具有经验性，目前主要以混凝土结构构件的试验与工程实践经验为基础进行分析，许多计算公式都带有经验性质。它们虽然不那样严谨，然而却能够较好地反映结构的真实受力性能。学习时要注意思维方式的转变，归纳法和演绎法并用。

4）构造要求是非常主要的内容。在学习本课程时，除了要对各种计算公式了解和掌握以外，对于各种构造措施也必须给予足够的重视。在设计混凝土结构时，除了进行各种计算之外，还必须检查各项构造要求是否得到满足。

5）要理论联系实际，多了解和参与实验及工程实践，积累一定的感性认识，对学习本课程十分有益。

思考题与习题

1.1　什么是钢筋混凝土结构？钢筋的主要作用和要求是什么？

1.2　钢筋和混凝土这两种材料可以很好地结合在一起并共同工作的主要原因是什么？

1.3　结构有哪些功能要求？简述承载力极限状态和正常使用极限状态的概念。

1.4　本课程主要包括哪些内容？

第 2 章 混凝土结构材料的物理力学性能

2.1 钢筋

2.1.1 钢筋的品种和级别

钢筋一般按其化学成分、生产工艺、力学性能以及外形特征分类。钢筋按化学成分可分为碳素钢和普通低合金钢两大类。碳素钢除含有铁元素外，还含有少量的碳、硅、锰、硫、磷等元素。根据含碳量的多少，碳素钢又可分为低碳钢（含碳量小于 0.25%）、中碳钢（含碳量为 0.25% ~ 0.6%）和高碳钢（含碳量为 0.6% ~ 1.4%）。含碳量越高，钢筋的强度越高，但塑性和焊接性越低。普通低合金钢除含有碳素钢已有的成分外，还加入了一定量的硅、锰、钒、钛、铬等合金元素，这样既可以有效地提高钢筋的强度，又可以使钢筋保持较好的塑性。目前我国普通低合金钢按加入元素种类分以下几种体系：锰系（20MnSi、25MnSi）、硅钒系（40Si2MnV、45SiMnV）、硅钛系（45Si2MnTi）、硅锰系（40Si2Mn、48Si2Mn）、硅铬系（45Si2Cr）。

按照钢筋的生产加工工艺和力学性能的不同，GB50010—2010《混凝土结构设计规范》规定，用于钢筋混凝土结构和预应力混凝土结构中的钢筋或钢丝可分为普通钢筋（热轧钢筋）、中强度预应力钢丝、消除应力钢丝、钢绞线和预应力螺纹钢筋等。普通钢筋和预应力筋的强度标准值见附表 1 和附表 2。

热轧钢筋是由低碳钢、普通低合金钢或细晶粒钢在高温状态下轧制而成的，有明显的屈服强度和流幅，断裂时有"缩颈"现象，伸长率较大。热轧钢筋根据其强度的高低可分为 HPB300 级（符号Φ）、HRB400 级（符号Φ）、HRBF400 级（符号Φ^F）、RRB400 级（符号Φ^R）、HRB500 级（符号Φ）、HRBF500 级（符号Φ^F）。其中 HPB300 级为光面钢筋；HRB400 级和 HRB500 级为普通低合金热轧月牙纹变形钢筋；HRBF400 级、HRBF500 级为细晶粒热轧月牙纹变形钢筋；RRB400 级为余热处理月牙纹变形钢筋。余热处理钢筋是由轧制的钢筋经高温淬水、余热回温处理后得到的，其强度较高，价格相对较低，但焊接性、机械连接性能及施工适应性稍差，可在对延性及加工性要求不高的构件中使用，如基础、大体积混凝土以及跨度及荷载不大的楼板、墙体。

中强度预应力钢丝、消除应力钢丝、钢绞线和预应力螺纹钢筋是用于预应力混凝土结构的预应力筋。其中，中强度预应力钢丝的极限强度标准值为 800 ~ 1270N/mm^2，外形有光面（符号Φ^{PM}）和螺旋筋（符号Φ^{HM}）两种；消除应力钢丝的极限强度标准值为1470 ~ 1860N/mm^2，外形也有光面（符号Φ^P）和螺旋筋（符号Φ^H）两种；钢绞线（符号Φ^S）极限强度标准值为 1570 ~ 1960N/mm^2，是由多根高强钢丝扭结而成，常用的有 1×7（七股）和 1×3（三股）等；预应力螺纹钢筋（符号Φ^T）又称精轧螺纹粗钢筋，极限强度标准值为

$980 \sim 1230 \mathrm{N/mm}^2$，是用于预应力混凝结构的大直径高强度钢筋，这种钢筋在轧制时沿钢筋的纵向全部轧有规律性的螺纹肋条，可用螺纹套筒连接和螺母锚固，不需要再加工螺纹，也不需要焊接。

　　按外形特征分类，常用钢筋、钢丝和钢绞线的外形如图 2-1 所示。冷加工钢筋在混凝土结构中也有一定应用。冷加工钢筋是将某些热轧光面钢筋（称为母材）经冷拉、冷拔或冷轧、冷扭等工艺进行再加工而得到的直径较细的光面钢筋和冷轧扭钢筋等。热轧钢筋经冷加工后强度提高，但塑性（伸长率）明显降低。因此，冷加工钢筋主要用于对延性要求不高的板类构件，或作为非受力构造钢筋。由于冷加工钢筋的性能受母材和冷加工工艺影响较大，《混凝土结构设计规范》中未将其列入，工程应用时可按相关的技术标准执行。

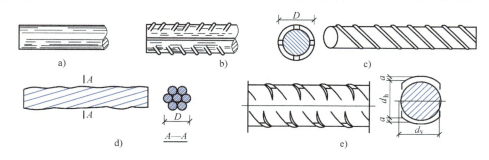

图 2-1　常用钢筋、钢丝和钢绞线的外形
a) 光圆钢筋　b) 人字纹钢筋　c) 螺纹钢筋　d) 预应力钢绞线　e) 月牙纹钢筋

2.1.2　钢筋强度和变形

2.1.2.1　钢筋的应力-应变关系

　　按钢筋单向受拉时应力-应变关系特点的不同，分为有明显屈服强度钢筋和无明显屈服强度钢筋两种，习惯上也分别称为软钢和硬钢。一般热轧钢筋属于有明显屈服强度的钢筋，而高强钢丝等多属于无明显屈服强度的钢筋。

1. 有明显屈服强度的钢筋

　　有明显屈服强度的钢筋拉伸时的典型应力-应变关系曲线如图 2-2 所示。图中 a' 点所对应的应力称为比例极限，a 点所对应的应力称为弹性极限，通常 a' 点和 a 点很接近。b 点所对应的应力称为屈服上限，当应力超过 b 点后，钢筋即进入塑性阶段，随后应力下降到 c 点（所对应的应力称为屈服下限），c 点以后钢筋开始塑性流动，应力不变而应变增加很快，曲线为一水平段，称为屈服台阶。屈服上限受加载速度、钢筋截面形式和表面粗糙度的影响而波动，不太稳定，但屈服下限比较稳定，通常取屈服下限 c 点的应力作为屈服强度。当钢筋的屈服流塑性流动达到 f 点以后，随着应变的增加，应力又继续增大，至 d 点时应力达到最大值。d 点的应力称为钢筋的极限抗拉强度，fd 段称为强化段。d 点以后，在试件的薄弱位置处出现缩颈现象，变形增加迅速，断面缩小，应力降低，直至 e 点被拉断。

　　钢筋受压时的应力-应变规律，在达到屈服强度之前，与受拉时相同，其屈服强度值与受拉时也基本相同。当应力达到屈服强度后，由于试件发生明显的横向塑性变形，截面面积增大，不会发生材料破坏，因此难以明显地得出极限抗压强度。

　　有明显屈服强度的钢筋有两个强度指标：一个是对应于 c 点的屈服强度，它是混凝土构

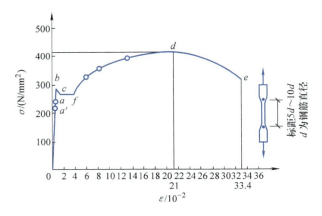

图 2-2　有明显屈服强度的钢筋拉伸时的应力-应变关系曲线

件计算的强度限值，因为当构件某一截面的钢筋应力达到屈服强度后，将在荷载基本不变的
情况下产生持续的塑性变形，使构件的变形和裂缝宽度显著
增大以至无法使用，因此一般结构计算中不考虑钢筋的强化
段而取屈服强度作为设计强度的依据；另一个是对应于 d 点
的极限抗拉强度，一般情况下用作材料的实际破坏强度。钢
筋的强屈比（极限抗拉强度与屈服强度的比值）表示结构
的可靠性潜力，在抗震结构中考虑到受拉钢筋可能进入强化
阶段，要求强屈比不小于 1.25。

　　2. 无明显屈服强度的钢筋

　　无明显屈服强度的钢筋拉伸时的典型应力-应变关系曲
线如图 2-3 所示。当应力未超过 a 点时，钢筋仍具有理想的
弹性性质，所以 a 点的应力称为比例极限，其值约为极限抗
拉强度的 65%。超过 a 点的应力-应变关系呈非线性，没有
明显的屈服强度。达到极限抗拉强度后钢筋很快被拉断，破
坏时呈脆性断裂。所以对无明显屈服强度的钢筋，在工程设

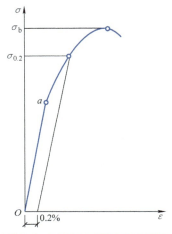

图 2-3　无明显屈服强度的钢筋
拉伸时典型的应力-应变曲线

计中一般采用残余应变为 0.2% 时所对应的应力 $\sigma_{0.2}$ 作为钢筋强度设计指标，称为条件屈服
强度，也叫名义屈服强度。

2.1.2.2　钢筋的伸长率

　　钢筋除了要有足够的强度外，还应具有一定的塑性变形能力。伸长率是反映钢筋塑性性
能的指标。伸长率大的钢筋塑性性能好，拉断前有明显预兆；伸长率小的钢筋塑性性能较
差，其破坏突然发生，呈脆性特征。普通钢筋及预应力筋在最大力作用下的总伸长率限值见
附表 3。

　　1. 钢筋的断后伸长率（伸长率）

　　钢筋的断后伸长量与原长的比值称为钢筋的断后伸长率（习惯上称为伸长率）。按式
（2.1）计算，即

$$\delta = \left(\frac{l - l_0}{l_0}\right) \times 100\% \tag{2.1}$$

式中 δ——断后伸长率（%）；

  l——钢筋包含缩颈区的量测标距拉断后的长度；

  l_0——试件拉伸前的标距长度，一般可取 $l_0 = 5d$（d 为钢筋直径）或 $l_0 = 10d$，相应的断后伸长率表示为 δ_5 或 δ_{10}；对预应力钢丝也有取 $l_0 = 100\text{mm}$ 的，断后伸长率表示为 δ_{100}。

断后伸长率只能反映钢筋残余变形的大小，其中还包含断口缩颈区域的局部变形。这一方面使得不同的量测标距长度 l_0 得到的结果不一致，对同一钢筋，当 l_0 取值较小时得到的 δ 值较大，而当 l_0 取值较大时得到的 δ 值则较小；另一方面断后伸长率忽略了钢筋的弹性变形，不能反映钢筋受力时的总体变形能力。此外，量测钢筋拉断后的标距长度 l 时，需将拉断后的两段钢筋对合后再量测，也容易产生人为误差。因此，近年来国际上已采用钢筋最大力下的总伸长率（均匀伸长率）δ_{gt} 来表示钢筋的变形能力。

2. 钢筋最大力下的总伸长率（均匀伸长率）

如图 2-4 所示，钢筋在达到最大应力 σ_b 时的变形包括塑性残余变形 ε_r 和弹性变形 ε_e 两部分，最大力下的总伸长率（均匀伸长率）δ_{gt} 可表示为

$$\delta_{gt} = \left(\frac{L - L_0}{L_0} + \frac{\sigma_b}{E_s} \right) \times 100\% \qquad (2.2)$$

式中 L_0——试验前的原始标距（不包含缩颈区）；

  L——试验后量测标记之间的距离；

  σ_b——钢筋的最大拉应力（即极限抗拉强度）；

  E_s——钢筋的弹性模量。

式（2.2）括号中的第一项反映了钢筋的塑性残余变形，第二项反映了钢筋在最大拉应力下的弹性变形。

δ_{gt} 的量测方法可如图 2-5 所示。在离断裂点较远的一侧选择 Y 和 V 两个标记，两个标记之间的原始标距（L_0）在试验前至少应为 100mm；标记 Y 或 V 与夹具的距离不应小于 20mm 和钢筋公称直径 d 两者中的较大值，标记 Y 或 V 与断裂点之间的距离不应小于 50mm 和 2 倍钢筋公称直径（$2d$）两者中的较大者。钢筋拉断后量测标记之间的距离 L，并求出钢筋拉断时的最大拉应力 σ_b，然后按式（2.2）计算 δ_{gt}。

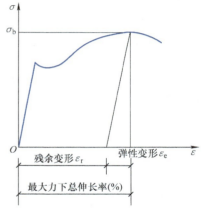

图 2-4 钢筋最大力下的总伸长率

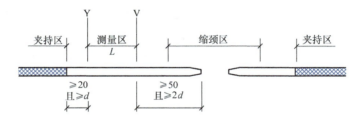

图 2-5 最大力下的总伸长率的量测方法

2.1.2.3 钢筋的冷弯性能

钢筋的冷弯性能是检验钢筋韧性、内部质量和可加工性的有效方法。将直径为 d 的钢筋

绕直径为 D 的弯芯进行弯折（见图2-6），在达到规定冷弯角度 α 时，钢筋不发生裂纹、断裂或起层现象。冷弯性能是评价钢筋塑性的指标，弯芯的直径 D 越小，弯折角 α 越大，说明钢筋的塑性越好。

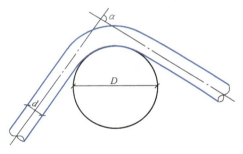

图 2-6 钢筋的冷弯

对有明显屈服强度的钢筋，其检验指标为屈服强度、极限抗拉强度、伸长率和冷弯性能四项。对无明显屈服强度的钢筋，其检验指标则为屈服强度、极限抗拉强度、伸长率和冷弯性能三项。

2.1.3 钢筋的疲劳

钢筋的疲劳是指钢筋在重复、周期性荷载作用下，经过一定次数后，从塑性破坏变为脆性破坏的现象。工程中如起重机梁、桥面板、轨枕等承受重复荷载的混凝土构件，在正常使用期间会由于疲劳而发生破坏。钢筋的疲劳强度与一次循环应力中最大应力 σ_{max}^f 和最小应力 σ_{min}^f 的差值 $\Delta\sigma^f$ 有关，$\Delta\sigma^f = \sigma_{max}^f - \sigma_{min}^f$ 称疲劳应力幅。钢筋的疲劳强度是指在某一规定的应力幅内，经过一定次数（我国规定为 200 万次）循环荷载后发生疲劳破坏的最大的应力值。

通常认为，在外力作用下钢筋发生疲劳断裂是由于钢筋内部和外表面的缺陷引起应力集中，钢筋中晶粒发生滑移，产生疲劳裂纹，最后断裂。影响钢筋疲劳强度的因素很多，如疲劳应力幅、最小应力值的大小、钢筋外表面几何形状、钢筋直径、钢筋强度和试验方法等。《混凝土结构设计规范》规定了不同等级钢筋的疲劳应力幅度限值，并规定该值与截面同一层钢筋最小应力与最大应力的比值 ρ^f 有关，ρ^f 称为疲劳应力比值。对预应力钢筋，当 $\rho^f \geq 0.9$ 时可不进行疲劳强度验算。

2.1.4 混凝土结构对钢筋性能的要求

（1）钢筋的强度　钢筋的强度是指钢筋的屈服强度和极限抗拉强度，钢筋的屈服强度（对无明显流幅的钢筋取条件屈服强度）是设计计算时的主要依据。采用高强度钢筋可以节约钢材，从而收到良好的经济效益。在钢筋混凝土结构中推广应用屈服强度标准值为 $500\mathrm{N/mm^2}$ 或 $400\mathrm{N/mm^2}$ 的热轧钢筋，此类钢筋强度高、延性好；在预应力混凝土结构中推广应用高强预应力钢丝、钢绞线和预应力螺纹钢筋。

（2）钢筋的塑性　要求钢材要有一定的塑性，以便使钢筋断裂前有足够的变形，在钢筋混凝土结构中，能给出构件即将破坏的预警信号，同时要保证钢筋冷弯性能的要求，通过试验检验钢材承受弯曲变形的能力以间接反映钢筋的塑性性能。钢筋的伸长率和冷弯性能是施工单位验收钢筋是否合格的重要指标。

（3）钢筋的焊接性　焊接性是评定钢筋焊接后的接头性能的指标。要求在一定的工艺条件下，钢筋焊接后不产生裂纹及过大的变形，保证焊接后的接头性能良好。

（4）钢筋的耐火性　热轧钢筋的耐火性能最好，冷轧钢筋其次，预应力钢筋最差。结构设计时应注意钢筋混凝土保护层厚度满足对构件耐火极限的要求。

（5）钢筋与混凝土的黏结力　为了保证钢筋与混凝土共同工作，要求钢筋与混凝土之间必须有足够的黏结力。钢筋表面的形状是影响黏结力的重要因素。

2.2　混凝土

2.2.1　混凝土的组成结构

混凝土是用水泥、水、砂（细骨料）、石材（粗骨料）以及外加剂等原材料经搅拌后入模浇筑，经养护、硬化形成的人工石材。混凝土各组成成分的数量比例、水泥的强度、骨料的性质以及水与水泥等胶凝材料的比例（水胶比）对混凝土的强度和变形有着重要的影响。此外，在很大程度上，混凝土的性能还取决于搅拌质量、浇筑的密实性和养护条件。

混凝土在凝结硬化过程中，水化反应形成的水泥结晶体和水泥凝胶体组成的水泥胶块把砂、石骨料黏结在一起。水泥结晶体和砂、石骨料组成了混凝土中错综复杂的弹性骨架，主要依靠它来承受外力，并使混凝土具有弹性变形特点。水泥凝胶体是混凝土产生塑性变形的根源，并起着调整和扩散混凝土应力的作用。

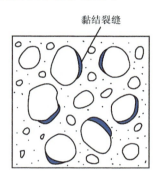

图 2-7　混凝土内微裂缝情况

在混凝土凝结初期，由于水泥胶块的收缩、泌水、骨料的下沉等原因，在粗骨料与水泥胶块的接触面上以及水泥胶块内部形成了微裂缝，也称黏结裂缝（见图 2-7），它是混凝土内最薄弱的环节。混凝土在受荷前存在的微裂缝在荷载作用下将继续发展，对混凝土的强度和变形将产生重要影响。

2.2.2　混凝土的强度

2.2.2.1　混凝土的立方体抗压强度

混凝土的立方体抗压强度（简称立方体强度）是衡量混凝土强度的基本指标，用 f_{cu} 表示。我国把立方体强度值作为混凝土强度的基本指标，并把立方体抗压强度标准值 f_{ck} 作为评定混凝土强度等级的标准。立方体抗压强度标准值是指按标准方法制作、养护的边长为 150mm 的立方体试件，在 28d 或规定龄期用标准试验方法测得的具有 95% 保证率的抗压强度。

《混凝土结构设计规范》规定的混凝土强度等级有 14 级，分别为 C15、C20、C25、C30、C35、C40、C45、C50、C55、C60、C65、C70、C75 和 C80。符号"C"代表混凝土，后面的数字表示立方体的抗压强度标准值（以 N/mm² 计），如 C60 表示混凝土立方体抗压强度标准值为 60N/mm²。钢筋混凝土结构的混凝土强度等级不应低于 C20；采用强度等级 400MPa 及以上的钢筋时，混凝土强度等级不应低于 C25；承受重复荷载的钢筋混凝土构件，混凝土强度等级不应低于 C30；预应力混凝土结构的混凝土强度等级不宜低于 C40，且不应低于 C30。

混凝土立方体抗压强度不仅与养护时的温度、湿度和龄期等因素有关，而且与立方体试件的尺寸和试验方法也有密切关系。试验结果表明，用边长 100mm 的立方体试件测得的强度偏高，而用边长 200mm 的立方体试件测得的强度偏低，因此需将非标准试件的实测值乘以换算系数换算成标准试件的立方体抗压强度。根据对比试验结果，采用边长为 200mm 的立方体试件换算系数为 1.05，采用边长为 100mm 的立方体试件的换算系数为 0.95。也有的国家采用直径为 150mm、高度为 300mm 的圆柱体试件作为标准试件。对同一种混凝土，其圆柱体抗压强度与边长 150mm 的标准立方体试件抗压强度之比为 0.79～0.81。

试验方法对混凝土立方体的抗压强度有较大影响。试件在试验机上单向受压时上下表面与试验机承压板之间将产生阻止试件向外横向变形的摩擦阻力，像两道套箍一样将试件上下两端套住，从而延缓裂缝的发展，提高了试件的抗压强度；破坏时试件中部剥落，形成两个对顶的角锥形破坏面，如图 2-8a 所示。如果在试件的上下表面涂一些润滑剂，试验时摩擦阻力就大大减小，试件将沿着平行力的作用方向产生几条裂缝而破坏，所测得抗压强度较低，其破坏形状如图 2-8b 所示。因此，我国规定的标准试验方法是不涂润滑剂的。

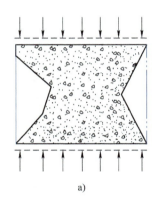 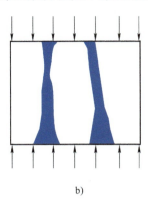

a)   b)

图 2-8　混凝土立方体试件破坏情况

a）不涂润滑剂　b）涂润滑剂

加载速度对混凝土立方体抗压强度也有一定影响，加载速度越快，测得的强度越高。通常规定的加载速度为：混凝土强度等级低于 C30 时，取每秒钟 0.3～0.5N/mm^2；混凝土强度等级高于或等于 C30 时，取每秒钟 0.5～0.8N/mm^2。

混凝土立方体抗压强度还与养护条件和龄期有关。混凝土立方体抗压强度随龄期的变化如图 2-9 所示，混凝土立方体抗压强度随混凝土的龄期逐渐增长，初期增长较快，以后逐渐缓慢；在潮湿环境中增长较快，而在干燥环境中增长较慢，甚至还有所下降。我国规定的标准养护条件为温度（20±3）℃、相对湿度在 90% 以上的潮湿空气环境，规定的试验龄期为 28d。

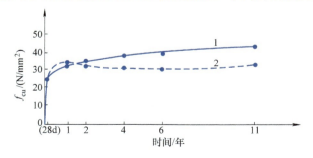

图 2-9　混凝土立方体抗压强度随龄期的变化

1—潮湿环境中　2—干燥环境中

2.2.2.2　混凝土的轴心抗压强度

　　实际工程中的构件通常是棱柱体，因此棱柱体试件的抗压强度能更好地反映混凝土构件的实际受力情况。用混凝土棱柱体试件测得的抗压强度称为混凝土的轴心抗压强度，也称棱柱体抗压强度，用 f_c 表示。

　　因为棱柱体的高度 h 比宽度 b 大，试验机压板与试件之间的摩擦力对试件中部横向的约束要小，因此混凝土的轴心抗压强度比立方体抗压强度低。高宽比 h/b 越大，测得的强度越低，但当高宽比达到一定值后，这种影响就不明显了。试验表明，当高宽比 h/b 由 1 增加到 2 时，抗压强度降低很快，但当高宽比 h/b 由 2 增加到 4 时，其抗压强度变化不大。我国规范规定以 150mm × 150mm × 300mm 的棱柱体作为混凝土轴心抗压强度试验的标准试件。图 2-10 所示为混凝土棱柱体抗压试验和试件破坏的情况。

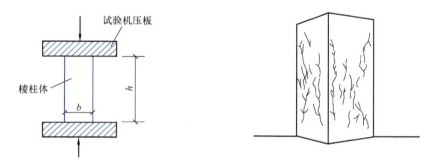

图 2-10　混凝土棱柱体抗压试验和试件破坏情况

　　图 2-11 所示为我国所做的混凝土轴心抗压强度与立方体抗压强度对比试验的结果。从图中可以看出，试验值 f_c^0 和 f_{cu}^0 大致呈线性关系。考虑实际结构构件混凝土与试件在尺寸、制作、养护和受力方面的差异，《混凝土结构设计规范》采用的混凝土轴心抗压强度标准值 f_{ck} 与立方体抗压强度标准值 $f_{cu,k}$ 之间的换算关系为

$$f_{ck} = 0.88\alpha_{c1}\alpha_{c2}f_{cu,k} \tag{2.3}$$

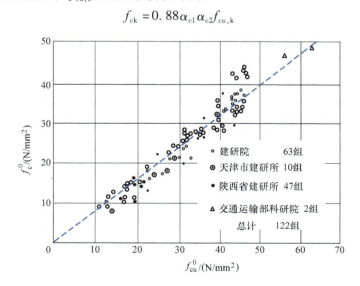

图 2-11　混凝土轴心抗压强度与立方体抗压强度的关系

式中 α_{c1}——混凝土轴心抗压强度与立方体抗压强度的比值，当混凝土强度等级不大于
C50 时，$\alpha_{c1}=0.76$；当混凝土强度等级为 C80 时，$\alpha_{c1}=0.82$；当混凝土强度
等级为中间值时，按线性变化插值；

α_{c2}——混凝土的脆性系数，当混凝土强度等级不大于 C40 时，$\alpha_{c2}=1.0$；当混凝土强
度等级为 C80 时，$\alpha_{c2}=0.87$；当混凝土强度等级为中间值时，按线性变化
插值；

0.88——考虑结构中混凝土的实体强度与立方体试件混凝土强度差异等因素的修正
系数。

2.2.2.3 混凝土的抗拉强度

混凝土的抗拉强度也是其最基本的力学性能指标之一。也可以用它间接地衡量混凝土的
冲切强度等其他力学性能。混凝土的抗拉强度比抗压强度低得多，一般只有抗压强度的
$1/20\sim1/10$，且不与抗压强度成正比。混凝土的强度等级越高，抗拉强度与抗压强度的比值
越低。

测定混凝土抗拉强度的试验方法通常有两种：一种为直接拉伸试验，如图 2-12 所示，
试件尺寸为 $100\text{mm}\times100\text{mm}\times500\text{mm}$，两端预埋钢筋，钢筋位于试件的轴线上，对试件施加
拉力使其均匀受拉，试件破坏时的平均拉应力即为混凝土的抗拉强度，称为轴心抗拉强度
f_t，这种试验对试件尺寸及钢筋位置要求很严格；另一种为间接测试方法，称为劈裂试验，
如图 2-13 所示，对圆柱体或立方体试件施加线荷载，试件破坏时，在破裂面上产生与该截
面垂直且基本均匀分布的拉应力。根据弹性理论，试件劈裂破坏时，混凝土抗拉强度（劈
裂抗拉强度）$f_{t,s}$ 可按式（2.4）计算，即

$$f_{t,s}=\frac{2F}{\pi dl} \tag{2.4}$$

式中 F——劈裂破坏荷载；

d——圆柱体的直径或立方体的边长；

l——圆柱体的长度或立方体的边长。

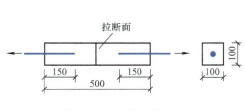

图 2-12　直接拉伸试验

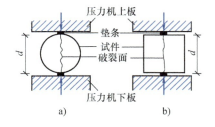

图 2-13　劈裂试验
a）圆柱体　b）立方体

劈裂试验试件的大小和垫条的尺寸、刚度都对试验结果有一定影响。我国的一些试验结
果为劈裂抗拉强度略大于轴心抗拉强度，而国外的一些试验结果为劈裂抗拉强度略小于轴心
抗拉强度。

我国规范采用轴心抗拉强度 f_t 作为混凝土抗拉强度的代表值，根据对比试验结果，《混
凝土结构设计规范》采用的混凝土轴心抗拉强度标准值 f_{tk}（N/mm^2）与立方体抗压强度标准

值 $f_{cu,k}$ （N/mm²）之间的换算关系为

$$f_{tk} = 0.88 \times 0.395 \alpha_{c2} f_{cu,k}^{0.55} (1 - 1.645\delta)^{0.45} \tag{2.5}$$

式中 δ——试验结果的变异系数；

0.88 的意义和 α_{c2} 的取值与式（2.3）相同。

2.2.2.4 混凝土在复合应力作用下的强度

实际混凝土结构构件大多处于复合应力状态。例如，框架梁、柱既受到柱轴向力作用，又受到弯矩和剪力的作用，节点区混凝土受力状态一般更为复杂。研究复合应力状态下的混凝土强度对认识混凝土的强度理论有重要的意义。

1. 混凝土的双向受力强度

在混凝土单元体两个互相垂直的平面上，作用有法向应力 σ_1 和 σ_2，第三个平面上应力为零，混凝土在双向应力状态下强度的变化曲线如图 2-14 所示。

双向受压时（图 2-14 中第三象限），一个方向的抗压强度随另一方向压应力的增大而增大，最大抗压强度发生在两个应力之比（σ_1/σ_2 或 σ_2/σ_1）为 0.4 ~ 0.7 时，其强度比单向抗压强度增加约 30%，而在双向压应力相等的情况下，强度增加为 15% ~ 20%。

双向受拉时（图 2-14 中第一象限），一个方向的抗拉强度受另一方向拉应力的影响不明显。其抗拉强度接近于单向抗拉强度。

一个方向受拉另一方向受压时（图 2-14 中第二、四象限），抗压强度随着拉应力的增大而降低，

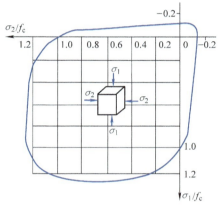

图 2-14 混凝土双向应力强度

同样抗拉强度也随压应力的增大而降低，其抗压或抗拉强度均不超过相应的单轴强度。

2. 混凝土在正应力和剪应力共同作用下的强度

图 2-15 所示为混凝土在正应力和剪应力共同作用下的强度变化曲线，可以看出混凝土的抗剪强度随拉应力的增大而减小；当压应力小于 $0.5f_c$ 时，抗剪强度随压应力的增大而增大；当压应力大于 $0.7f_c$ 时，由于混凝土内裂缝的明显发展，抗剪强度反而随压应力的增大而减小。从图 2-15 中还可以看出，由于剪应力的存在，抗压强度和抗拉强度均低于相应的单轴强度。

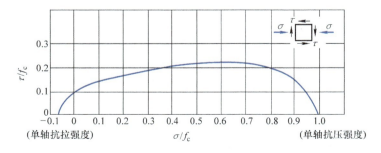

图 2-15 混凝土在正应力和剪应力共同作用下的强度曲线

3. 混凝土的三向受压强度

混凝土三向受压时，一个方向抗压强度随另外两个方向压应力的增大而增大，并且混凝土受压的极限变形也大大增加。图 2-16 所示为圆柱体混凝土试件三向受压时（侧向压应力均为 σ_2）的试验结果，由于周围的压应力限制了混凝土内微裂缝的发展，大大提高了混凝土的纵向抗压强度及其承受变形的能力。由试验结果得到的经验公式为

$$f'_{cc} = f'_c + \kappa\sigma_2 \tag{2.6}$$

式中　f'_{cc}——在等侧向压应力 σ_2 作用下混凝土圆柱体的抗压强度；

　　　f'_c——无侧向压应力时混凝土圆柱体的抗压强度；

　　　κ——侧向压应力系数，根据试验结果 $\kappa = 4.5 \sim 7.0$，平均值为 5.6，当侧向压应力较低时得到的系数值较高。

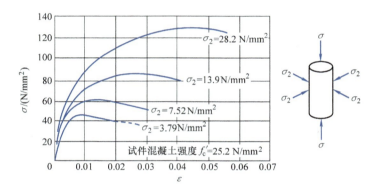

图 2-16　圆柱体混凝土试件三向受压试验

2.2.3　混凝土的变形

混凝土在一次短期加载、荷载长期作用和多次重复荷载作用下会产生变形，此类变形称为受力变形。另外，混凝土由于硬化过程中的收缩以及温度和湿度变化也会产生变形，此类变形称为体积变形。变形是混凝土的一个重要力学性能。

2.2.3.1　混凝土在一次短期加荷时的变形性能

1. 混凝土受压应力-应变曲线

混凝土的应力-应变关系是混凝土力学性能的一个重要方面。它是研究钢筋混凝土构件截面应力分析，是建立强度和变形计算理论所必不可少的依据。我国采用棱柱体试件测定混凝土一次短期加荷时的变形性能，图 2-17 所示即为实测的典型混凝土棱柱体在一次短期加荷下的应力-应变曲线。可以看出，应力-应变曲线分为上升段和下降段两个部分。

（1）上升段（OC）　上升段（OC）又可分为三个阶段。第一阶段 OA 为弹性阶段。从开始加载到 A 点（混凝土压应力 σ 约为 $0.3f'_c$），应力-应变关系接近于直线，A 点称为比例极限，其变形主要是骨料和水泥石结晶体受压后的弹性变形，已存在于混凝土内部的微裂缝没有明显发展，如图 2-18a 所示。第二阶段 AB 为裂缝稳定扩展阶段，随着荷载的增大压应力逐步提高，混凝土逐渐表现出明显的非弹性性质，应变增长速度超过应力增长速度，应力-应变曲线逐渐弯曲，B 点为临界点（混凝土应力 σ 一般取 $0.8f'_c$）。在这一阶段，混凝土内原有的微裂缝开始扩展，并产生新的裂缝，如图 2-18b 所示，但裂缝的发展仍能保持稳定，

即应力不增加，裂缝也不继续发展；B 点的应力可作为混凝土长期受压强度的依据。第三阶段 BC 为裂缝不稳定扩展阶段，随着荷载的进一步增加，曲线明显弯曲，直至峰值 C 点；这一阶段内裂缝发展很快并相互贯通，进入不稳定状态，如图 2-18c 所示；峰值 C 点的应力即为混凝土的轴心抗压强度 f_c，相应的应变称为峰值应变 ε_0，其值为 0.015~0.0025，对 C50 及以下的素混凝土通常取 $\varepsilon_0 = 0.002$。

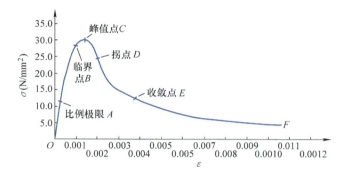

图 2-17　混凝土棱柱体受压应力-应变曲线

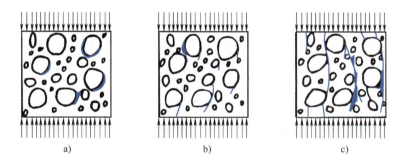

图 2-18　混凝土内微裂缝发展过程

a）$\sigma_c < 0.3 f_c$　b）$\sigma_c = (0.3~0.8) f_c$　c）$\sigma_c > 0.8 f_c$

（2）下降段（CF）　当混凝土的应力达到 f_c 以后，承载力开始下降，试验机受力也随之下降而产生恢复变形。对于一般的试验机，由于机器的刚度小，恢复变形较大，试件将在机器的冲击作用下迅速破坏而测不出下降段。如果能控制好机器的恢复变形（如在试件旁附加弹性元件吸收试验机所积蓄的变形能，或采用有伺服装置控制下降段应变速度的特殊试验机），则在到达最大应力后，试件并不立即破坏，而是随着应变的增长，应力逐渐减小，呈现出明显的下降段。下降段曲线开始为凸曲线，随后变为凹曲线，D 点为拐点；超过 D 点后曲线下降加快，至 E 点曲率最大，E 点称为收敛点；超过 E 点后试件的贯通主裂缝已经很宽，已失去结构的意义。混凝土达到极限强度后，在应力下降幅度相同的情况下，应变性能大的混凝土延性较好。

　　混凝土应力-应变曲线的形状和特征是混凝土内部结构变化的力学标志，影响应力-应变曲线的因素有混凝土的强度、加荷速度、横向约束以及纵向钢筋的配筋率等。不同强度混凝土的应力-应变曲线如图 2-19 所示。可以看出，随着混凝土强度的提高，上升段曲线的直线部分增大，峰值应变 ε_0 也有所增大，但混凝土强度越高，曲线下降段越陡、延性越差。

图2-20所示为相同强度的混凝土在不同应变速度下的应力-应变曲线。可以看出，随着应变速度的降低，峰值应力逐渐减小，但与峰值应力对应的应变却增大了，下降段也变得平缓一些。

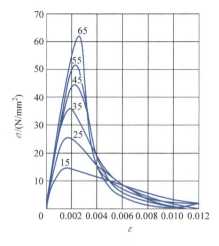
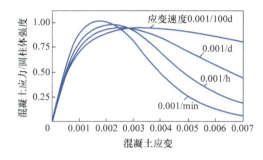

图2-19　不同强度混凝土的应力-应变曲线　　　　图2-20　不同应变速度下混凝土的应力-应变曲线

　　混凝土受到横向约束时，其强度和变形能力均可明显提高，在实际工程中采用密排螺旋筋或箍筋来约束混凝土，以改善混凝土的受力性能。图2-21所示为配有密排螺旋筋短柱和密排螺旋筋矩形短柱的受压应力-应变曲线。可以看出，在混凝土轴向压力很小时，螺旋筋或箍筋几乎不受力，混凝土基本不受约束；当混凝土应力达到临界应力时，混凝土内裂缝引起体积膨胀，使螺旋筋或箍筋受拉，而螺旋筋或箍筋反过来又约束混凝土，使混凝土处于三向受压的状态，从而使混凝土的受力性能得到改善。从图2-21中可看出，螺旋筋能很好地提高混凝土的强度和延性；密排箍筋能很好地提高混凝土的延性，但提高强度的效果不明显。这是因为箍筋是方形的，仅能使位于箍筋的角上和核心的混凝土受到约束。

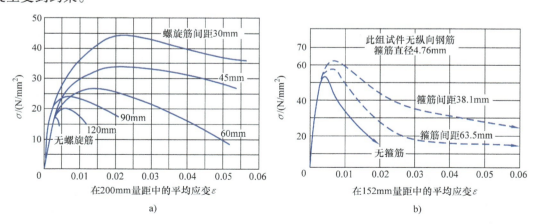

a)　　　　　　　　　　　　　　　　　b)

图2-21　配有密排螺旋筋短柱和密排箍筋矩形短柱的应力-应变曲线

a）螺旋筋约束的短柱　　b）密排箍筋短柱

试验表明，混凝土内配纵向钢筋也可使混凝土的变形能力有一定提高。图 2-22 所示为不同纵筋配筋率（箍筋间距较大，仅用于固定箍筋位置）的混凝土试件受压应力-应变曲线。可以看出，随着纵筋配筋率的增大，混凝土的峰值应力变化不大，但峰值应变明显增大，这是由于钢筋和混凝土之间有很好的黏结性，到混凝土应力接近或达到峰值时，纵筋起到一定的卸载和约束作用。

2. 混凝土受压时纵向应变与横向应变的关系

混凝土试件在一次短期加荷时，除了产生纵向压应变外，还将在横向产生膨胀应变。横向应变与纵向应变的比值横向变形系数 ν_c，又称为泊松比。不同应力下横向变形系数 ν_c 的变化如图 2-23 所示。可以看出，当应力值小于 $0.5f_c$ 时，横向变形系数基本保持为常数；当应力值超过 $0.5f_c$ 以后，横向应变系数逐渐增大。应力越高，增大的速度越快，表明试件内部的微裂缝迅速发展。材料处于弹性阶段时，混凝土的横向变形系数（泊松比）ν_c 可取为 0.2。

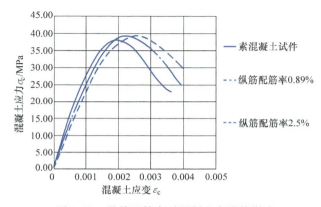

图 2-22　纵筋配筋率对混凝土变形的影响

当混凝土应力较小时，体积随压应力的增大而减小。当压应力超过一定值后，随着压应力的增大，体积又重新增大，最后竟超过原来的体积。混凝土体积应变 ε_v 与应力的变化关系如图 2-24 所示。

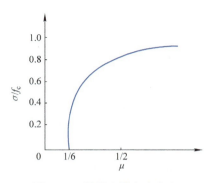

图 2-23　混凝土横向应变和
纵向应变的关系

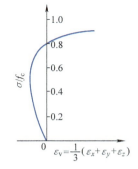

图 2-24　混凝土体积应变与
应力的变化关系

3. 混凝土的变形模量

与弹性材料不同，混凝土的应力-应变关系是一条曲线，在不同的应力阶段，应力与应变之比的变形模量不是常数，而是随着混凝土的应力变化而变化的。混凝土的变形模量有三种表示方法：

（1）混凝土的弹性模量（原点模量）E_c 如图 2-25 所示，在混凝土应力-应变曲线的原点做切线，该切点的斜率即为原点模量，称为弹性模量，用 E_c 表示，即

$$E_c = \frac{\sigma_c}{\varepsilon_{ce}} = \tan\alpha_0 \qquad (2.7)$$

式中 α_0——混凝土应力-应变曲线在原点处的切线与横坐标的夹角。

（2）混凝土的切线模量 E_c'' 在混凝土应力-应变曲线上某一应力值为 σ_c 处做切线，该切线的斜率即为相应于应力为 σ_c 时混凝土的切线模量，用 E_c'' 表示，即

$$E_c'' = \tan\alpha \qquad (2.8)$$

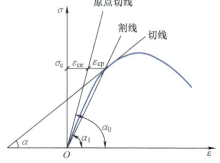

图 2-25 混凝土变形模量的表示方法

式中 α——混凝土应力-应变曲线上应力为 σ_c 处切线与横坐标的夹角。

可以看出，混凝土的切线模量是一个变量，它随混凝土应力的增大而减小。

（3）混凝土的变形模量（割线模量）E_c' 连接图 2-25 中原点 O 至曲线上应力为 σ_c 处做割线，割线的斜率称为混凝土在 σ_c 处的割线模量，用 E_c' 来表示，即

$$E_c' = \frac{\sigma_c}{\varepsilon_c} = \tan\alpha_1 \qquad (2.9)$$

式中 α_1——混凝土应力-应变曲线上应力为 σ_c 处割线与横坐标的夹角。

可以看出，式（2.9）中总变形 ε_c 包含了混凝土弹性变形 ε_{ce} 和塑性变形 ε_{cp} 两部分。因此，混凝土的割线模量也是变量，也随混凝土应力的增大而减小。比较式（2.7）和式（2.9）可以得到

$$E_c' = \frac{\sigma_c}{\varepsilon_c} = \frac{\sigma_c}{\varepsilon_{ce} + \varepsilon_{cp}} = \frac{\varepsilon_{ce}}{\varepsilon_{ce} + \varepsilon_{cp}} \cdot \frac{\sigma_c}{\varepsilon_{ce}} = \nu E_c \qquad (2.10)$$

式中 ν——混凝土受压时的弹性系数，为混凝土弹性应变与总应变之比，其值随混凝土应力的增大而减小。当 $\sigma_c < 0.3f_c$ 时，混凝土基本处于弹性阶段，可取 $\nu = 1$；当 $\sigma_c = 0.5f_c$ 时，可取 $\nu = 0.8 \sim 0.9$；当 $\sigma_c = 0.8f_c$ 时，可取 $\nu = 0.4 \sim 0.7$。

由以上分析可以看出，混凝土的弹性模量是随应力的变化而变化的，当混凝土处于弹性阶段时，其变形模量和弹性模量近似相等。我国规范中给出的混凝土弹性模量 E_c 是按下述方法测定的：如图 2-26 所示，将棱柱体试件加荷至应力为 $0.4f_c$，反复加荷 $5 \sim 10$ 次，由于混凝土为非弹性物质，每次卸荷至零时，变形不能完全恢复，存在残余变形。但随荷载重复次数的增加，残余变形逐渐减小，重复 $5 \sim 10$ 次以后，变形基本趋于稳定，应力-应变曲线接近于直线，该直线的斜率即为弹性模量的取值。根据试验结果，混凝土弹性模量与混凝土立方体抗压强度 f_{cu} 之间的关系为

$$E_c = \frac{10^5}{2.2 + \dfrac{34.7}{f_{cu}}} \qquad (2.11)$$

式中，f_{cu} 的单位应取 N/mm^2。

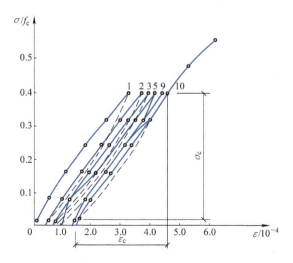

图 2-26 混凝土弹性模量的测定方法

混凝土的剪切模量 G_c 可根据抗压试验测定的弹性模量 E_c 和泊松比 ν_c 按下式确定，即

$$G_c = \frac{E_c}{2(1+\nu_c)} \tag{2.12}$$

式中，若取 $\nu_c = 0.2$，则 $G_c = 0.416E_c$，我国规范近似取 $G_c = 0.4E_c$。

4. 混凝土轴向受拉时的应力-应变关系

混凝土轴向受拉时的应力-应变曲线的测试比受压时更困难。图 2-27 所示是采用电液伺服试验机控制应变速度测出的混凝土轴心受拉应力-应变曲线。可以看出，曲线形状与受压时相似，也有上升段和下降段。曲线原点切线斜率与受压时基本一致，因此混凝土受拉和受压均可采用相同的弹性模量 E_c。达到峰值应力 f_t 时的应变很小，只有 $75 \times 10^{-6} \sim 115 \times 10^{-6}$，曲线的下降段随着混凝土强度的提高也更为陡峭；相应于抗拉强度 f_t 时的变形模量可取 $E_c' = 0.5E_c$，即取弹性系数 $\nu = 0.5$。

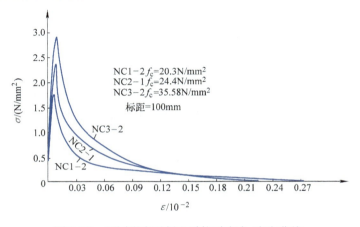

图 2-27 不同强度混凝土受拉时应力-应变曲线

2.2.3.2 混凝土在重复荷载作用下的变形性能（疲劳变形）

混凝土在重复荷载作用下引起的破坏称为疲劳破坏。在重复荷载作用下，混凝土的变形性能有重要的变化。图 2-28 所示为混凝土受压柱体在一次加荷卸荷的应力-应变曲线，当一次短期加荷的应力不超过混凝土的疲劳强度时，加荷卸荷的应力-应变曲线 OAB 形成一个环状，在产生瞬时恢复应变后经过一段时间，其应变又恢复一部分，称为弹性后效，剩下的为不能恢复的残余应变。

混凝土柱体在多次重复荷载作用下的应力-应变曲线如图 2-29 所示。当加荷应力 σ_1 小于混凝土的疲劳强度 f_c^f 时，其一次加荷卸荷应力-应变曲线形成一个环状，经过多次重复后，环状曲线逐渐密合成一直线。如果再选择一个较高的加荷应力 σ_2，但 σ_2 仍小于混凝土的疲劳强度 f_c^f 时，经过多次重复后应力-应变曲线仍能密合成一条直线。如果选择一个高于混凝土疲劳强度 f_c^f 的加荷应力 σ_3，开始时混凝土的应力-应变曲线凸向应力轴，在重复加载过程中逐渐变化为凸向应变轴，不能形成封闭环；随着荷载重复次数的增加，应力-应变曲线的斜率不断降低，最后混凝土试件因严重开裂或变形太大而破坏，这种因荷载重复作用而引起的混凝土破坏称为混凝土的疲劳破坏。混凝土能承受荷载多次重复作用而不发生疲劳破坏的最大应力限值称为混凝土的疲劳强度 f_c^f。

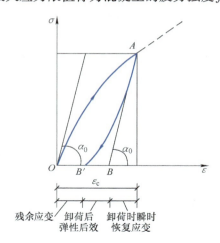

图 2-28 混凝土一次加荷卸荷的
应力-应变曲线

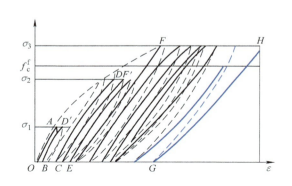

图 2-29 混凝土多次重复加荷的
应力-应变曲线

从图 2-29 可以看出，施加荷载时的应力大小是影响应力-应变曲线变化的关键因素，即混凝土的疲劳强度与荷载重复作用时应力变化的幅度有关。在相同的重复次数下，疲劳强度随着疲劳应力比 ρ_c^f 的增大而增大。疲劳应力比 ρ_c^f 计算公式为

$$\rho_c^f = \frac{\sigma_{c,min}^f}{\sigma_{c,max}^f} \tag{2.13}$$

式中 $\sigma_{c,min}^f$、$\sigma_{c,max}^f$——截面同一纤维上混凝土的最小、最大应力。

2.2.3.3 混凝土在荷载长期作用下的变形性能——徐变

早在 20 世纪初，人们就发现钢筋混凝土桥梁的挠度几年后仍在继续增长，这提醒人们有必要研究混凝土在长期荷载作用下的变形性质。混凝土在长期荷载作用下随时间而增长的

变形称为徐变。

图 2-30 所示为 $100\text{mm} \times 100\text{mm} \times 400\text{mm}$ 棱柱体试件在相对湿度 65%、温度 20℃ 条件下，承受压应力 $\sigma_c = 0.5f_c$ 后保持外荷载不变，应变随时间变化关系的曲线。图中，ε_{ce} 为加荷时产生的瞬时弹性应变，ε_{cr} 为随时间而增长的应变，即混凝土的徐变。从图 2-30 可以看出。徐变在前 4 个月增长较快，6 个月左右可达终极徐变的 70% ~ 80%，以后增长逐渐缓慢，2 年时间的徐变为瞬时弹性应变的 2 ~ 4 倍。若在两年后的 B 点卸荷，其瞬时恢复应变为 ε_{ce}'；经过一段时间（约 20d），试件还能恢复一部分应变 ε_{ce}''，这种现象称为弹性后效。弹性后效是由混凝土中粗骨料受压时的弹性变形逐渐恢复引起的，其值仅为徐变变形的 1/12 左右。最后还将留下大部分不可恢复的残余应变 ε_{cr}'。

影响混凝土徐变的因素很多，总的来说可以分为三类：

（1）内在因素　内在因素主要是指混凝土的组成和配合比。水泥用量大、水泥胶体多，水胶比越大徐变越大。要减小徐变，就应尽量减小水泥用量，减小水胶比，增加骨料所占体积及刚度。

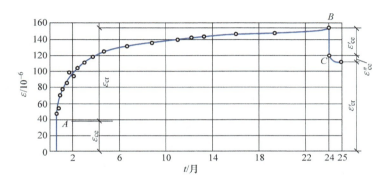

图 2-30　混凝土的徐变

（2）环境影响　环境影响主要是指混凝土的养护条件以及使用条件下的温度和湿度的影响。养护的温度越高、湿度越大，水泥水化作用越充分，徐变就越小，采用蒸汽养护可使徐变减小 20% ~ 35%；试件受荷后，环境温度越低、湿度越大、体表比（构件体积与表面积的比值）越大，徐变越小。

（3）应力条件　应力条件的影响包括加荷时施加的初应力水平和混凝土的龄期。在同样的应力水平下，加荷龄期越早，混凝土硬化越不充分，徐变就越大；在同样的加荷龄期作用下，施加的初应力水平越大，徐变就越大。图 2-31 所示为不同 σ_c/f_c 比值的条件下徐变随时间增长的曲线变化图，从图 2-31 中可以看出，当 σ_c/f_c 比值小于 0.5 时，曲线接近等间距分布，即徐变值与应力的大小成正比，这种徐变称为线性徐变，通常线性徐变在两年后趋于稳定；当应力 σ_c 为 $0.5 \sim 0.8f_c$

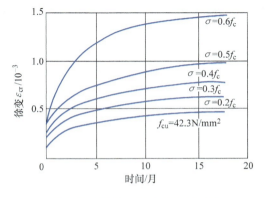

图 2-31　不同 σ_c/f_c 比值的条件下
徐变与时间的关系

时，徐变的增长较应力增长快，这种徐变称为非线性徐变；当应力 $\sigma_c > 0.8f_c$ 时，这种非线性徐变往往是不收敛的，最终将导致混凝土的破坏，如图 2-32 所示。

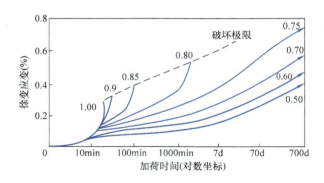

图 2-32　不同应力比值的徐变时间曲线

对于混凝土产生徐变的原因，目前研究的还不够充分，通常可从两个方面来理解：一是由于尚未转化为结晶体的水泥凝胶体黏性流动的结果，二是混凝土内部的微裂缝在荷载长期作用下持续延伸和扩展的结果。线性徐变以第一个原因为主，因为黏性流动的增长将逐渐趋于稳定；非线性徐变以第二个原因为主，因为应力集中引起的微裂缝开展将随压力的增加而急剧发展。

徐变对钢筋混凝土构件的受力性能有重要影响。一方面，徐变将使构件的变形增加，如受荷载长期作用的受弯构件由于受压区混凝土的徐变，可使挠度增大 2～3 倍或更大；长细比较大的偏心受压构件，由于徐变引起的附加偏心距增大，将使构件的承载力降低；徐变还将在钢筋混凝土截面引起应力重分布，在预应力混凝土构件中徐变将引起相当大的预应力损失。另一方面，徐变对构件的影响也有有利的一面，在某些情况下，徐变可减小由于支座不均匀沉降而产生的应力，并可延缓收缩裂缝的出现。

2.2.3.4　混凝土的收缩、膨胀和温度变化

混凝土在凝结硬化过程中，体积会发生变化，在空气中硬化时体积会收缩，而在水中硬化时体积会膨胀。一般来说，收缩值要比膨胀值大很多。

混凝土的收缩随时间增长而增长的变形，如图 2-33 所示。凝结硬化初期收缩变形发展较快，两周可完成收缩变形的 25%，1 个月可完成全部收缩变形的 50%，3 个月后增长逐渐缓慢，一般 2 年后趋于稳定，最终收缩一般为 $(2～5) \times 10^{-4}$。

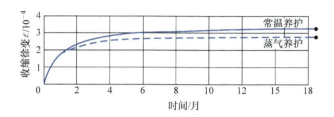

图 2-33　混凝土的收缩变形

引起混凝土收缩的原因，在硬化初期主要是水泥石凝固结硬过程中产生的体积变形，后期主要是混凝土内自由水分蒸发而引起的干缩，混凝土的组成、配合比是影响收缩的主要因素。水泥用量越多，水胶比越大，收缩就越大。骨料级配好、密度大、弹性模量高、粒径大

等可减少混凝土的收缩。

因为干燥失水是引起收缩的重要原因，所以构件的养护条件、使用环境的温度和湿度，以及影响混凝土中水分保持的因素，都对混凝土的收缩有影响。高温湿样（蒸气养护）可加快水化作用，减少混凝土中的自由水分，因而可使收缩减小。使用环境温度越高，相对湿度越低，收缩就越大。如果混凝土处于饱和湿度情况下或在水中，不仅不会收缩，而且会产生体积膨胀。

混凝土的最终收缩量还与构件的体表比有关，体表比较小的构件如工字形、箱形薄壁构件，收缩量较大，而且发展较快。

混凝土的收缩对钢筋混凝土结构有着不利的影响。在钢筋混凝土结构中，混凝土往往由于钢筋或邻近部件的牵制处于不同程度的约束状态，使混凝土产生收缩拉应力，从而加速裂缝的出现和开展。在预应力混凝土结构中，混凝土的收缩将导致预应力的损失。对跨度变化比较敏感的超静定结构（如拱等），混凝土的收缩还将产生不利于结构的内力。

混凝土的膨胀往往是有利的，一般不予考虑。

混凝土的线膨胀系数随骨料的性质和配合比的不同而不同，一般为 $(1.0 \sim 1.5) \times 10^{-5}/℃$ 它与钢筋的线膨胀系数 $1.2 \times 10^{-5}/℃$ 相近，因此当温度变化时，在钢筋和混凝土之间仅会引起很小的内应力，不致产生有害影响。我国规范取混凝土的线膨胀系数为 $\alpha_c = 1.0 \times 10^{-5}/℃$。

2.3　钢筋与混凝土的相互作用——黏结

2.3.1　黏结的作用与性质

在钢筋混凝土结构中，钢筋和混凝土这两种性质不同的材料之所以能够共同工作，主要是依靠钢筋和混凝土之间的黏结力。黏结力是钢筋和混凝土的接触面上的剪应力，由于这种剪应力的存在，使钢筋和周围混凝土之间的内力得到传递。

钢筋受力后，由于钢筋和周围混凝土的作用，使钢筋应力发生变化，钢筋应力的变化取决于黏结力的大小。由图 2-34 中钢筋微段 dx 上内力的平衡可求得

$$\tau = \frac{d\sigma_s \cdot A_s}{\pi dx \cdot d} = \frac{\frac{1}{4}\pi d^2}{\pi d} \cdot \frac{d\sigma_s}{dx} = \frac{d}{4} \cdot \frac{d\sigma_s}{dx} \tag{2.14}$$

式中　τ——微段 dx 上的平均黏结力，即钢筋表面上的剪应力；

　　　A_s——钢筋的截面面积；

　　　d——钢筋的直径。

式（2.14）表明，黏结力使钢筋应力沿其长度发生变化，没有黏结应力，钢筋应力就不会发生变化，如果钢筋应力没有发生变化，就说明不存在黏结应力 τ。

钢筋和混凝土的黏结性能按其在构件中作用的性质可分为两类：第一类是钢筋的锚固黏结或延伸黏结，如图 2-35a 所示，受拉钢筋必须有足够的锚固长度，以便通过这段长

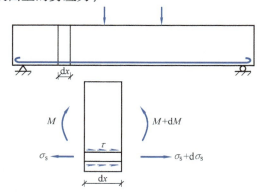

图 2-34　钢筋与混凝土之间的黏结应力

度上黏结应力的积累，使钢筋中建立起所需发挥的拉力；第二类是混凝土构件裂缝间的黏结，如图 2-35b 所示，在两个开裂截面之间，钢筋应力的变化受到黏结应力的影响，钢筋应力变化的幅度反映了裂缝间混凝土参加工作的程度。

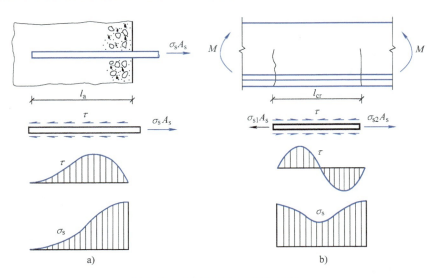

图 2-35　锚固黏结和裂缝间黏结
a）锚固黏结　b）裂缝间黏结

黏结应力的测定通常有两种方法：一种是拔出试验，即把钢筋的一端埋在混凝土内，另一端施加拉力，将钢筋拔出测出其拉力，如图 2-36a 所示；另一种是梁式试验，可以考虑弯矩的影响，如图 2-36b 所示。黏结应力沿钢筋呈曲线分布，最大黏结应力产生在离端头某一距离处。钢筋埋入混凝土的长度 l_a 越长，则拔出力越大。如果 l_a 太长，靠近钢筋端头处的黏结力就会减小，甚至等于零。由此可见，为了保证钢筋在混凝土中有可靠的锚固，钢筋应有足够的锚固长度，但也不必太长。

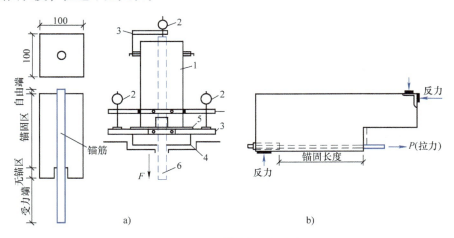

图 2-36　黏结应力测定方法
a）拔出试验　b）梁式试验
1—试件　2—百分表　3—仪表架　4—垫块　5—垫板　6—锚筋

2.3.2　黏结机理分析

钢筋和混凝土的黏结力主要由三部分组成。

第一部分是钢筋和混凝土接触面上的化学胶结力，来源于浇筑时水泥浆体向钢筋表面氧化层的渗透和养护过程中水泥晶体的生长和硬化，从而使水泥胶体和钢筋表面产生吸附胶着作用。化学胶结力只能在钢筋和混凝土界面处于原生状态时才起作用，一旦发生滑移，它就失去作用。

第二部分是钢筋和混凝土之间的摩阻力，由于混凝土凝结时收缩，使钢筋和混凝土接触面上产生正应力。摩阻力的大小取决于垂直摩擦面上的压应力，还取决于摩擦系数，即钢筋和混凝土接触面的粗糙程度。

第三部分是钢筋和混凝土之间的机械咬合力。对光面钢筋，是指表面粗糙不平产生的咬合应力；对变形钢筋，是指变形钢筋肋间嵌入混凝土而形成的机械咬合作用，这是变形钢筋和混凝土黏结力的主要来源。如图 2-37 所示为变形钢筋与混凝土的相互作用，钢筋横肋对混凝土的挤压就像一个楔，斜向挤压力不仅产生沿钢筋表面的轴向分力，而且产生沿钢筋径向的径向分力。当荷载增加时，因斜向挤压作用，肋顶前方的混凝土将发生斜向开裂形成内裂缝，而径向分力将使钢筋周围的混凝土产生环向拉应力，形成径向裂缝。

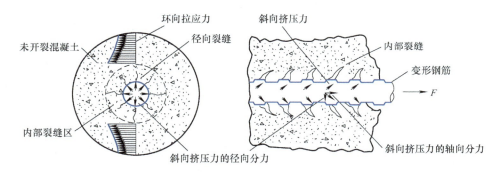

图 2-37　变形钢筋与混凝土的相互作用

2.3.3　影响黏结强度的主要因素

影响钢筋与混凝土黏结强度的因素很多，主要有以下几种：

（1）钢筋表面形状　试验表明：变形钢筋的黏结力比光面钢筋高出 2～3 倍。因此，变形钢筋所需的锚固长度要比光面钢筋的要短，而光面钢筋的锚固端头则需要做弯钩以提高黏结强度。

（2）混凝土强度　变形钢筋和光面钢筋的黏结强度均随混凝土强度的提高而提高，但不与立方体抗压强度 f_{cu} 成正比。黏结强度 τ_u 与混凝土抗拉强度 f_t 大致成正比例的关系。

（3）保护层厚度和钢筋净距　混凝土保护层厚度和钢筋间距对黏结强度也有重要影响。对于高强度的变形钢筋，当混凝土保护层厚度较小时，外围混凝土可能发生劈裂而使黏结强度降低；当钢筋之间净距较小时，将可能出现水平劈裂而导致整个保护层崩落，从而使黏结强度显著降低，如图 2-38 所示。

（4）钢筋浇筑位置　黏结强度与浇筑混凝土时钢筋所处的位置有明显的关系。对于混凝土浇筑深度过大的"顶部"水平钢筋，其底面的混凝土由于水分、气泡的逸出和骨料泌水下沉，与钢筋间形成空隙层，从而削弱钢筋与混凝土的黏结作用，如图 2-39 所示。

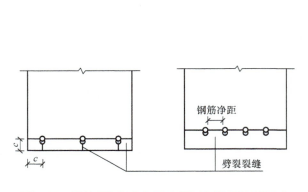

图 2-38　保护层厚度和钢筋间距对黏结强度的影响　　　　图 2-39　浇筑位置的影响

（5）横向钢筋　横向钢筋（如梁中的箍筋）可以延缓径向劈裂裂缝的发展或限制裂缝的宽度，从而提高黏结强度。在较大直径钢筋的锚固区或钢筋搭接长度范围内，以及当一排并列的钢筋根数较多时，均应设置一定数量的附加箍筋，以防止保护层的劈裂崩落。

（6）侧向压力　当钢筋的锚固区作用有侧向压应力时，可增强钢筋与混凝土之间的摩阻作用，使黏结强度提高。因此，在直接支撑的支座处，如梁的简支端，考虑支座压力的有利影响，伸入支座的钢筋锚固长度可适当减少。

2.3.4　钢筋的锚固长度

为了保证钢筋与混凝土之间的可靠黏结，钢筋必须有一定的锚固长度。《混凝土结构设计规范》规定，纵向受拉钢筋的锚固长度作为钢筋的基本锚固长度 l_{ab}，它与钢筋强度、混凝土强度、钢筋直径及外形有关，计算公式为

$$l_{ab} = \alpha \frac{f_y}{f_t} d \qquad (2.15)$$

或

$$l_{ab} = \alpha \frac{f_{py}}{f_t} d \qquad (2.16)$$

式中　f_y、f_{py}——普通钢筋、预应力筋的抗拉强度设计值；

f_t——混凝土轴心抗拉强度设计值；

d——锚固钢筋的直径；

α——锚固钢筋的外形系数，按表 2-1 取用。

表 2-1　锚固钢筋的外形系数

钢筋类型	光面钢筋	带肋钢筋	螺旋肋钢筋	三股钢绞线	七股钢绞线
α	0.16	0.14	0.13	0.16	0.17

　　一般情况下，受拉钢筋的锚固长度可取基本锚固长度。考虑各种影响钢筋与混凝土黏结锚固强度的因素，当采取不同的埋置方式和构造措施时，锚固长度应按式（2.17）计算，即

$$l_a = \zeta_a l_{ab} \tag{2.17}$$

式中　l_a——受拉钢筋的锚固长度；

　　　ζ_a——锚固长度修正系数，按下面规定取用，当多于一项时，可以连乘计算。经修正的锚固长度不应小于基本内容锚固长度的 60% 且不小于 200mm。

　　纵向受拉带肋钢筋的锚固长度修正系数 ζ_a 应根据钢筋的锚固条件按下列规定取用：

　　1）当带肋钢筋的公称直径大于 25mm 时取 1.10。

　　2）有环氧涂层的钢筋取 1.25。

　　3）施工过程中易受扰动的钢筋取 1.10。

　　4）锚固区保护层厚度为 $3d$ 时修正系数可取 0.80，保护层厚度为 $5d$ 时修正系数可取 0.70，中间按内插法取值（此处 d 为纵向受力带肋钢筋的直径）。

　　5）当纵向受拉普通钢筋末端采用钢筋弯钩或机械锚固措施时，包括弯钩或锚固端头在内的锚固长度（投影长度）可取基本锚固长度 l_{ab} 的 60%。钢筋弯钩或机械锚固的形式和技术要符合表 2-2 及图 2-40 的规定。

表 2-2　钢筋弯钩和机械锚固的形式和技术要求

锚固形式	技术要求
90°弯钩	末端 90°弯钩，弯后直段长度 $12d$
135°弯钩	末端 135°弯钩，弯后直段长度 $5d$
一侧贴焊锚筋	末端一侧贴焊长 $5d$ 同直径钢筋，焊缝满足强度要求
两侧贴焊锚筋	末端两侧贴焊长 $3d$ 同直径钢筋，焊缝满足强度要求
焊端锚板	末端与厚度 d 的锚板穿孔塞焊，焊缝满足强度要求
螺栓锚头	末端旋入螺栓锚头，螺纹长度满足强度要求

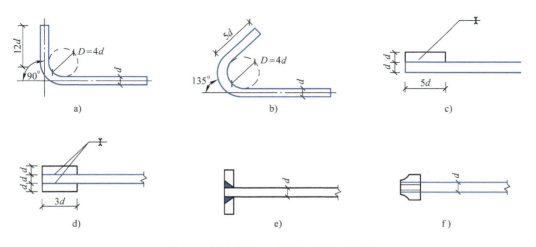

图 2-40　钢筋机械锚固的形式及构造要求
a）弯折　b）弯钩　c）一侧贴焊锚筋　d）两侧贴焊锚筋　e）穿孔塞焊锚板　f）螺栓锚头

当锚固钢筋保护层厚度不大于 $5d$ 时，锚固长度范围内应配置构造钢筋（箍筋或横向钢筋），其直径不应小于 $d/4$，间距不应大于 $5d$，且不大于 100mm（此处 d 为锚固钢筋的直径）。

对于混凝土结构中的纵向受压钢筋，当计算中充分利用计算钢筋的抗压强度时，受压钢筋的锚固长度应不小于相应受拉锚固长度的 70%。

思考题与习题

2.1 我国用于钢筋混凝土结构和预应力混凝土结构中的钢筋或钢丝有哪些种类？有明显屈服强度和没有明显屈服强度钢筋的应力-应变关系有什么不同？为什么将屈服强度作为强度设计指标？

2.2 钢筋的力学性能指标有哪些？混凝土结构对钢筋性能有哪些基本要求？

2.3 混凝土的立方体抗压强度是如何确定的？其与试块尺寸，试验方法和养护条件有什么关系？

2.4 我国规范是如何确定混凝土的强度等级的？

2.5 混凝土在复合应力状态下的强度有哪些特点？

2.6 混凝土在一次短期加荷时的应力-应变关系有什么特点？

2.7 混凝土的变形模量有几种表示方法？混凝土的弹性模量是如何确定的？

2.8 什么是混凝土的疲劳破坏？疲劳破坏时应力-应变曲线有何特点？

2.9 什么是混凝土的徐变？影响混凝土徐变的因素有哪些？徐变对普通混凝土结构和预应力混凝土结构有何影响？

2.10 混凝土的收缩变形有何特点？对混凝土结构有哪些影响？

2.11 钢筋和混凝土之间的黏结力主要有哪几部分组成？影响钢筋与混凝土黏结强度的因素有哪些？钢筋的锚固长度是如何确定的？

2.12 传统的钢筋伸长率指标（δ_5、δ_{10}、δ_{100}）在实际工程应用中存在哪些问题？试说明钢筋总伸长率（均匀伸长率）δ_{gt} 的意义和量测方法。如图 2-5 所示，某直径 14mm 的 HRB500 级钢筋拉伸试验的结果见表 2-3，若钢筋极限抗拉强度 $\sigma_b = 661\text{N/mm}^2$、弹性模量 $E_s = 2 \times 10^5\text{N/mm}^2$，试分别求出 δ_5、δ_{10}、δ_{100} 和 δ_{gt} 的值。

表 2-3 HRB500 级钢筋拉伸试验结果 （单位：mm）

试验前标距长度	拉断后标距长度	试验前标距长度	拉断后标距长度
$l_0 = 5d = 70.0$	$l = 92.0$		
$l_0 = 10d = 140.0$	$l = 169.5$	$L_0 = 140.0$	$L = 162.4$
$l_0 = 100.0$	$l = 125.4$		

第 3 章　混凝土结构设计方法

3.1　我国采用的混凝土结构设计方法

结构设计的目的是保证结构在规定的使用期内能够承受设计的各种作用，满足设计要求的各项使用功能，以及具有不需要过多维护而能保持其自身工作性能的能力，即保证结构的安全性、适用性、耐久性。

我国在混凝土结构设计中曾经采用过容许应力法、破损阶段法和多种形式的极限状态法等方法。这些方法都是以基本变量的标准值和分项系数为基础。在确定这些基本变量的标准值和系数时，有的借助数理统计分析，有的则是凭经验确定。

20 世纪 20 年代以来，工程结构可靠度理论应用的研究已取得了重大进展。为了使我国广大工程技术人员能较好地运用可靠度理论的设计方法，我国在 1989 年、2002 年和 2010年三次颁布实施的规范中只是以可靠度理论作为设计的理论基础，实际设计时，采用分项系数作为可靠指标的等价，以基本变量的标准值为基础，用极限状态法进行设计。这种极限状态法是以结构的功能函数为目标函数，以概率论作为分析方法，故称为概率极限状态设计法。

3.2　极限状态

3.2.1　结构上的作用及结构抗力

结构上的作用是指能使结构产生内力、应力、位移、应变、裂缝等效应的各种原因的总称，分直接作用、间接作用两种。荷载是直接作用，混凝土的收缩、温度变化、基础的差异沉降、地震等引起结构外加变形或约束等原因称为间接作用。间接作用不仅与外界因素有关，还与结构本身的特性有关。例如，地震对结构物的作用，不仅与地震加速度有关，还与结构自身的动力特性有关。

按作用时间的长短和性质，荷载可分为永久荷载、可变荷载、偶然荷载三类。

（1）永久荷载　在结构设计使用期间，其值不随时间而变化，或其变化与平均值相比可以忽略不计，或其变化是单调的并能趋于限值的荷载。例如，结构的自重、土压力、预应力等都是永久荷载。永久荷载又称为恒荷载。

（2）可变荷载　在结构设计使用期内，可变荷载随时间变化，且其变化与平均值相比不可忽略的荷载。例如，楼面活荷载、屋面活荷载和积灰荷载、起重机荷载、风荷载、雪荷载等都是可变荷载。可变荷载又称为活荷载。

（3）偶然荷载　在结构设计使用期内不一定出现，一旦出现，其值很大且持续时间很短的荷载。例如爆炸力、撞击力等都是偶然荷载。

GB 50009—2012《建筑结构荷载规范》规定，建筑结构设计时，对不同荷载应采用不同的代表值。对永久荷载应采用标准值作为代表值。对可变荷载应根据设计要求采用标准值、组合值、频遇值或准永久值作为代表值。对偶然荷载应按建筑结构使用的特点确定其代表值。

作用效应是指作用引起的结构或结构构件的内力、变形和裂缝等，当为直接作用（即荷载）时，其效应也称为荷载效应，通常用 S 表示。结构抗力是指结构或结构构件承受作用效能的能力，如结构构件的承载力、刚度和抗裂度等，用 R 表示。它主要与结构构件的材料性能（强度、变形模量等）、几何参数（构件尺寸等）和计算模式的精确性（抗力计算所采用的基本假设和计算公式不够精确）等有关。

结构的极限状态可以用极限状态函数来表达。承载能力极限状态可表示为

$$Z = R - S \tag{3.1}$$

根据概率统计理论，设 S、R 都是随机变量，则 $Z = R - S$ 也是随机变量。根据 S、R 的取值不同，Z 值可能出现三种情况，当 $Z > 0$ 时，结构处于可靠状态；当 $Z = 0$ 时，结构达到极限状态；当 $Z < 0$ 时，结构处于失效（破坏）状态。

结构上的作用、作用效应和结构抗力都具有随机性，是随机变量，只能根据它们的分布规律，采用概率论和数理统计的方法进行分析和处理。

3.2.2　结构功能的极限状态

我国规范将结构的极限状态分为承载能力极限状态和正常使用极限状态两类。

（1）承载能力极限状态　结构或结构构件达到最大承载能力或不适于继续承载的变形状态为承载能力极限状态。当结构或结构构件出现下列状态之一时，即认为超过了承载能力极限状态：

1）整个结构或结构的一部分作为刚体失去平衡（如倾覆等）。

2）结构构件或连接因材料强度被超过而破坏（包括疲劳破坏，或因过度的塑性变形而不适于继续承载）。

3）结构转变为机动体系。

4）结构或结构构件丧失稳定（如压屈等）。

（2）正常使用极限状态　结构或结构构件达到正常使用或耐久性能的某项规定限值的状态，为正常使用极限状态。当结构或结构构件出现下列状态之一时，即认为超过了正常使用极限状态，而失去了正常使用和耐久功能：

1）影响正常使用或外观的形变。

2）影响正常使用或耐久性的局部破坏（包括裂缝）。

3）影响正常使用的振动。

4）影响正常使用的其他特定状态。

结构或构件按承载能力极限状态进行计算后，还应该按正常使用极限状态进行验算。

3.3　结构的可靠度

安全性、适用性、耐久性是结构可靠的标志，总称为结构的可靠性。结构的可靠度是结构可靠性的概率度量，是指结构在规定的时间内，在规定的条件下，完成预定功能的概率。

所谓的规定时间是指结构的设计使用年限，普通房屋和构筑物为 50 年；规定条件是指正常设计、正常施工、正常使用和维护的条件；预定功能指的是结构的安全性、适用性和耐久性。

令 $Z = R - S$，设构件的荷载效应 S、抗力 R，都是服从正态分布的随机变量且两者为线性关系。S、R 的平均值分别为 μ_S、μ_R，标准差分别为 σ_S、σ_R，则功能函数 Z 也是服从正态分布的随机变量。设 Z 的平均值和标准差分别为 μ_Z、σ_Z，其概率密度函数为 $f(Z)$。结构的失效概率 P_f 可直接通过 $Z < 0$ 的概率表达

$$P_f = P(Z < 0) = \int_{-\infty}^{0} f(Z)\,\mathrm{d}Z = \int_{-\infty}^{0} \frac{1}{\sigma_Z \sqrt{2\pi}} \exp\left[-\frac{1}{2}\left(\frac{Z - \mu_Z}{\sigma_Z}\right)^2 \right]\mathrm{d}Z \tag{3.2}$$

用失效概率 P_f 来度量结构的可靠性具有明确的物理意义，能够较好地反映问题的实质。但是，用概率进行计算比较麻烦，特别是当结构可能受到多种因素的影响，而且每一种影响因素不一定完全服从正态分布时，需要预先对它们进行当量正态化处理。此外，当影响失效概率的因素较多时，计算失效概率一般要通过多维积分，数学上比较复杂。由图 3-1 可知，可以用可靠度指标 β 代替失效概率 P_f 来具体度量结构的可靠性。

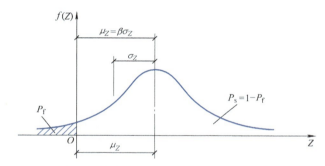

图 3-1　正态分布图上可靠概率、失效概率和可靠指标的表示方法

可靠指标 β 与失效概率 P_f 之间在数值上是一一对应的。其对应关系见表 3-1。结构构件的可靠度指标宜采用考虑其基本变量概率分布类型的一次二阶矩方法进行计算。

表 3-1　β 与 P_f 的对应关系

β	P_f	β	P_f	β	P_f
1.0	1.50×10^{-1}	2.7	3.50×10^{-3}	3.7	1.10×10^{-4}
1.5	6.68×10^{-2}	3.0	1.35×10^{-3}	4.0	3.17×10^{-5}
2.0	2.28×10^{-2}	3.2	6.90×10^{-4}	4.2	1.30×10^{-5}
2.5	6.21×10^{-3}	3.5	2.33×10^{-4}	4.5	3.40×10^{-6}

1）当仅有作用效应和结构抗力两个基本变量且均按正态分布时，结构构件的可靠指标计算公式为

$$\beta = \frac{u_Z}{\sigma_Z} = \frac{\mu_R - \mu_S}{\sqrt{\sigma_R^2 + \sigma_S^2}} \tag{3.3}$$

式中　β——结构构件的可靠指标；

μ_S、σ_S——结构构件作用效应的平均值、标准差；

μ_R、σ_R——结构构件抗力的平均值、标准差。

2）结构构件的失效概率与可靠指标关系为

$$P_f = P(Z < 0) = P\left(\frac{Z - \mu_Z}{\sigma_Z} < -\frac{\mu_Z}{\sigma_Z}\right) = \Phi\left(-\frac{\mu_Z}{\sigma_Z}\right) = 1 - \Phi\left(\frac{\mu_Z}{\sigma_Z}\right) \tag{3.4}$$

式中　P_f——结构构件失效概率的运算值；

　$\Phi(\cdot)$——标准正态分布函数。

3）结构构件的可靠度与失效概率关系为

$$P_S = P(Z \geqslant 0) = 1 - P_f = \Phi\left(\frac{u_Z}{\sigma_Z}\right) \tag{3.5}$$

式中　P_S——结构构件的可靠度。

4）当基本变量不按正态分布时，结构构件的可靠指标应以结构构件作用效应和抗力当量正态分布的平均值和标准差代入式（3.3）进行计算。

结构构件设计时采用的可靠指标，可根据对现有结构构件的可靠度分析，并考虑使用经验和经济因素等确定。

表 3-2　结构构件承载能力极限状态的可靠指标

破 坏 类 型	安 全 等 级		
	一级	二级	三级
延性破坏	3.7	3.2	2.7
脆性破坏	4.2	3.7	3.2

注：1. 当承受偶然作用时，结构构件的可靠指标应符合专门规范的规定。

　2. 结构构件正常使用极限状态的可靠指标，根据其可逆程度宜取 0~1.5。

3.4　极限状态设计表达式

3.4.1　承载能力极限状态设计表达式

3.4.1.1　基本表达式

对持久设计状况、短暂设计状况和地震设计状况，当用内力的形式表达时，结构构件应采用下列承载能力极限状态设计表达式，即

$$\gamma_0 S \leqslant R \tag{3.6}$$
$$R = R(f_c, f_s, \alpha_k, \cdots)/\gamma_{Rd} \tag{3.7}$$

式中　γ_0——结构重要性系数，在持久设计状况和短暂设计状况下，对安全等级为一级的结构构件不应小于 1.1，对安全等级为二级的结构构件不应小于 1.0，对于安全等级为三级的结构构件不应小于 0.9，地震设计状况下应取 1.0；

　S——承载能力极限状态下作用组合的效应设计值，持久设计状况和短暂设计状况应按作用的基本组合计算，地震状况应按作用的地震组合计算；

　R——结构构件的抗力设计值；

　γ_{Rd}——结构构件的抗力模型不确定系数，静力设计取 1.0，对不确定性较大的结构构

件根据具体情况取大于 1.0 的数值，抗震设计应用承载力抗震调整系数 γ_{RE} 代替 γ_{Rd}；

f_c、f_s——混凝土、钢筋的强度设计值；

α_k——几何参数的标准值，当几何参数的变异性对结构性能有明显的不利影响时，应增减一个附加值。

3.4.1.2　荷载效应组合的设计值 S

对于基本组合，荷载效应组合的设计值 S 应从下列组合值中取最不利值确定。

1）由可变荷载效应控制的组合

$$S = \gamma_G S_{Gk} + \gamma_{Q_1} S_{Q1k} + \sum_{i=2}^{n} \gamma_{Q_i} \psi_{c_i} S_{Q_ik} \tag{3.8}$$

式中　γ_G——永久荷载的分项系数；

γ_{Q_i}——第 i 个可变荷载的分项系数，其中 γ_{Q_1} 为可变荷载 Q_1 的分项系数；

S_{Gk}——按永久荷载标准值 G_k 计算的荷载效应值；

S_{Q_ik}——按可变荷载标准值 Q_{ik} 计算的荷载效应值，其中 S_{Q1k} 为可变荷载效应中起控制作用者；

ψ_{c_i}——可变荷载 Q_i 的组合值系数；

n——参与组合的可变荷载数。

2）由永久荷载效应控制的组合

$$S = \gamma_G S_{Gk} + \sum_{i=1}^{n} \gamma_{Q_i} \psi_{c_i} S_{Q_ik} \tag{3.9}$$

基本组合中的设计值仅适用于荷载与荷载效应为线性的情况。

当对 S_{Q1k} 无法明显判断时，应轮次以各可变荷载效应为 S_{Q1k}，选其中最不利的荷载效应组合。当考虑以竖向的永久荷载效应控制的组合时，参与组合的可变荷载仅限于竖向荷载。

对于一般排架、框架结构，基本组合可采用简化规则，并应按下列组合值中最不利值确定。

1）由可变荷载效应控制的组合

$$S = \gamma_G S_{Gk} + \gamma_{Q_1} S_{Q1k} \tag{3.10}$$

$$S = \gamma_G S_{Gk} + 0.9 \sum_{i=1}^{n} \gamma_{Q_i} S_{Q_ik} \tag{3.11}$$

2）由永久荷载效应控制的组合仍按式（3.8）采用。

3.4.2　正常使用极限状态设计表达式

3.4.2.1　基本表达式

对于正常使用极限状态，应根据不同的设计要求，采用荷载的标准组合、频遇组合或准永久组合，并应按下列设计表达式进行设计，即

$$S \leqslant C \tag{3.12}$$

式中　C——结构或结构构件达到正常使用要求的规定限值，例如，变形、裂缝、振幅、加速度、应力等的限制，应按各有关建筑结构设计规范的规定采用；

S——正常使用极限状态的荷载效应组合值。

3.4.2.2　荷载效应组合

1）对于标准组合，荷载效应组合的设计值 S 应按式（3.13）采用

$$S = S_{Gk} + S_{Q_1k} + \sum_{i=2}^{n} \psi_{c_i} S_{Q_ik} \qquad (3.13)$$

组合中的设计值仅适用于荷载与荷载效应为线性关系的情况。

2）对于频遇组合，荷载效应组合的设计值 S 应按式（3.14）采用

$$S = S_{Gk} + \psi_{f_1} S_{Q_1k} + \sum_{i=2}^{n} \psi_{q_i} S_{Q_ik} \qquad (3.14)$$

式中　ψ_{f_1}——可变荷载 Q_1 的频遇值系数；

　　　ψ_{q_i}——可变荷载 Q_i 的准永久值系数。

组合中的设计值仅适用于荷载与荷载效应为线性关系的情况。

3）对于准永久组合，荷载效应组合的设计值 S 可按式（3.15）采用

$$S = S_{Gk} + \sum_{i=1}^{n} \psi_{q_i} S_{Q_ik} \qquad (3.15)$$

组合中的设计值仅适用于荷载与荷载效应为线性关系的情况。

3.4.3　按极限状态设计时材料强度和荷载的取值

3.4.3.1　材料强度标准值

材料强度标准值 f_k 的取值原则是，在材料强度的所有实测值中，强度标准值应具有不小于95%的保证率。其值由式（3.16）决定

$$f_k = f_m - \alpha_f \sigma_f = f_m(1 - 1.645\delta_f) \qquad (3.16)$$

式中　f_k——荷载标准值；

　　　f_m——材料强度的平均值；

　　　α_f——材料强度标准值的保证率（95%）系数（1.645）；

　　　σ_f——材料强度的标准差；

　　　δ_f——材料强度变异系数，$\delta_f = \sigma_f/f_m$。

对于钢材强度标准值，热轧钢筋的抗拉强度标准值等于屈服强度的废品限值；没有明显屈服强度的钢筋则给出极限抗拉强度的检验指标，作为其强度的标准值。

混凝土的各种强度指标标准值，是假定与立方体强度具有相同的变异系数，由立方体抗压强度标准值推算，计算方法为：

1）混凝土立方体抗压强度标准值（或称混凝土强度等级）$f_{cu,k}$ 是按标准方法制作、养护和试验所得的抗压强度值。

2）混凝土的轴心抗压强度标准值 f_{ck} 及抗拉强度标准值 f_{tk} 是根据混凝土立方体抗压强度标准值和各种强度指标的关系，按式（3.16）计算得出的。

例如，已知一批混凝土试块，经统计，试块的抗压强度平均值为 27.9N/mm^2，标准差为 5.76N/mm^2，则其抗压强度标准值为

$$f_k = f_m - \alpha_f \sigma_f = (27.9 - 1.645 \times 5.76)\text{N/mm}^2 = 18.42\text{N/mm}^2$$

《混凝土结构设计规范》规定了各类钢筋和各种强度等级混凝土的强度标准值，分别见附表1，附表2，附表4。

3.4.3.2　材料强度的设计值

材料强度的标准值 f_k 除以分项系数 γ_m 就得到材料强度的设计值。即

$$f = \frac{f_k}{\gamma_m} \tag{3.17}$$

钢筋的材料分项系数是通过对受拉构件的试验数据进行可靠度分析得出的。延性较好的热轧钢筋 γ_m 取 1.10；500MPa 级钢筋适当提高安全储备，取为 1.15；预应力筋的 γ_m 一般不小于 1.20；预应力钢丝、钢绞线取 $0.85\sigma_b$ 作为条件屈服强度，γ_m 取 1.20。例如，$f_{ptk} = 1770\text{N/mm}^2$ 的预应力钢丝，其强度设计值 $f = (1770 \times 0.85)/1.2\text{N/mm}^2 = 1253\text{N/mm}^2$，取整为 1250N/mm^2。

混凝土的材料分项系数是通过对轴心受压构件试验数据作可靠度分析求得的，其值取 1.40，即 $\gamma_m = 1.40$。

《混凝土结构设计规范》规定了各类钢筋和各种强度等级混凝土的强度设计值，分别见附表 5 ~ 附表 7。

3.4.3.3　荷载分项系数及荷载设计值

1. 荷载分项系数

荷载分项系数是考虑荷载超过标准值的可能性，以及对不同变异性的荷载可能造成结构计算时可靠度严重不一致的调整系数。其值取在各种荷载标准值已经给定的前提下，以使所取的数值在按极限状态设计中得到的各种结构构件所具有的可靠度（或失效概率）与规定的目标可靠度（或允许的失效概率）之间，在总体上误差最小为原则而确定。若以 γ_G 及 γ_Q 分别表示永久荷载及可变荷载的分项系数，则按《建筑结构可靠性设计统一标准》规定取值。

（1）永久荷载的分项系数　当其效应对结构不利时，取 1.3；当其效应对结构有利时，取不大于 1.0。

（2）可变荷载的分项系数　当作用效应对承载力不利时，取 1.5；当作用效应对承载力有利时，取 0。

2. 荷载的设计值

荷载的标准值与荷载分项系数的乘积称为荷载的设计值，也称设计荷载。

荷载效应的计算由例 3-1 说明。

例 3-1　某教学楼楼面采用预应力混凝土板，安全等级为二级。板长 3.3m，计算跨度 3.18m，板宽 0.9m，板自重 2.04kN/m²，后浇混凝土层厚 40mm，板底抹灰层厚 20mm，可变荷载取 1.5kN/m²，准永久值系数为 0.4。试计算按承载能力极限状态和正常使用极限状态设计时的截面弯矩设计值。

解　永久荷载标准值：

自重	2.04kN/m²
40mm 后浇层	$(25 \times 1 \times 0.04)\text{kN/m}^2 = 1\text{kN/m}^2$
20mm 板底抹灰层	$(20 \times 1 \times 0.02)\text{kN/m}^2 = 0.4\text{kN/m}^2$
	3.44kN/m²

沿板长每延米均布荷载标准值为

$$0.9\text{m} \times 3.44\text{kN/m}^2 = 3.1\text{kN/m}$$

可变荷载每延米标准值为

$$0.9\text{m} \times 1.5\text{kN/m}^2 = 1.35\text{kN/m}$$

简支板在均布荷载作用下的弯矩为

$$M = \frac{1}{8}ql^2$$

则荷载效应为

$$S_{\text{Gk}} = \frac{1}{8} \times 3.1\text{kN/m} \times (3.18\text{m})^2 = 3.92\text{kN} \cdot \text{m}$$

$$S_{\text{Q1k}} = \frac{1}{8} \times 1.35\text{kN/m} \times (3.18\text{m})^2 = 1.71\text{kN} \cdot \text{m}$$

按承载能力极限状态设计时，可变荷载效应控制的弯矩设计值，由式（3.8）得

$$M = (1.3 \times 3.92 + 1.5 \times 1.71)\text{kN} \cdot \text{m} = 7.66\text{kN} \cdot \text{m}$$

按正常使用极限状态设计时弯矩设计值：

荷载的标准组合，由式（3.13）得

$$M_{\text{k}} = 3.92\text{kN} \cdot \text{m} + 1.71\text{kN} \cdot \text{m} = 5.63\text{kN} \cdot \text{m}$$

荷载的准永久组合，由式（3.15）得

$$M_{\text{kq}} = 3.92\text{kN} \cdot \text{m} + 0.4 \times 1.71\text{kN} \cdot \text{m} = 4.6\text{kN} \cdot \text{m}$$

3.4.4 设计中的计算和验算

进行结构和结构构件设计时，既要保证它们不超过承载能力极限状态，又要保证它们不超过正常使用极限状态。因此所需要进行的计算和验算如下：

1）所有结构构件均应进行承载力（包括压屈失稳）计算；在必要时尚应进行结构的倾覆和滑移验算；处于地震区的结构，尚应进行结构构件抗震的承载力计算。

2）对某些直接承受起重机荷载的构件，应进行疲劳强度验算。

3）对使用上需要控制变形值的结构构件，应进行变形验算。

4）根据裂缝控制等级的要求，应对混凝土结构构件的裂缝控制情况进行验算。

5）对于可能遭受偶然作用，且倒塌可能引起严重后果的重要结构，宜进行防连续倒塌设计。

思考题与习题

3.1 什么是结构的极限状态？极限状态分为哪两类？

3.2 混凝土弯曲受压时的极限压应变 ε_{cu} 取为多少？

3.3 适筋梁的受弯全过程经历了哪几个阶段？各阶段的主要特点是什么？

3.4 什么是材料强度的标准值？什么是材料强度的设计值？它们是如何确定的？

3.5 在正截面受弯承载力计算中，对于混凝土强度等级小于 C50 的构件和混凝土强度等级等于或大于 C50 的构件，其计算有什么区别？

3.6 什么是结构设计状况？工程结构的设计状况可分为哪几种？

3.7 20 组混凝土立方体棱柱试件轴心抗压强度的平均值 $\mu f_{\text{c}} = 26.5\text{N/mm}^2$，标准差 $\sigma = 5.47\text{N/mm}^2$，若混凝土材料的分项系数取 $\gamma_{\text{c}} = 1.4$，试确定该批混凝土轴心抗压强度的标准值 f_{ck} 和轴心抗压强度设计值 f_{c}。

3.8　某简支梁计算跨度 $l_0 = 10\text{m}$，作用于跨中的集中永久荷载标准值 $G_k = 12\text{kN}$，均布永久荷载标准值 $g_k = 10\text{kN/m}$，均布可变荷载标准值 $q_k = 8\text{kN/m}$，可变荷载的组合系数 $\varphi_c = 0.7$，准永久值系数 $\varphi_q = 0.4$。试求按承载能力极限状态设计时梁跨中截面的弯矩设计值 M，以及在正常使用极限状态下荷载效应的标准组合弯矩值 M_k。

第4章 受弯构件正截面承载力

4.1 受弯构件的截面形式及计算内容

受弯构件是指截面上通常有弯矩和剪力的共同作用而轴力可忽略不计的构件。梁和板是典型的受弯构件，它们也是土木工程中最为广泛应用的构件。图4-1、图4-2所示为房屋建筑工程中常用的梁、板的截面形式。

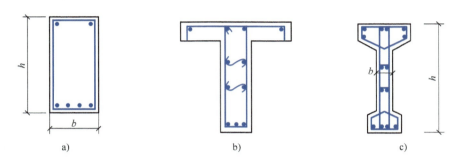

图4-1　钢筋混凝土梁的截面形式

a）矩形截面　b）T形截面　c）I形截面

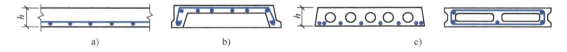

图4-2　钢筋混凝土板的截面形式

a）平板　b）槽形板　c）多孔板

在荷载作用下，受弯构件可能发生两种破坏形式：一种是沿着弯矩最大的截面发生正截面破坏（正截面是与构件的纵向轴线相垂直的截面）；另一种则是沿剪力最大或弯矩和剪力都较大的截面发生斜截面破坏（斜截面是与构件的纵向轴线斜交的截面）。在设计受弯构件时，既要进行正截面承载力的计算，以保证构件不发生正截面破坏；还要进行斜截面的承载力计算，以保证构件不发生斜截面破坏。本章只讨论正截面承载能力的相关计算问题，斜截面承载力的计算问题将在下一章中介绍。

4.2 受弯构件基本构造要求

分析受弯构件正截面受力性能，进行承载力计算，首先需要确定截面尺寸和钢筋布置。但承载力的计算通常只考虑荷载对截面抗弯能力的影响，温度、混凝土的收缩、徐变等因素对承载力的影响不容易计算。人们在长期实践经验的基础上，总结出一些构造措施，按照这些构造措施设计，可防止因计算中没有考虑到的因素影响而造成的构件开裂和破坏。因此，在进行钢筋混凝土结构和构件设计时，除了要符合计算结果以外，还必须要满足相关的构造要求。

4.2.1 梁的一般构造

（1）梁的截面尺寸 一般情况下，矩形截面梁高宽比取 2.0 ~ 3.5；T 形截面梁高宽比取 2.5 ~ 4.0。为便于统一模板尺寸，梁宽度 b 常用 120mm，150mm，180mm，200mm，220mm，250mm，300mm，350mm，……；梁高度 h 常用 250mm，300mm，……，750mm，800mm，900mm，……。为了便于施工，并且考虑模数的要求，梁高和梁宽通常以 50 为模数。梁高在 800mm 以下为 50 的倍数，800mm 以上为 100 的倍数。

（2）梁的混凝土强度等级 梁常用的混凝土强度等级为 C20 ~ C40，预制梁、板可采用较高的强度等级。

（3）梁中纵向钢筋 构造要求如下：

1）纵向受力钢筋。梁底部纵向受力钢筋不得少于 2 根，一般采用 3 ~ 4 根。深入梁支座范围内的纵向受力钢筋的根数也不应少于 2 根。钢筋常用直径为 10 ~ 32mm。钢筋数量较多时，可多层配置。

2）纵向构造钢筋（也称腰筋）。当梁的腹板高度 h_w 不小于 450mm 时，在梁的两个侧面应沿高度配置纵向构造钢筋，以防止或减小梁腹部的裂缝。每侧纵向构造钢筋（不包括梁上、下部受力钢筋及架立钢筋）的间距不宜大于 200mm，直径一般不宜小于 10mm，截面面积不应小于腹板截面面积（bh_w）的 0.1%。

3）架立钢筋。梁上部无须配受压钢筋时，需配置 2 根架立钢筋，以便与箍筋和梁底部纵筋形成钢筋骨架。当梁的跨度小于 4m 时，架立筋直径不宜小于 8mm；为 4 ~ 6m 时，不应小于 10mm；大于 6m 时，不宜小于 12mm。

（4）混凝土保护层厚度（见图 4-3） 梁最外层钢筋（从箍筋外皮算起）至混凝土表面的最小距离为钢筋的混凝土保护层厚度 c，其值应满足《混凝土结构设计规范》规定的最小保护层厚度（见附表 8，查附表 8 时所用混凝土结构的环境类别见附表 9），且不小于受力钢筋的直径 d。截面有效高度 $h_0 = h - c - d_v - d/2$，其中 d_v 是箍筋直径。

（5）钢筋的净间距（见图 4-4） 为了便于浇筑混凝土，保证钢筋周围混凝土的密实性，

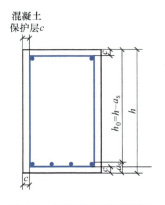

图 4-3 混凝土保护层厚度

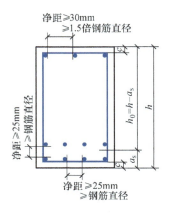

图 4-4 钢筋的净间距

以及保证钢筋与混凝土黏结在一起共同工作，纵筋的净间距应满足：梁上部钢筋水平方向的净间距不应小于 30mm 和 1.5d；梁下部钢筋水平方向的净间距不应小于 25mm 和 d；当下部钢筋多于两层时，两层以上钢筋水平方向的中距应比下面两层的中距增大一倍，各层钢筋之间的净间距应不小于 25mm 和 d，其中 d 为钢筋的最大直径。

4.2.2 板的一般构造

（1）板的最小厚度　板的跨厚比：钢筋混凝土单向板小于等于 30，双向板小于等于 40，预应力板可适当增加。当板的荷载、跨度较大时跨厚比宜适当减小。现浇钢筋混凝土板的厚度取 10mm 为模数，除应满足各项功能要求外，其厚度尚应符合如表 4-1 的规定。

表 4-1　现浇钢筋混凝土板的最小厚度　　　　　　（单位：mm）

板 的 类 别		厚 度
单向板	屋面板	60
	民用建筑楼板	60
	工业建筑楼板	70
	行车道下的楼板	80
双向板		80
悬臂板	悬臂长度不大于 500	60
	悬臂长度 1200	100
无梁楼板		150
现浇空心楼板		200

（2）板的混凝土强度等级　板常用的混凝土强度等级为 C20、C25、C30、C35 等。

（3）板的受力钢筋　板的纵向受力钢筋常用 HRB400 级、HPB300 级钢筋，直径通常为 6～12mm，板厚度较大时，钢筋直径可用 14～18mm；对于受力钢筋直径的间距，当板厚 $h \leqslant 150$mm 时，应为 70～200mm；当板厚 $h > 150$mm 时，应为 70mm～1.5h，且不宜大于 250mm。

（4）板的分布钢筋　分布钢筋是一种构造钢筋，垂直于受力钢筋的方向布置，并布置于受力钢筋内侧。分布钢筋的作用是：与受力钢筋绑扎或焊接在一起形成钢筋骨架，固定受力钢筋的位置；将板面的荷载均匀地传递给受力钢筋；以及抵抗温度应力和混凝土收缩应力等，如图 4-5 所示。

板内分布钢筋宜采用 HPB300 级钢筋，常用直径是 6mm 和 8mm，间距不宜大于 250mm。单位面积上分布钢筋的截面面积不应小于单位宽度上受力钢筋截面面积的 15%，且不宜小于该方向板截面面积的 0.15%。

（5）板的混凝土保护层厚度　板的混凝土保护层厚度的概念和作用与梁类似，厚度指最外层钢筋边缘至板边混凝土表面距离 c，其值应满足最小保护层厚度的规定，且不应小于受力钢筋直径 d。受力钢筋的形心至截面受压混凝土

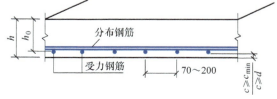

图 4-5　板截面配筋构造

边缘的距离称为截面有效高度，取 $h_0 = h - c - d/2$，d 为受力钢筋直径。

4.3 受弯构件正截面受力性能

4.3.1 适筋梁正截面受弯承载力的试验

下面通过简支梁的加载试验来研究钢筋混凝土受弯构件的受力性能。通常采用两点加荷方式，试验梁的布置如图 4-6 所示。在两个对称集中荷载间的区段，可以基本上排除剪力的影响，形成纯弯段。在纯弯段内，沿梁高两侧布置测点，以测量梁的侧向应变。另外，在跨中支座处分别安装位移计，以量测跨中的挠度 f。

荷载从零开始逐级加载，直至梁破坏。在整个试验过程中，应注意观察梁上裂缝的出现、发展和分布情况，同时还应对各级荷载作用下所测得的仪表读数进行分析，最终得出梁在各个不同加载阶段的受力和变形情况。图 4-7 所示为由试验得到的弯矩与跨中挠度 f 之间的关系曲线，在关系曲线上有两个明显的转折点，把梁正截面的受力和变形过程划分为如图 4-8 所示的三个阶段。

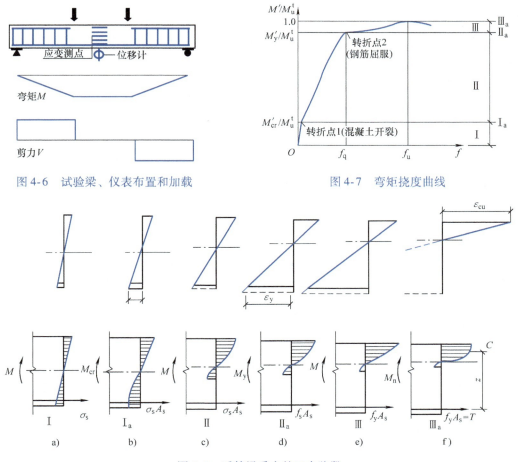

图 4-6　试验梁、仪表布置和加载　　　　图 4-7　弯矩挠度曲线

图 4-8　适筋梁受力的三个阶段

4.3.2　适筋受弯构件正截面工作的三个阶段

试验表明，对于配筋量适中的受弯构件，从开始加载到正截面完全破坏，截面的受力状态可以分为下面三个阶段。

1. 第 I 阶段——截面开裂前的阶段

当荷载很小时，截面上的内力较小，应力与应变成正比，截面处于弹性工作阶段，截面上的应变变化规律符合平截面假定，截面应力分布为直线，如图4-8a所示，此受力阶段称为第 I 阶段。

当荷载不断增大时，截面上的内力也不断增大。弯矩增加到试验弯矩 M_{cr} 时，受拉区混凝土边缘纤维应变恰好到达混凝土的极限拉应变 ε_{tu}，梁处于将裂而未裂的极限状态。如图4-8b所示，称为第 I 阶段末，以 I_a 表示。这时受压区应力图形接近三角形，但受拉区应力图形则呈曲线分布。由于受拉区混凝土塑性的发展，第 I 阶段末中和轴的位置较第 I 阶段的初期略有上升。

I_a 阶段可作为受弯构件抗裂度的计算依据。

2. 第 II 阶段——正常使用阶段

截面受力达到 I_a 阶段后，若荷载继续增加，截面立即开裂，在开裂截面处混凝土退出工作，拉力全部由纵向钢筋承担。随着荷载的增加，中和轴上移，受压区混凝土的塑性性质表现得越来越明显，其压应力图形将呈曲线变化。受压区混凝土的压应变与受拉钢筋的拉应变实测值均有所增加，但其平均应变（标距较大时的量测值）的变化规律仍符合平截面假定。这一阶段为第 II_a 阶段。

第 II 阶段相当于梁在正常使用时的应力状态，可作为正常使用阶段的变形和裂缝宽度计算时的依据。

3. 第 III 阶段——破坏阶段

在图4-7中 $M/M_{fu}-f$ 曲线的第二个明显转折点 II_a 之后，受拉区纵向受力钢筋屈服，梁进入第 III 阶段工作。当荷载稍有增加时，则钢筋应变骤增，裂缝宽度随之扩展并沿梁高向上延伸，中和轴继续上移，受压区高度进一步减小。此时量测的受压区边缘纤维应变也将迅速增长，受压区混凝土的塑性特征将表现得更为充分，因此受压区应力图形将更加丰满。

当弯矩增加至梁所能承受的极限弯矩 M_u 时，受压区边缘混凝土即达到极限压应变，混凝土被压碎，则梁达到极限状态，宣告破坏，这种特定的受力状态称为第 III 阶段末，以 III_a 表示。此时，梁截面所承受的弯矩为极限弯矩 M_u，即梁的正截面受弯承载力。因此，第 III_a 阶段可作为梁极限状态承载力计算时的依据。

4.3.3　受弯构件正截面破坏特征

试验表明：受弯构件正截面的破坏形态主要与配筋率 ρ、钢筋与混凝土的强度等级、截面形式等因素有关。其中配筋率 ρ 对破坏形态的影响最为显著。根据配筋率的不同，受弯构件正截面破坏形态可分为适筋破坏、超筋破坏和少筋破坏三种，如图4-9所示。

（1）适筋破坏　当梁配筋适中，即 $\rho_{min} \leqslant \rho \leqslant \rho_{max}$ 时（ρ_{min}、ρ_{max} 分别为纵向受拉钢筋的最小配筋率和最大配筋率），发生适筋破坏，其破坏特征是纵向受拉钢筋先屈服，然后受压区

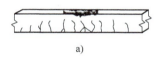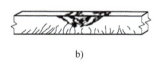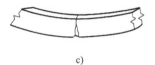

图 4-9　受弯构件正截面破坏形态

a）适筋梁　b）超筋梁　c）少筋梁

边缘混凝土压碎。破坏时两种材料的强度均得到充分利用。适筋梁完全破坏以前，由于屈服后的钢筋要经历较大的塑性伸长，随之引起梁的裂缝加宽，挠度增大，有明显的破坏预兆。因此，适筋梁的破坏性质是"延性破坏"。

（2）少筋破坏　当梁配筋过少，即 $\rho < \rho_{min}$ 时，发生少筋破坏。其破坏特征是一旦受拉区混凝土开裂，纵向受拉钢筋立即屈服或强化或被拉断，梁迅速破坏。破坏时混凝土的抗压强度没有得到充分利用，破坏后的梁通常只有一条长而宽的裂缝。由于少筋梁破坏前，梁上无裂缝，挠度很小，无破坏预兆。因此，少筋梁的破坏性质是"脆性破坏"，设计中不得使用少筋梁。

（3）超筋破坏　当梁配筋过多，即 $\rho > \rho_{max}$ 时，发生超筋破坏。其破坏特征是受压区边缘混凝土先压碎，纵向受拉钢筋不屈服。破坏时钢筋的抗拉强度没有得到充分利用。由于超筋梁破坏时，钢筋没有屈服，所以破坏时梁的裂缝细而密，挠度不大，无明显的破坏预兆。因此，超筋梁的破坏性质是"脆性破坏"，设计中不得使用超筋梁。

4.4　受弯构件正截面承载力计算基本规定

4.4.1　基本假定

受弯构件正截面受弯承载力计算以适筋破坏第Ⅲ阶段末的受力状态为依据。因此，为简化计算，《混凝土结构设计规范》规定：进行受弯构件正截面受弯承载力计算时，引入以下4 个基本假定。

（1）平截面假定　平截面假定是一种简化的计算手段。表示构件正截面弯曲变形后，其截面内任意点的应变与该点到中和轴的距离成正比，钢筋与其外围混凝土的应变相同。严格来讲，对于破坏截面的局部范围内，此假定是不成立的。但试验表明：由于构件的破坏总是发生在一定长度区段以内，实测的破坏区段内的混凝土及钢筋的平均应变基本符合平截面假定。

（2）采用理想化的钢筋应力-应变曲线　对于有明显屈服强度的钢筋可采用如图 4-10 所示的理想弹塑性应力-应变关系，其表达式为

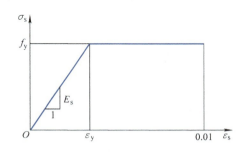

图 4-10　钢筋应力-应变关系

当 $\varepsilon_s \leqslant \varepsilon_y$ 时

$$\sigma_s = E_s \varepsilon_s \tag{4.1a}$$

当 $\varepsilon_s > \varepsilon_y$ 时

$$\sigma_s = f_y \tag{4.1b}$$

式中 f_y——钢筋的屈服应力；

   ε_y——钢筋的屈服应变；

   ε_s——钢筋的极限拉应变，取 0.01；

   E_s——钢筋的弹性模量。

（3）采用理想化的混凝土应力-应变曲线   图 4-11 为混凝土特性的抛物线——矩形应力-应变关系曲线，其表达式为

当 $\varepsilon < \varepsilon_0$ 时

$$\sigma_c = f_c\left[1 - \left(1 - \frac{\varepsilon_c}{\varepsilon_0}\right)^n\right] \tag{4.2a}$$

当 $\varepsilon_0 < \varepsilon \leqslant \varepsilon_{cu}$ 时

$$\sigma_c = f_c \tag{4.2b}$$

$$n = 2 - \frac{1}{60}(f_{cuk} - 50) \tag{4.2c}$$

$$\varepsilon_0 = 0.002 + 0.5(f_{cuk} - 50) \times 10^{-5} \tag{4.2d}$$

$$\varepsilon_{cu} = 0.0033 - (f_{cuk} - 50) \times 10^{-5} \tag{4.3}$$

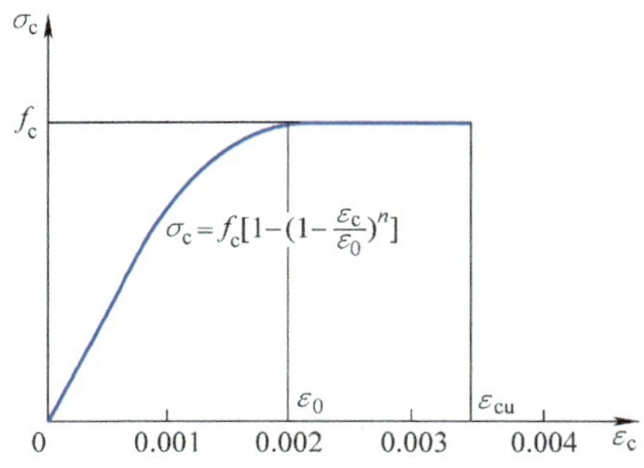

式中 σ_c——混凝土压应变为 ε_c 时的混凝土压应力；

   f_c——混凝土轴心抗压强度设计值；

   ε_0——混凝土压应力达到 f_c 时的混凝土压应变，当计算的 ε_0 值小于 0.002 时，应取 0.002；

   ε_{cu}——正截面的混凝土极限压应变，当处于非均匀受压时计算的 ε_{cu} 值大于 0.0033 时，取为 0.0033，当处于轴心受压时取为 ε_0；

   f_{cuk}——混凝土立方体抗压强度标准值；

   n——系数，当计算的 n 值大于 2.0 时，取 2.0。

图 4-11   混凝土应力-应变曲线

（4）不考虑混凝土的抗拉强度   不考虑混凝土的抗拉强度，即认为拉力全部由受拉钢筋承担。在裂缝截面处，受拉混凝土已大部分退出工作，虽然在中和轴附近尚有部分混凝土承担拉力，但由于混凝土的抗拉强度很小，并且其合力点离中和轴很近，内力臂很小，承担的弯矩可以忽略。

4.4.2 等效矩形应力图

经过四个基本假定简化后，得到图 4-12c 所示的截面应力分布图，工程设计时，求解受压区混凝土合力 C 的大小及其作用位置仍不够简便；同时考虑到截面的极限受弯承载力 M_u 仅与合力 C 的大小及其作用位置有关，而与受压区混凝土应力的具体分布无关。因此，《混凝土结构设计规范》采用等效的矩形应力图作为正截面受弯承载力的计算简图，如图 4-12d 所示。两个应力图形的等效条件是：

1）等效前后，受压区混凝土合力 C 的大小相等；

2）等效前后，受压区混凝土合力 C 的作用位置不变。

得到的等效矩形应力图的应力值为 $\alpha_1 f_c$，受压区高度为 $\beta_1 f_c$。其中，α_1、β_1 为受压区混凝土的等效矩形应力图系数。系数 α_1 是等效矩形应力图中受压区混凝土的应力值与混凝

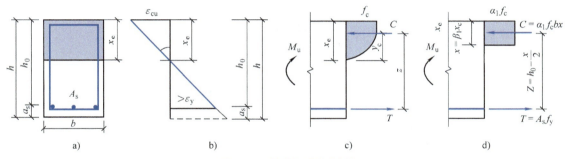

图 4-12 等效矩形应力图

土轴心抗压强度设计值 f_c 的比值；系数 β_1 是等效矩形应力图的受压区高度 x 与中和轴高度 x_c 的比值，即 $\beta_1 = x / x_c$。

根据上述两个等效条件可求得等效矩形应力图系数 α_1、β_1 的值。α_1 的取值为：当混凝土强度等级 ≤C50 时，$\alpha_1 = 1.0$；当混凝土强度等级为 C80 时，$\alpha_1 = 0.94$；其间按线性内插法确定。β_1 的取值为：当混凝土强度等级小于 C50 时，$\beta_1 = 0.8$；当混凝土强度等级为 C80 时，$\beta_1 = 0.74$；其间按线性内插法确定。α_1、β_1 的取值见表 4-2。

表 4-2 受压区混凝土的等效矩形应力图系数 α_1、β_1

混凝土强度等级	≤C50	C55	C60	C65	C70	C75	C80
α_1	1.0	0.99	0.98	0.97	0.96	0.95	0.94
β_1	0.8	0.79	0.78	0.77	0.76	0.75	0.74

4.4.3 界限破坏

1. 相对受压区高度 ξ

等效矩形应力图的受压区高度 x 与截面有效高度 h_0 的比值，称为相对受压区高度，用 ξ 表示，即

$$\xi = x / h_0 \tag{4.4}$$

2. 相对界限受压区高度 ξ_b

如图 4-13 所示，适筋破坏是受拉钢筋先达到屈服应变 ε_y，然后受压区边缘混凝土达到极限压应变 ε_{cu}；而超筋破坏是受压区边缘混凝土达到极限压应变 ε_{cu} 时，受拉钢筋未达到屈服应变 ε_y。可见，在适筋破坏与超筋破坏之间，必然存在着一种"界限破坏"即"受拉钢筋达到屈服应变 ε_y 的同时，受压区边缘混凝土达到极限压应变 ε_{cu}"，这种破坏形态即为适筋破坏与超筋破坏的界限。

据受弯性能及平截面假定可推出

$$\xi_b = \frac{\beta_1 \varepsilon_{cu}}{\varepsilon_{cu} + \varepsilon_y} = \frac{\beta_1}{1 + \dfrac{f_y}{\varepsilon_{cu} E_s}} \tag{4.5}$$

对有明显流幅的钢筋，应变 $\varepsilon_y = f_y / E_s$，则

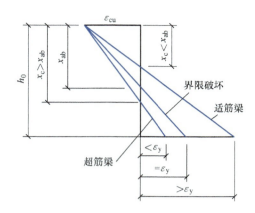

图 4-13　界限破坏、适筋梁、超筋梁截面应变分布

$$\xi_{b} = \frac{\beta_{1}\varepsilon_{cu}}{\varepsilon_{cu}+\varepsilon_{y}} = \frac{\beta_{1}}{1+\dfrac{0.002}{\varepsilon_{cu}}+\dfrac{f_{y}}{\varepsilon_{cu}E_{s}}} \qquad\qquad (4.6)$$

对无明显流幅的钢筋，$\varepsilon_{y} = 0.002 + f_{y}/E_{s}$。

由式（4.5）可知，相对界限受压区高度 ξ_{b} 仅与混凝土及钢筋的强度等级有关，对常用的混凝土和钢筋，计算得到的 ξ_{b} 值见表 4-3。

表 4-3　常用混凝土和钢筋的 ξ_{b} 值

混　凝　土	钢　　筋	ξ_{b}
≤C50	HPB300	0.576
	HRB400、HRBF400、RRB400	0.518
	HRB500、HRBF500	0.482

3. 适筋破坏与超筋破坏的界限条件

根据相对受压区高度 ξ 与相对界限受压高度 ξ_{b} 的比较，可以判断给出适筋破坏与超筋破坏的界限条件为：当 $\xi \leqslant \xi_{b}$ 时，适筋破坏或少筋破坏；当 $\xi > \xi_{b}$ 时，超筋破坏。当用配筋率来表示两种破坏的界限条件时：当 $\rho \leqslant \rho_{b}$ 时，适筋破坏或少筋破坏；当 $\rho > \rho_{b}$ 时，超筋破坏。

4. 适筋破坏与少筋破坏的界限条件

对于适筋破坏与少筋破坏的界限条件《混凝土结构设计规范》用最小配筋率 ρ_{min} 表示。

纵向受拉钢筋屈服的同时，受压边缘混凝土压应变达到极限压应变 ε_{cu}。表现为"Ⅱ$_a$ 状态"与"Ⅲ$_a$ 状态"重合，无第Ⅲ阶段受力过程，这种破坏称为界限破坏，相应的配筋率 ρ_{b} 称为界限配筋率，也称为最大配筋率 ρ_{max}。

当梁的配筋率小于一定值时，受拉钢筋应力在混凝土开裂瞬间应力增量很大，达到屈服强度，即"I_a状态"与"II_a状态"重合，无第 II 阶段的受力过程。此状态的配筋率称为最小配筋率 ρ_{min}。当 $\rho \geqslant \rho_{min}$ 时，适筋破坏或超筋破坏；当 $\rho < \rho_{min}$ 时，少筋破坏。

《混凝土结构设计规范》规定，受弯构件的最小配筋率取 0.20（%）和 $45f_t/f_y$（%）中的较大值；对板类受弯构件的受拉钢筋，当采用强度级别为 $400 \mathrm{N/mm^2}$、$500 \mathrm{N/mm^2}$ 的钢筋时，其最小配筋率应允许采用 0.15（%）和 $45f_t/f_y$（%）中的较大值（见附表10）。

4.5　单筋矩形截面受弯构件正截面承载力

4.5.1　基本计算公式及适用条件

根据钢筋混凝土基本设计原则，应满足作用在受弯构件正截面上的荷载效应 M 不超过该截面的抗力，即正截面受弯承载力设计值 M_u，则有

$$\gamma_0 M \leqslant M_u$$

根据截面力的平衡条件和力矩平衡条件，由计算简图（见图4-14）可以导出单筋矩形截面受弯承载力计算的公式

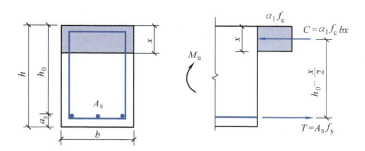

图 4-14　单筋矩形截面受弯构件正截面承载力计算简图

$$\begin{cases} \sum X = 0 & \alpha_1 f_c bx = A_s f_y \\ \sum M = 0 & M \leqslant M_u = \alpha_1 f_c bx \left(h_0 - \dfrac{x}{2} \right) = A_s f_y \left(h_0 - \dfrac{x}{2} \right) \end{cases} \qquad (4.7)$$

式中　M——荷载在该截面上产生的弯矩设计值；

　　　h_0——截面的有效高度，按式 $h_0 = h - a_s$ 计算；

　　　h——截面高度。

一般情况下，梁的纵向受力钢筋按一排布置时 $h_0 = h - 35\mathrm{mm}$；梁的纵向受力钢筋按两排布置时 $h_0 = h - (50 \sim 60)\mathrm{mm}$；板的截面有效高度 $h_0 = h - 20\mathrm{mm}$。

式（4.7）是由适筋构件破坏时的受力情况推导出的。它们只适用于适筋构件的计算，不适宜少筋构件和超筋构件的计算。在前面的讨论中已经指出，少筋构件和超筋构件的破坏都属于脆性破坏，设计时应避免。为此，对于上述的计算公式，必须满足下列的适用条件：

1）防止超筋破坏，应满足

$$x \leqslant \xi_b h_0 \qquad (4.8a)$$

或 $$\xi \leqslant \xi_b \qquad (4.8b)$$

或 $$\rho = \frac{A_s}{bh_0} \leqslant \rho_{max} = \xi_b \frac{\alpha_1 f_c}{f_y} \qquad (4.8c)$$

2）防止少筋破坏，应满足

$$A_s \geqslant \rho_{min} bh \qquad (4.9)$$

对于给定的材料和截面，相对于受压区高度 ξ 和配筋率 ρ 之间有明确的换算关系。

有上述条件可见，满足适用条件1）是为了避免发生超筋破坏，则单筋矩形截面能承担的最大弯矩为

$$M_{u,max} = \alpha_1 f_c bh_0^2 \xi_b (1 - 0.5\xi_b) \qquad (4.10)$$

由式（4.10）可以看出，最大弯矩仅与混凝土强度等级、钢筋级别和截面尺寸有关，而与钢筋用量无关。

4.5.2 基本公式的应用

受弯构件正截面承载力设计包括截面设计和截面复核两类问题。截面设计的核心是已知 M，求 A；截面复核的核心是已知 A，求 M。

4.5.2.1 截面设计

已知截面设计弯矩 M，截面尺寸 b、h，混凝土强度等级及钢筋级别，求受拉钢筋截面面积 A_s。

设计步骤：

1）确定截面有效高度 h_0，$h_0 = h - a_s$。

2）根据混凝土强度等级确定系数 α_1。

3）由基本公式求解 x 或 ξ，检验适用条件。

若 $x \leqslant \xi_b h_0$ 或 $\xi \leqslant \xi_b$，则由基本公式求解 A_s，并验算最小配筋率要求，若 $A_s < \rho_{min}bh$，则取 $A_s = \rho_{min}bh$ 配筋；若 $A_s > \rho_{min}bh$，说明满足要求，直接根据 A_s 配筋。

若 $x > \xi_b h_0$ 或 $\xi > \xi_b$，则需加大截面尺寸，或提高混凝土的强度等级或采用双筋截面。

4）根据 A_s 选择钢筋根数和直径，需符合构造要求。

已知截面设计弯矩 M，混凝土强度等级及钢筋级别，求构件截面尺寸 b、h 和受拉钢筋截面面积 A_s。

设计步骤：由于 b、h、A_s 和 x 均为未知数，所以有多组解答，计算时需增加条件。通常先按构造要求假定截面尺寸 b 和 h，然后按照截面尺寸 b 和 h 已知的情形进行设计计算。

另一种计算方法是先假定配筋率 ρ 和梁宽 b，其方法如下：

1）配筋率 ρ 通常在经济配筋率范围内选取。根据我国的设计经验，板的经济配筋率约为 0.6%~1.5%。梁宽 b 按照构造要求确定。

2）确定 ξ，即

$$\xi = \rho \frac{f_y}{\alpha_1 f_c} \qquad (4.11)$$

并验算是否满足适用条件。

3）计算 h_0，即

$$h_0 = \sqrt{\dfrac{M}{\alpha_1 f_c b \xi (1 - 0.5\xi)}} \tag{4.12}$$

检查 $h = h_0 + a_s$ 取整后，是否满足构造要求（h/b 是否符合）。如不合适，需调整直至符合为止。

4）求 A_s，即

$$A_s = \rho \times b h_0 \tag{4.13}$$

4.5.2.2　截面复核

已知截面设计弯矩 M，构件截面尺寸 b、h 和受拉钢筋截面面积 A_s，混凝土强度等级及钢筋级别，求正截面承载力 M_u 是否足够。

复核步骤：

1）由基本公式求解 x 进而确定 ξ。

2）检验适用条件 $\xi \leqslant \xi_b$，若 $\xi > \xi_b$，按 $\xi = \xi_b$ 计算。

3）检验适用条件 $A_s > \rho_{min} b h$，若 $A_s < \rho_{min} b h$，按 $A_s = \rho_{min} b h$ 计算。

4）求 M_u，即

$$M_{u,max} = \alpha_1 f_c b h_0^2 \xi_b (1 - 0.5\xi_b) \tag{4.14}$$

当 $M_u \geqslant M$ 时，则截面受弯承载力满足要求；反之，则认为不安全。但若 M_u 大于 M 过多时，则认为截面设计不经济。

例 4-1　某矩形截面钢筋混凝土简支梁，计算跨度 $L_0 = 6.0\text{m}$，梁承受的永久荷载标准值为 $g_k = 15.6\text{kN/m}$（包括梁自重）、活荷载标准值为 $q_k = 10.7\text{kN/m}$，梁的截面尺寸为 $b \times h = 200\text{mm} \times 500\text{mm}$，混凝土的强度等级为 C30，钢筋为 HRB400 级钢筋。试求所需纵向受力钢筋。

解　（1）求最大弯矩设计值。

永久荷载分项系数 $\gamma_G = 1.3$，可变荷载的分项系数 $\gamma_Q = 1.5$，结构的重要性系数 $\gamma_0 = 1.0$。因此，梁的跨中截面的最大弯矩设计值为

$$\begin{aligned}
M &= \gamma_0 (\gamma_G M_{GK} + \gamma_Q M_{QK}) = \gamma_0 \left(\gamma_G \times \frac{1}{8} g_k l^2 + \gamma_G \times \frac{1}{8} q_k l^2 \right) \\
&= 1.0 \times \left(1.3 \times \frac{1}{8} \times 15.6 \times 6^2 + 1.5 \times \frac{1}{8} \times 10.7 \times 6^2 \right) \text{kN} \cdot \text{m} \\
&= 163.48 \text{kN} \cdot \text{m}
\end{aligned}$$

（2）求所需纵向受力钢筋截面面积。

混凝土强度等级为 C30，$f_c = 14.3\text{N/mm}^2$（查附表 7），$\alpha_1 = 1.0$（查表 4-2）；HRB400 级钢筋，$f_y = 360\text{N/mm}^2$（查附表 5），$\xi_b = 0.518$（查表 4-3）。

先假定受力钢筋按一排布置，则

$$h_0 = 500\text{mm} - 35\text{mm} = 465\text{mm}$$

由式（4.7）有

$$14.3 \times 200 x = 360 \times A_s \tag{a}$$

$$163.48 \times 10^6 = 14.3 \times 200 \times \left(465 - \frac{x}{2} \right) x \tag{b}$$

联立式（a）、式（b）求解，得 $x = 146\text{mm}$，$A_s = 1160\text{mm}^2$。

（3）验算适用条件。

① 验算条件 $\xi \leqslant \xi_b$。

$$\xi = \frac{x}{h_0} = \frac{146}{465} = 0.314 < \xi_b = 0.518$$

② 验算条件 $\rho \geqslant \rho_{min}$。

$$\rho = \frac{A_s}{bh_0} = \frac{1160}{200 \times 465} = 1.25\% > \rho_{min} = \max\left(0.2\%, 0.45\frac{f_t}{f_y}\right) = 0.2\%$$

因此，两项适用条件均能满足，可以根据计算结果选配钢筋。

由附表 11，本题选用 4 Φ 20，$A_s = 1256mm^2$。

例 4-2　某宿舍的预制钢筋混凝土走道板，计算跨度 $L = 1820mm$，板宽 480mm，板厚 60mm，混凝土强度等级为 C25，受拉区配置有 4 根直径为 8mm 的 HPB 300 钢筋，环境类别为一级，当使用荷载及板自重在跨中产生的弯矩最大设计值为 $M = 0.91kN \cdot m$ 时，试验算该截面的正截面受弯承载力是否足够。

解　（1）查表可得

$f_c = 11.9N/mm^2$（查附表 7），$f_y = 270N/mm^2$（查附表 5），$\alpha_1 = 1.0$（查表 4-2），$\beta_1 = 0.8$（查表 4-2），$\xi_b = 0.576$（查表 4-3）

查附表 8 可知，环境类别为一级时，C25 钢筋混凝土板的最小保护层厚度为 15mm，因此

$$\alpha_s = 15 + \frac{d}{2} = 15mm + \frac{8}{2}mm = 19mm$$

$$h_0 = h - \alpha_s = 60mm - 19mm = 41mm$$

4 根直径为 8mm 的 HPB300 钢筋的 $A_s = 201mm^2$

（2）计算受压区高度 x

由力的平衡公式　　　　　　　　　　$\alpha_1 f_c bx = f_y A_s$

故　　　　$x = \frac{f_y A_s}{\alpha_1 f_c b} = \frac{270 \times 201}{1.0 \times 11.9 \times 480}mm = 9.50mm < \xi_b h_0 = 23.62mm$

（3）计算受弯承载能力 M_u

$$M_u = \alpha_1 f_c bx\left(h_0 - \frac{x}{2}\right) = 1.0 \times 11.9 \times 480 \times 9.50 \times (41 - 0.5 \times 9.50)N \cdot m = 1967070N \cdot m$$

（4）判别正截面受弯承载力是否满足要求

$$M_u = 1967070N \cdot m > M = 0.91kN \cdot m = 910000N \cdot m（满足要求）$$

（5）验算适用条件。

（a）$\xi < \xi_b$（满足要求）

$$\rho = A_s/bh_0 = 201/(480 \times 41) = 1.021\% > \rho_{min} = \max\left(0.2\%, 0.45\frac{f_t}{f_y}\right) = 0.2\%$$

因此，$\rho > \rho_{min}$，同时也大于 0.2%，满足要求。

4.5.2.3　计算系数及其使用

由例 4-2 可见，利用基本公式进行计算，需要解联立方程，计算起来比较复杂，为简化计算，可将基本公式做成表格，利用计算系数进行计算，下面介绍具体思路。

将基本公式改写为

$$M \leqslant M_{u,max} = \alpha_1 f_c bx \left(h_0 - \frac{x}{2} \right) = \alpha_1 f_c bh_0^2 \xi_b (1 - 0.5\xi_b)$$

令
$$\alpha_s = \xi(1 - 0.5\xi)$$

则
$$M_u = \alpha_s \alpha_1 f_c bh_0^2$$

对混凝土合力作用点取矩，令 $\gamma_s =（1 - 0.5\xi）$，则

$$M_u = f_y A_s \left(h_0 - \frac{x}{2} \right) = f_y A_s h_0 (1 - 0.5\xi) = \gamma_s f_y A_s h_0 \tag{4.15}$$

式中　α_s——截面抵抗矩系数；

　　　γ_s——内力臂系数。

由式（4.15）解得

$$\xi = 1 - \sqrt{1 - 2\alpha_s}$$

$$\gamma_s = \frac{1 + \sqrt{1 - 2\alpha_s}}{2}$$

　　由此可以看出，ξ 和 γ_s 与 α_s 之间存在着一一对应的关系，给定一个 α_s 值，便有一组 ξ 值和 γ_s 值与它对应。因此，可以预先算出一系列 α_s 值，求出与其对应的 ξ 值和 γ_s 值，并将它们制成表格，以供设计时直接查用，可使计算工作得以简化。

　　有上述得，单筋矩形截面的最大受弯承载力为

$$M_{u,max} = \alpha_{s,max} \alpha_1 f_c bh_0^2$$

$$\alpha_{s,max} = \xi_b (1 - 0.5\xi_b)$$

式中　$\alpha_{s,max}$——截面的最大抵抗矩系数。

　　例 4-3　某简支梁，截面尺寸为 $b \times h = 250mm \times 500mm$，跨中弯矩最大设计值为 $M = 180000N \cdot m$，采用混凝土的强度等级为 C30，钢筋为 HRB400 级钢筋。求所需纵向受力钢筋。

　　解　假设受力钢筋按一排布置，则 $h_0 = h - 35mm = 500mm - 35mm = 465mm$

　　由已知条件并查表得：C30 混凝土，$f_c = 14.3N/mm^2$（查附表 7），$f_t = 1.43N/mm^2$（查附表 7），$\alpha_1 = 1.0$（查表 4-2）；HRB400 级钢筋，$f_y = 360N/mm^2$（查附表 5），$\xi_b = 0.518$（查表 4-3）。

$$\alpha_s = \frac{M}{\alpha_1 f_c bh_0^2} = \frac{180000000}{14.3 \times 250 \times 465^2} = 0.23$$

　　则相应的 ξ 值为

$$\xi = 1 - \sqrt{1 - 2\alpha_s} = 0.265 < \xi_b = 0.518$$

　　所需纵向受拉钢筋为

$$A_s = \xi bh_0 \frac{\alpha_1 f_c}{f_y} = 0.265 \times 250 \times 465 \times \frac{14.5}{360} mm = 1241mm$$

$$\rho = A_s / bh_0 = 1241 / (250 \times 465) = 1.07\% > \rho_{min} = \max \left(0.2\%, 0.45\frac{f_t}{f_y} \right) = 0.2\%$$

　　选用 4 Φ 20（$A_s = 1256mm^2$）。

4.6　双筋矩形截面受弯构件正截面承载力

　　双筋矩形截面是指在截面的受拉区和受压区都配置受力钢筋的截面。双筋截面由于受压

区纵向钢筋的截面面积较大，承载力设计时应考虑其作用。一般来说，利用纵向受力钢筋来协助混凝土承受压力是不经济的。因此，双筋截面应在以下情况采用：

1）按单筋截面计算出现 $M > M_{u,\max}$，而截面尺寸和混凝土强度等级又不能提高时。

2）在不同截面组合作用下（如风荷载、地震作用），梁截面承受异号弯矩时。

3）由于构造、延性等方面的需要，在截面受压区已配有截面面积较大的纵向钢筋时。

4.6.1 基本计算公式及适用条件

与单筋矩形截面一样，采用等效矩形应力图作为双筋矩形截面受弯构件正截面受弯承载力的计算简图（见图4-15）。

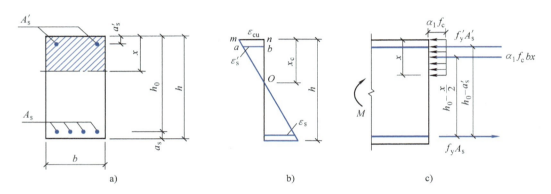

图4-15 双筋矩形截面受弯构件正截面承载力计算简图
a）双筋截面 b）截面应变分布 c）截面应力图

由力的平衡条件和力矩平衡条件即可建立基本计算公式

$$\begin{cases} \sum X = 0 \quad \alpha_1 f_c bx + f'_y A'_s = f_y A_s \\ \sum M = 0 \quad M \leqslant M_u = \alpha_1 f_c bx \left(h_0 - \dfrac{x}{2} \right) + f'_y A'_s (h_0 - a'_s) \end{cases} \tag{4.16}$$

有时直接以基本公式计算求解，但往往工作量较大，为简化计算，可采用分解公式，即双筋矩形截面所承担的弯矩设计值 M_u 可分成两部分来考虑：第一部分是由受压区混凝土和与其相应的一部分受拉钢筋 A_{s1} 所形成的承载力设计值 M_{u1}，相当于单筋矩形截面的受弯承载力；第二部分是由受弯钢筋和与其相应的另一部分受拉钢筋 A_{s2} 所形成的承载力设计值 M_{u2}。

则有计算公式

$$\alpha_1 f_c bx = f_y A_{s1}$$

$$M_{u1} = \alpha_1 f_c bx \left(h_0 - \frac{x}{2} \right)$$

$$f'_y A'_s = f_y A_{s2}$$

$$M_{u2} = f'_y A'_{s2} (h_0 - a'_s) \tag{4.17}$$

叠加得

$$M = M_{u1} + M_{u2} \qquad A_s = A_{s1} + A_{s2} \tag{4.18}$$

应用式（4.16），式（4.17）时，必须满足以下几个条件：

1）为防止超筋破坏，应满足

$$x \leqslant \xi_b h_0 \tag{4.19a}$$

或

$$\xi \leqslant \xi_b \tag{4.19b}$$

2）为保证受压钢筋充分发挥强度，即达到 f_y'，须满足 $x \geqslant 2a_s'$。双筋截面中的受拉钢筋常常配置较多，一般均能达到最小配筋率的要求，故不必进行验算。

在设计中若求得 $x > 2a_s'$ 时，表明受压钢筋不能达到其抗压屈服强度。《混凝土结构设计规范》规定：当 $x < 2a_s'$ 时，取 $x = 2a_s'$，即假设混凝土压应力合力点相重合，忽略了混凝土压应力对受压钢筋合力作用点的力矩，这样做是偏于安全的，则求正截面受弯承载力时，可直接对受压钢筋合力点取矩，此时，式（4.16）可改为

$$M \leqslant M_u = f_y A_s (h_0 - a_s') \tag{4.20}$$

4.6.2 基本公式的应用

同单筋矩形截面一样，双筋矩形截面基本公式的应用也有两类情况：截面设计和截面复核。

4.6.2.1 截面设计

已知截面设计弯矩 M，截面尺寸，混凝土强度等级及钢筋级别，求纵向受力钢筋截面面积 A_s 和 A_s'。

1）首先验算是否需要配置受压钢筋。当 $M \leqslant M_{u,max} = \alpha_1 f_c b h_0 \xi_b (1 - 0.5\xi_b)$ 时，按单筋矩形截面设计。当 $M > M_{u,max}$ 时，按双筋矩形截面设计。

2）为了使总用钢量（$A_s + A_s'$）为最少，应充分考虑混凝土的强度，补充 $\xi = \xi_b$ 求 A_s'，即

$$A_s' = \frac{M - \alpha_1 f_c b x \left(h_0 - \dfrac{x}{2} \right)}{f_y' (h_0 - a_s')} = \frac{M - \alpha_1 f_c \xi_b h_0 \left(h_0 - \dfrac{\xi_b h_0}{2} \right)}{f_y' (h_0 - a_s')} \tag{4.21}$$

3）由基本公式求受拉钢筋截面面积 A_s，即

$$A_s = \frac{f_y' A_s' + \alpha_1 f_c b x}{f_y} = \frac{f_y' A_s' + \alpha_1 f_c b \xi_b h_0}{f_y} \tag{4.22}$$

已知截面设计弯矩 M，截面尺寸，A_s'，求纵向受力钢筋截面面积 A_s。

1）由基本公式求解 x 或 ξ。

2）检验适用条件。若 $2a_s' \leqslant x = \xi h_0 \leqslant \xi_b h_0$，则

$$A_s = \frac{f_y' A_s' + \alpha_1 f_c b x}{f_y} \tag{4.23a}$$

若 $x < 2a_s'$，则

$$A_s' = \frac{M}{f_y (h_0 - a_s')} \tag{4.23b}$$

若 $x > \xi_b h_0$，说明 A_s' 配置太少，按 A_s' 未知，即第一种情形重新计算。

4.6.2.2 截面复核

承载力校核时，截面弯矩设计值 M、截面尺寸、钢筋级别、混凝土强度等级、受拉钢

筋截面面积 A_s 和受压钢筋截面面积 A_s' 都是已知的。验算正截面的受弯承载力 M_u 是否足够。

1）由双筋矩形截面的基本公式确定 x。

$$\alpha_1 f_c bx + f_y' A_s' = f_y A_s \tag{4.24}$$

2）按 x 值的不同分别求 M_u。

若 $2a_s' \leqslant x = \xi h_0 \leqslant \xi_b h_0$，则直接由式（4.16）确定，即

$$M_u = \alpha_1 f_c bx \left(h_0 - \frac{x}{2} \right) + f_y' A_s' (h_0 - a_s') \tag{4.25}$$

若 $x < 2a_s'$，表明单筋部分发生超筋破坏，则

$$M_u = f_y A_s (h_0 - a_s') \tag{4.26}$$

若 $x > \xi_b h_0$ 时，受压钢筋未达到其屈服强度，可偏安全取 $x = \xi_b h_0$，代入式（4.16）得

$$M_u = f_y' A_s' (h_0 - a_s') + \alpha_1 f_c \xi_b h_0 \left(h_0 - \frac{\xi_b h_0}{2} \right) \tag{4.27}$$

例 4-4 已知钢筋混凝土双筋截面梁的截面尺寸为 $b \times h = 200\text{mm} \times 500\text{mm}$，混凝土强度等级 C25，纵向受力钢筋为 HRB400。环境类别为一类。承受的弯矩设计值为 $M = 260\text{kN} \cdot \text{m}$，求 A_s 和 A_s'。

解 （1）由已知条件查表可得：$f_c = 11.9\text{N/mm}^2$（查附表7），$f_y = 360\text{N/mm}^2$（查附表5），$f_t = 1.27\text{N/mm}^2$（查附表7），$\alpha_1 = 1.0$（查表4-2），$\beta_1 = 0.8$（查表4-2），$\xi_b = 0.518$（查表4-3）。

查附表8可知，环境类别为一类时，C25 钢筋混凝土梁的最小保护层厚度为 25mm（混凝土强度等级不大于 C25 时，表中保护层厚度数值应增加 5mm），假定受拉钢筋放两排，令 $a_s = 60\text{mm}$，则 $h_0 = h - a_s = 500\text{mm} - 60\text{mm} = 440\text{mm}$。假定受压钢筋放一排，令 $a_s' = 35\text{mm}$。

（2）计算 M_{u1} 和 M_{u2}。为了使总的钢筋用量最小，取 $\xi = \xi_b$。则

$M_{u1} = \alpha_1 f_c b h_0^2 \xi_b (1 - 0.5\xi_b) = 1.0 \times 11.9 \times 200 \times 440^2 \times 0.518 \times (1 - 0.5 \times 0.518)\text{N} \cdot \text{mm}$

故

$$M_{u1} = 176.86\text{kN} \cdot \text{m}$$

因此

$$M_2 = M - M_{u1} = 260\text{kN} \cdot \text{m} - 176.86\text{kN} \cdot \text{m} = 83.14\text{kN} \cdot \text{m} = M_{u2}$$

（3）计算配筋并选配钢筋

$$A_s' = \frac{M_{u2}}{f_y'(h_0 - a_s')} = \frac{83.14 \times 10^6 \text{N} \cdot \text{mm}}{360\text{N/mm}^2 \times (440 - 35)\text{mm}} = 570\text{mm}^2$$

$$A_s = \frac{f_y' A_s' + \xi_b \alpha_1 f_c b h_0}{f_y}$$

$$= (570 \times 360/360 + 0.518 \times 1.0 \times 11.9 \times 200 \times 440/360)\text{mm}^2 = 2076.8\text{mm}^2$$

选受拉钢筋为 $4 \oplus 22 + 2 \oplus 16$（$A_s = 2123\text{mm}^2$）

选受压钢筋为 $2 \oplus 20$（$A_s' = 628\text{mm}^2$）

对于 200mm 的梁宽，$4 \oplus 22 + 2 \oplus 20$（受拉钢筋）必须设置为两排，而 $2 \oplus 20$（受压钢筋）则完全可以设置在一排。由此可知，前面第（1）步的假设是成立的。

（4）验算适用条件

$$x = \frac{f_y A_s - f_y' A_s'}{\alpha_1 f_c b} = \frac{360 \times 2123 - 360 \times 628}{1.0 \times 11.9 \times 200} \text{mm} = 226\text{mm}$$

可见，$70\text{mm} = 2 \times 35\text{mm} = 2a_s' < x = 226\text{mm} < \xi_b h_0 = 228\text{mm}$，满足要求。

例 4-5 已知钢筋混凝土双筋截面梁的截面尺寸为 $b \times h = 200\text{mm} \times 400\text{mm}$，混凝土强度等级 C30，纵向受力钢筋为 HRB400。环境类别为二 b 类，受拉钢筋为 3 ⌀ 25，受压钢筋为 2 ⌀ 16，承受的弯矩设计值为 $M = 90\text{kN} \cdot \text{m}$。试验算此截面是否安全。

解 由已知条件查表可得：$f_c = 14.3\text{N/mm}^2$（查附表 7），$f_y = f_y' = 360\text{N/mm}^2$（查附表 5）$\alpha_1 = 1.0$（查表 4-2），$\beta_1 = 0.8$（查表 4-2），$\xi_b = 0.518$（查表 4-3），$A_s = 1473\text{mm}^2$、$A_s' = 402\text{mm}^2$（查附表 11）。

查附表 8 可知，环境类别为二 b 类时，钢筋混凝土梁的最小保护层厚度为 35mm，故 $a_s = (35 + 25/2)\text{mm} = 47.5\text{mm}$，则在 $h_0 = h - a_s = (400 - 47.5)\text{mm} = 352.5\text{mm}$ 由式（4.24）得

$$x = \frac{f_y A_s - f_y' A_s'}{\alpha_1 f_c b} = \frac{360 \times 1473 - 360 \times 402}{1.0 \times 14.3 \times 200} \text{mm} = 134.8\text{mm}$$

可见，$95\text{mn} = 2 \times 47.5\text{mm} = 2a_s' < x = 134.8\text{mm} < \xi_b h_0 = 182.6\text{mm}$，满足要求。

代入式（4.25）得

$$M_u = \alpha_1 f_c b x \left(h_0 - \frac{x}{2} \right) + f_y' A_s' (h_0 - a_s')$$

$$= \left[1.0 \times 14.3 \times 200 \times 134.8 \times \left(352.5 - \frac{134.8}{2} \right) + 360 \times 402 \times (352.5 - 47.5) \right] \text{N} \cdot \text{mm}$$

$$= 154\text{kN} \cdot \text{m} > 90\text{kN} \cdot \text{m}$$

截面安全。

4.7 T 形截面受弯构件正截面承载力

4.7.1 概述

在矩形截面受弯构件正截面承载力计算中，没有考虑混凝土的抗拉强度，因为受拉构件在破坏时，受拉区混凝土早已开裂，在裂缝截面处，受拉区的混凝土不再承担拉力，对截面的抗弯承载力已不起作用。所以，对于尺寸较大的矩形截面构件，可将受拉区两侧的混凝土挖去，形成 T 形截面，将受拉钢筋集中布置，T 形截面和原来的矩形截面所能承受的弯矩相同，即去掉的受拉区混凝土不影响构件的正截面承载力，而且可以节省混凝土，减轻结构自重，获得较好的经济效果。

工程中常见的 T 形截面受弯构件有：

1）凡是带受压翼缘的构件，如现浇肋形楼盖中的主、次梁，T 形起重机梁、薄腹梁、槽形板等均为 T 形截面。

2）箱形截面、空心楼板、桥梁中的梁为 I 形截面。

3）翼缘位于受拉区的倒 T 形截面，仍然按矩形截面计算。

试验研究和弹性理论分析表明：离腹板越远，受压翼缘压应力与腹板受压区压应力相比，就越小。翼缘参与腹板共同受压的有效翼缘宽度是有限的。T 形及倒 L 形截面受弯构件翼缘计算宽度（见图 4-16），应按表 4-4 所列的最小值采用。

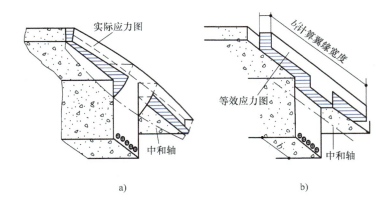

图 4-16　T 形截面应力分布和计算翼缘宽度 b_f'

a）受压区实际应力图形　b）受压区计算应力图形

表 4-4　受弯构件受压区有效翼缘计算宽度 b_f'

考虑情况		T 形、I 形截面		倒 L 形截面
		肋形梁（板）	独立梁	肋形梁（板）
1	按计算跨度 l_0 考虑	$l_0/3$	$l_0/3$	$l_0/6$
2	按梁（肋）净距 s_n 考虑	$b + s_n$	—	$b + s_n/2$
3	按翼缘高度 h_f' 考虑	$b + 12h_f'$	b	$b + 5h_f'$

注：1. 表中 b 为梁的腹板高度。

　　2. 肋形梁在梁跨内设有间距小于纵肋间距的横肋时，可不考虑表中规定。

　　3. 加肋的 T 形、工形及倒 L 形截面，当受压区加腋的高度 $h_0 \geq h_f'$ 且加腋长度 $b_h \leq 3h_b$ 时，其翼缘计算宽度可按表中规定分别增加 $2b_h$（T 形、I 形截面）和 b_h（L 形截面）。

　　4. 独立梁受压区的效翼缘板在荷载作用下沿纵肋方向可能产生裂缝时，其计算宽度应取腹板宽度 b。

4.7.2　T 形截面受弯构件正截面承载力的简化计算

由于受压区的不同，有两类 T 形截面受弯构件，如图 4-17 所示。

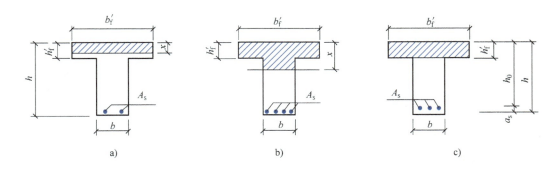

图 4-17　T 形截面的类别

a）第一类 T 形　b）第二类 T 形　c）判别图形

（1）第一类 T 形截面　受压区在翼缘内，$x \leq h_f'$。对于第一类 T 形截面，则有

$$f_y A_s \leqslant \alpha_1 f_c b_f' h_f' \tag{4.28}$$

$$M \leqslant \alpha_1 f_c b_f' h_f' \left(h_0 - \frac{h_f'}{2} \right) \tag{4.29}$$

（2）第二类 T 形截面　受压区进入腹板，$x > h_f'$。对于第二类 T 形截面，则有

$$f_y A_s > \alpha_1 f_c b_f' h_f' \tag{4.30}$$

$$M > \alpha_1 f_c b_f' h_f' \left(h_0 - \frac{h_f'}{2} \right) \tag{4.31}$$

式（4.28）～式（4.31）即为 T 形截面类型的判别条件，但要注意不同的截面计算采用不同的判别条件。

4.7.3　基本计算公式及适用条件

4.7.3.1　第一类 T 形截面

由于不考虑受压区混凝土的作用，计算第一类 T 形截面（见图 4-18）的正截面承载力时，计算公式与截面尺寸为 $b_f' \times h$ 的矩形截面相同。

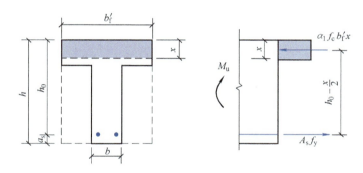

图 4-18　第一类 T 形截面

（1）基本公式　根据静力平衡条件，得

$$\begin{cases} \sum X = 0 & \alpha_1 f_c b_f' x = f_y A_s \\ \sum M = 0 & M \leqslant M_u = \alpha_1 f_c b_f' x \left(h_0 - \frac{x}{2} \right) \end{cases} \tag{4.32}$$

（2）适用条件　为防止超筋破坏，应满足 $x \leqslant \xi_b h_0$ 或 $\xi \leqslant \xi_b$；为防止少筋破坏，应满足

$$\rho \geqslant \rho_{min}（此处 \rho 是针对梁肋部计算的） \tag{4.33}$$

4.7.3.2　第二类 T 形截面

第二类 T 形截面（见图 4-19），中和轴在梁肋内，受压区高度 $x > h_f'$，此时受压区为 T 形。

（1）基本公式　根据静力平衡条件得基本公式为

$$\begin{cases} \sum X = 0 & \alpha_1 f_c b x + \alpha_1 f_c (b_f' - b) h_f' = f_y A_s \\ \sum M = 0 & M \leqslant M_u = \alpha_1 f_c b x \left(h_0 - \frac{x}{2} \right) + \alpha_1 f_c (b_f' - b) h_f' \left(h_0 - \frac{h_f'}{2} \right) \end{cases} \tag{4.34}$$

第二类 T 形截面梁承担的弯矩设计值 M_u 可以分解成两部分考虑：一是由肋部受压区混凝土和与其相应的一部分受拉钢筋 A_{s1} 所形成的受弯承载力设计值 M_{u1}，相当于单筋矩形截面的受弯构承载力；二是由翼缘伸出部分的受压区混凝土和与其相应的另一部分受拉钢筋

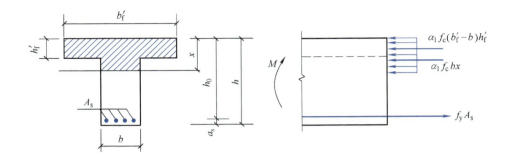

图 4-19　第二类 T 形截面

A_{s2} 所形成的受弯承载力设计值 M_{u2}。则 $M = M_1 + M_2$，$A_s = A_{s1} + A_{s2}$。

分解公式为

$$\begin{cases} \alpha_1 f_c b x = f_y A_{s1} \\ \alpha_1 f_c (b_f' - b) h_f' = f_y A_{s2} \\ M_1 \leqslant M_{u1} = \alpha_1 f_c b x \left(h_0 - \dfrac{x}{2} \right) \\ M_2 \leqslant M_{u2} = \alpha_1 f_c (b_f' - b) h_f' \left(h_0 - \dfrac{h_f'}{2} \right) \end{cases} \qquad (4.35)$$

（2）适用条件　为防止超筋破坏，应满足 $x \leqslant \xi_b h_0$ 或 $\xi \leqslant \xi_b$。
为防止少筋破坏，应满足

$$\rho \geqslant \rho_{\min} （第二类 T 形截面可不必验算最小配筋率要求） \qquad (4.36)$$

4.7.4　基本公式的应用

4.7.4.1　截面设计

已知截面设计弯矩 M，截面尺寸、混凝土强度等级及钢筋级别，求纵向受力钢筋截面面积 A_s。

（1）若 $M \leqslant \alpha_1 f_c b_f' h_f' \left(h_0 - \dfrac{h_f'}{2} \right)$，为第一类 T 形截面，按 $b_f' \times h$ 的单筋矩形截面计算，并验算满足最小配筋率要求。

（2）若 $M > \alpha_1 f_c b_f' h_f' \left(h_0 - \dfrac{h_f'}{2} \right)$，为第二类 T 形截面，截面设计计算方法与双筋矩形截面类似，计算步骤如下：

1）计算 M_{u2} 及 A_{s2}，计算公式为

$$\begin{cases} A_{s2} = \dfrac{\alpha_1 f_c (b_f' - b) h_f'}{f_y} \\ M_2 \leqslant M_{u2} = \alpha_1 f_c (b_f' - b) h_f' \left(h_0 - \dfrac{h_f'}{2} \right) \end{cases} \qquad (4.37)$$

2）计算 $M_{u1} = M_u - M_{u2}$，然后按单筋矩形截面计算钢筋面积 A_{s1}，并验算适用条件 $\xi \leqslant \xi_b$。

3）计算总配筋面积，$A_s = A_{s1} + A_{s2}$。

4.7.4.2　截面复核

截面弯矩设计值 M、截面尺寸、钢筋级别、混凝土强度等级、受拉钢筋截面面积 A_s 已知，验算正截面的受弯承载力 M_u 是否足够。

求解步骤：

1）判别截面类型。

2）对于第一类 T 形截面，其计算方法与 $b_f' \times h$ 的单筋矩形截面完全相同。

3）对于第二类 T 形截面，在基本计算公式中有 x 和 M_u 两个未知数，可用方程组直接求解。

例 4-6　某 T 形截面梁，已知 $b \times h = 200\text{mm} \times 500\text{mm}$，$b_f' = 400\text{mm}$，$h_f' = 80\text{mm}$。混凝土强度等级为 C30，钢筋 HRB400，环境类别为二 a 类，承受的弯矩设计值为 $M = 250\text{kN} \cdot \text{m}$。试确定该梁的配筋。

解

（1）由已知条件可得 $f_c = 14.3\text{N/mm}^2$（查附表 7），$f_y = f_y' = 360\text{N/mm}^2$（查附表 5），$\alpha_1 = 1.0$（查表 4-2），$\beta_1 = 0.8$（查表 4-2），$\xi_b = 0.518$（查表 4-3）。

查附表 8 可知，环境类别为二 a 类时，C30 钢筋混凝土梁的最小保护层厚度为 25mm，假定受拉钢筋放两排，令 $a_s = 60\text{mm}$ 则 $h_0 = h - a_s = 500\text{mm} - 60\text{mm} = 440\text{mm}$。

（2）判断 T 形截面的类型

$$\alpha_1 f_c b_f' h_f' \left(h_0 - \frac{h_f'}{2} \right) = [1.0 \times 14.3 \times 400 \times 80 \times (440 - 80 \div 2)]\text{kN} \cdot \text{m} = 183.04\text{kN} \cdot \text{m} < M = 250\text{kN} \cdot \text{m}$$

故属于第二种类型的 T 形截面。

（3）计算 M_{u1} 和 M_{u2}

$$M_{u2} = \alpha_1 f_c (b_f' - b) h_f' \left(h_0 - \frac{h_f'}{2} \right) = [1.0 \times 14.3 \times (400 - 200) \times 80 \times (440 - 80 \div 2)]\text{kN} \cdot \text{m}$$
$$= 91.52\text{kN} \cdot \text{m}$$

因此

$$M_{u1} = M_u - M_{u2} = (250 - 91.52)\text{kN} \cdot \text{m} = 158.48\text{kN} \cdot \text{m}$$

（4）计算各计算系数

$$\alpha_s = \frac{M_{u1}}{\alpha_1 f_c b h^2} = \frac{158.48 \times 10^6}{1.0 \times 14.3 \times 200 \times 440^2} = 0.286$$

$$\xi = 1 - \sqrt{1 - 2\alpha_s} = 0.346 < \xi_b = 0.518$$

$$\gamma_s = 0.5 \left(1 + \sqrt{1 - 2\alpha_s} \right) = 0.827$$

（5）计算配筋并选配钢筋

$$A_{s1} = \frac{M_{u1}}{f_y \gamma_s h_0} = \frac{158.48 \times 10^6}{360 \times 0.827 \times 440} = 1209.8\text{mm}^2$$

$$A_{s2} = \alpha_1 f_c (b_f' - b) h_f' / f_y = 1.0 \times 14.3 \times (400 - 200) \times 80 \div 360\text{mm}^2 = 635.5\text{mm}^2$$

$$A_s = A_{s1} + A_{s2} = 1845.3\text{mm}^2$$

查附表 11，选配钢筋 6 Φ 20（$A_s = 1884\text{mm}^2$）。

（6）验算适用条件。对于 200mm 的梁宽，6 Φ 20（受拉钢筋）必须设置为两排，由此可知，前面的假设是成立的。

1）$x \leqslant \xi_b h_0$（满足要求）。

2）$\rho = 1884\text{mm}^2 \div (440 \times 200)\text{mm}^2 = 0.214\% > \rho_{\min} = \max\left(0.2\%, \ 0.45\dfrac{f_t}{f_y}\right) = 0.179\%$

（满足要求）

例 4-7 某 T 形截面独立梁，计算跨度 $l_0 = 6000\text{mm}$，已知 $b \times h = 200\text{mm} \times 550\text{mm}$，$b_f' = 500\text{mm}$，$h_f' = 100\text{mm}$。混凝土强度等级为 C30，安全等级为二级，处于二 a 级环境，钢筋为 HRB400 级，底部受拉钢筋 6 Φ22 双排布置。若截面承受的弯矩设计值为 $M = 300.0\text{kN} \cdot \text{m}$。试复核此截面是否安全？

解

（1）由已知条件可得 $f_c = 14.3\text{N/mm}^2$（查附表 7），$f_t = 1.43\text{N/mm}^2$（查附表 7），$f_y = 360\text{N/mm}^2$（查附表 5），$\alpha_1 = 1.0$（查表 4-2），$\xi_b = 0.518$（查表 4-3）。

查附表 8 可知，二 a 级环境，C30 钢筋混凝土梁 $c = 25\text{mm}$，受拉钢筋双排布置，若箍筋直径 $d_v = 8\text{mm}$，则 $a_s = c + d_v + d + \dfrac{c}{2} = \left(25 + 8 + 22 + \dfrac{25}{2}\right)\text{mm} = 67.5\text{mm}$ 则

$$h_0 = h - a_s = (550 - 67.5)\text{mm} = 482.5\text{mm}$$

$$\rho_{\min} = 0.2\% > 0.45\frac{f_t}{f_y} = 0.45 \times \frac{1.43}{360} = 0.179\%$$

（2）复核受压翼缘宽度

按计算跨度 l_0 考虑：$b_f' = l_0/3 = 6000\text{mm} \div 3 = 2000\text{mm}$。

按翼缘高度 h_f' 考虑：$b_f' = b = 200\text{mm}$。

b_f' 应取以上两者的最小值，所以 $b_f' = 200\text{mm}$，而实际的 $b_f' = 500\text{mm} > 200\text{mm}$，不满足要求。故应取 $b_f' = 200\text{mm}$，即该 T 形截面独立梁应按截面尺寸为 $b \times h = 200\text{mm} \times 550\text{mm}$ 的矩形截面进行截面复核。

（3）公式适用条件判别

1）是否少筋。

$$A_s = 2281\text{mm}^2 > \rho_{\min}bh = 0.2\% \times 200\text{mm} \times 550\text{mm} = 220\text{mm}^2$$

因此，截面不会发生少筋破坏。

2）是否超筋。

计算受压区高度，可得

$$x = \frac{f_y A_s}{\alpha_1 f_c b} = \frac{360 \times 2281}{1.0 \times 14.3 \times 200}\text{mm} = 287.1\text{mm} > \xi_b h_0 = 0.518 \times 482.5\text{mm} = 249.9\text{mm}$$

故超筋，取 $x = x_b = \xi_b h_0 = 249.8\text{mm}$

计算 M_u 并复核截面，即

$$M_u = \alpha_1 f_c b x_b\left(h_0 - \frac{x_b}{2}\right) = \left[1.0 \times 14.3 \times 200 \times 249.9 \times \left(482.5 - \frac{249.9}{2}\right)\right]\text{N} \cdot \text{mm}$$

$$= 255.5 \times 10^6 \text{N} \cdot \text{m} = 255.5\text{kN} \cdot \text{m} < M = 300\text{kN} \cdot \text{m}$$

故此截面不安全。

思考题与习题

4.1 什么是少筋梁、适筋梁和超筋梁？简述它们的异同点。

4.2 钢筋混凝土梁和板中的配筋形式如何？

4.3　什么是纵向受拉钢筋的配筋率？它对梁的正截面受弯的破坏形态和承载力有何影响？ε 的物理意义是什么？ε_b 是怎样求得的？

4.4　界限破坏的特征是什么？

4.5　双筋矩形截面受弯构件中，受压钢筋的抗压强度设计值是如何确定的？

4.6　T 形截面梁的受弯承载力计算公式与单肋矩形截面及双筋矩形截面梁的受弯承载力计算公式有何异同点？

4.7　如何验算第一类 T 形截面的最小配筋率？为什么？

4.8　为什么把适筋梁的第三阶段称为破坏阶段，它的含义是什么？配筋率对第三阶段的变形能力有何影响？

4.9　已知单筋矩形截面梁，$b \times h = 250\text{mm} \times 500\text{mm}$，承受弯矩设计值 $M = 360\text{kN} \cdot \text{m}$，$f_c = 14.3\text{N/mm}^2$，$f_y = 360\text{N/mm}^2$，环境类别为一类，你能很快估算出纵向受拉钢筋截面面积 A_s 吗？

4.10　图 4-20 为钢筋混凝土的雨篷的悬臂板，已知雨篷板根部截面（$100\text{mm} \times 1000\text{mm}$）承受负弯矩设计值 $M = 30\text{kN} \cdot \text{m}$，板采用 C30 的混凝土，HRB400 钢筋，环境类别为二 b，求纵向受拉钢筋。

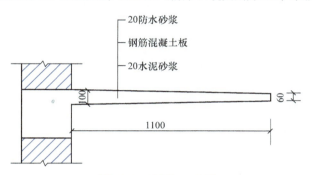

图 4-20　习题 4.10 图

4.11　已知 T 形截面梁的尺寸为 $b = 180\text{mm}$，$h = 500\text{mm}$，$b_f' = 380\text{mm}$，$h_f' = 120\text{mm}$，混凝土强度等级为 C30，钢筋为 HRB400，环境类别为一类，承受弯矩设计值 $M = 300\text{kN} \cdot \text{m}$，求该截面所需的纵向受拉钢筋。

4.12　已知一 T 形截面梁的截面尺寸为 $b = 250\text{mm}$，$h = 700\text{mm}$，$b_f' = 550\text{mm}$，$h_f' = 120\text{mm}$，梁底纵向受拉钢筋为 $8 \, \Phi 22$（$A_s = 3041\text{mm}^2$），混凝土强度等级为 C30，环境类别为一类，承受弯矩设计值 $M = 500\text{kN} \cdot \text{m}$，试复核此截面是否安全？

4.13　如图 4-21 所示四种截面，当材料强度相同时，试确定：

（1）各截面开裂弯矩的大小次序。

（2）各截面最小配筋面积的大小次序。

（3）当承受的设计弯矩相同时，各截面的配筋大小次序。

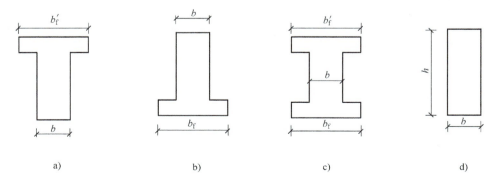

图 4-21　习题 4.13 图

第 5 章　受弯构件斜截面承载力

5.1　概述

工程中常见的钢筋混凝土受弯构件，其截面上除了有弯矩外，通常还作用有剪力。在受弯构件只承受弯矩的区段内，如果正截面的受弯承载力不够，将产生垂直裂缝，即发生正截面受弯破坏。而在受弯构件主要承受剪力作用或剪力和弯矩共同作用的区段，通常出现斜裂缝，可能发生斜截面受剪破坏或斜截面受弯破坏。因此，设计受弯构件时除了保证正截面受弯承载力外，还必须保证斜截面受剪承载力和斜截面受弯承载力。工程设计中，斜截面受剪承载力是由计算和构造满足的，斜截面受弯承载力则是通过对纵向钢筋和箍筋的构造要求来保证的。

为防止斜截面受剪破坏，应根据斜截面"受剪承载力"计算结果配置箍筋；当剪力较大时，还可配置弯起钢筋，弯起钢筋一般由梁内纵向钢筋弯起得到。箍筋和弯起钢筋统称为腹筋或横向钢筋。

为防止斜截面受弯破坏，应使梁内纵向钢筋的弯起、截断和锚固满足相应的构造要求，一般不需进行"斜截面受弯承载力"计算。

影响斜截面受剪破坏的因素众多，其破坏形态和破坏机理比正截面受弯破坏复杂很多。因此，斜截面受剪承载力的计算方法和计算公式主要是基于试验结果建立的。

5.2　受弯构件受剪性能的试验研究

5.2.1　斜裂缝的形成

钢筋混凝土梁在其剪力和弯矩共同作用的剪弯曲段内，将产生斜裂缝。斜裂缝主要有腹剪斜裂缝与弯剪斜裂缝两类。

在未开裂阶段，可将钢筋混凝土梁视为匀质弹性体，任一点的主拉应力和主压应力可按材料力学公式计算：

主拉应力为

$$\sigma_{tp} = \frac{\sigma}{2} + \sqrt{\frac{\sigma^4}{4} + \tau^2} \tag{5.1}$$

主压应力为

$$\sigma_{cp} = \frac{\sigma}{2} - \sqrt{\frac{\sigma^4}{4} + \tau^2} \tag{5.2}$$

主应力的作用方向与梁纵轴的夹角为

$$\alpha = \frac{1}{2}\arctan\left(-\frac{2\tau}{\sigma}\right)$$　　　　　　　　　　　(5.3)

随荷载增加，梁内各点的主应力也随之增大，当 σ_{tp} 超过混凝土抗拉强度时，梁的剪弯区段混凝土将开裂，裂缝方向垂直于主拉应力轨迹线方向，即沿主压应力轨迹线方向发展，形成斜裂缝。

图 5-1 所示为一无腹筋简支梁在对称集中荷载作用下的主应力轨迹线图形，各点主拉应力方向连成的曲线即为主拉应力轨迹线，如图 5-1 中实线；图 5-1 中双点画线则为主压应力轨迹线。主拉应力轨迹线与主压应力轨迹线是正交的。

图 5-1　无腹筋简支梁在对称集中荷载作用下的主应力轨迹线

点①：位于形心轴处，正应力为零，剪应力最大，主压应力 σ_{cp} 和主拉应力 σ_{tp} 与梁轴线成 45°夹角。

点②：位于受压区内，由于压应力的存在，主拉应力 σ_{tp} 减小，而主压应力 σ_{cp} 增大，主拉应力的方向与梁轴线的夹角大于 45°。

点③：位于受拉区内，由于拉应力的存在，主拉应力 σ_{tp} 增大，而主压应力 σ_{cp} 减小，主拉应力的方向与梁轴线的夹角小于 45°。

对于钢筋混凝土梁，由于混凝土的抗拉强度很低，因此随着荷载的增加，当主拉应力超过混凝土复合受力下的抗拉强度时，将首先在达到该强度的部位产生裂缝，其裂缝走向与主拉应力的方向垂直，故剪弯段的裂缝是斜裂缝。在通常情况下，斜裂缝往往是由梁底的弯曲裂缝发展而成的，称为弯剪型斜裂缝（见图 5-2a）；当梁的腹板很薄或集中荷载距支座的距离很小时，斜裂缝可能首先在梁的腹部出现，称为腹剪型斜裂缝（见图 5-2b）。

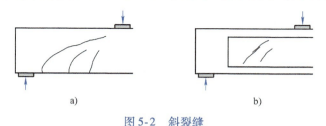

图 5-2　斜裂缝
a）弯剪型斜裂缝　b）腹剪型斜裂缝

5.2.2　剪跨比

剪跨比 λ 的一般定义是，在剪弯区段内某个垂直截面的弯矩 M 与剪力 V 的相对大小与截面有效高度的比值，$\lambda = M/Vh_0$。该剪跨比通常称为"广义剪跨比"。我国《混凝土结构设计规范》规定，所有以承受集中荷载为主的梁，统一取式 $\lambda = a/h_0$ 作为剪跨比的表达式，并将其称为"计算剪跨比"，a 是指离支座最近的那个集中力到支座的距离，称为剪跨，如图 5-3 所示。h_0 为截面有效高度。

剪跨比 λ 反映了截面上正应力 σ 和剪应力 τ 的相对大小，在一定程度上也反映了截面上弯矩与剪力的相对大小；剪跨比 λ 对梁的斜截面受剪破坏形态和斜截面受剪承载力都有显著的影响作用；剪跨比是反映梁斜截面受剪承载力变化规律、区分各种剪切破坏形态发生条件的主要结构参数。

5.2.3 无腹筋梁的斜截面受剪破坏

试验表明，随着剪跨比 λ 不同，集中荷载作用下无腹筋简支梁的斜截面破坏形态有三种，即斜压破坏、剪压破坏、斜拉破坏，如图 5-3 所示。

1）$\lambda < 1$ 时发生斜压破坏。斜压破坏的破坏特征是：斜裂缝多而密，梁腹在压应力作用下的破坏与斜向受压短柱的破坏相同，其破坏荷载比开裂荷载高得多，斜压破坏的承载力由混凝土的抗压强度控制，如图 5-3a 所示。

2）$1 \leq \lambda \leq 3$ 时发生剪压破坏。剪压破坏的破坏特征是：斜裂缝出现后荷载仍然能有较大的增长，直至受压区混凝土在压应力和剪应力共同作用下达到复合应力（剪压）下的强度而被压碎，如图 5-3b 所示。

3）$\lambda > 3$ 时发生斜拉破坏。其破坏特征是：剪弯区段的斜裂缝一旦出现，就迅速延伸到受压区，把梁斜劈成两半，斜截面承载力随之丧失。斜拉破坏由混凝土的斜向拉裂控制，其破坏面整齐且无压碎痕迹，破坏荷载与出现斜裂缝时的荷载很接近，破坏过程短骤，破坏前梁变形小，具有非常明显的脆性，斜拉破坏的承载力由混凝土的抗拉强度控制，如图 5-3c 所示。

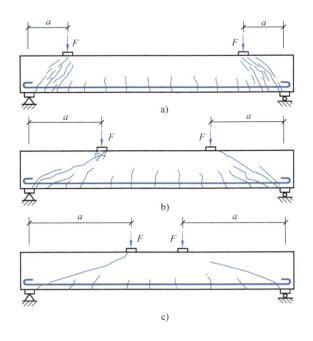

图 5-3 梁斜截面受剪破坏形态

a）斜压破坏 b）剪压破坏 c）斜拉破坏

　　除上述三种主要的破坏形态外，在不同情况下还有发生其他破坏形态的可能。例如，集中荷载离支座很近时，可能发生纯剪破坏；荷载作用点和支座处可能发生局部受压破坏；纵向钢筋可能发生锚固破坏等。

5.2.4　有腹筋梁的斜截面受剪破坏

　　试验表明，配置有箍筋的有腹筋梁，它的斜截面破坏形态主要由剪跨比 λ 和配箍率 ρ_{sv} 决定，也有斜压破坏、剪压破坏、斜拉破坏三种破坏形式。

　　1）$\lambda > 3$ 且腹筋配置又过少时，将发生斜拉破坏。其破坏特征是：随着荷载的增加，斜裂缝一旦出现，就很快形成临界斜裂缝，与临界斜裂缝相交的腹筋很快屈服甚至被拉断，承载力急剧下降，构件破坏，其脆性特征非常明显。因此，有腹筋梁斜拉破坏由混凝土斜向拉裂造成，具有"一裂即坏"的特征。

　　2）$1 \leqslant \lambda \leqslant 3$ 且腹筋配置不过多，或 $\lambda > 3$ 且腹筋配置不过少时，将发生剪压破坏。其破坏过程是：随着荷载的增加，首先在梁下边缘出现垂直裂缝，随后垂直裂缝斜向发展，形成弯剪斜裂缝，其中一条发展成临界斜裂缝，接着与临界斜裂缝相交的腹筋屈服，最后临界斜裂缝上端的剪压区混凝土在复合受力下被压碎，导致剪压破坏。因此，剪压破坏的特点是，破坏时箍筋已经屈服，剪切破坏是由剪压区混凝土在复合受力下被压碎控制。

　　3）$\lambda \leqslant 1$ 或 $1 \leqslant \lambda \leqslant 3$ 且腹筋配置过多时，将发生斜压破坏，其破坏特征是：随着荷载的增加，首先在梁腹部出现腹剪斜裂缝，随后混凝土被斜裂缝分割成若干斜压短柱，最后斜向短柱混凝土压碎。梁破坏时与斜裂缝相交的腹筋没有屈服。斜压破坏属于脆性破坏。

　　对于有腹筋梁来说，只要截面尺寸合适，箍筋数量配置适当，剪压破坏是斜截面受剪破坏中最常见的一种破坏形态。

5.3　斜截面受剪机理及影响受剪承载力的主要因素

5.3.1　斜截面受剪机理

　　无腹筋梁在临界斜裂缝形成后，由于纵向钢筋的销栓作用和交界面上混凝土骨料的咬合作用很小，所以由内拱传给相邻外侧拱，最后传给基本拱体的力也就非常有限。故可以忽略内拱的影响，从而将临界斜裂缝形成后的无腹筋梁比拟为一个拱拉杆。基本拱体比拟为受压拱体，纵向钢筋比拟为拉杆。当拱顶混凝土强度不足时，将发生斜拉或剪压破坏；当拱身混凝土抗压强度不足时，将发生斜压破坏。无腹筋梁斜截面受剪机理如图 5-4 所示。

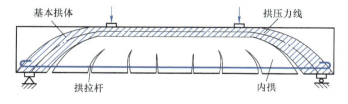

图 5-4　无腹筋梁斜截面受剪机理

有腹筋梁在临界斜裂缝形成后，通过腹筋将内拱的力直接传递给基本拱体，最后传给支座。有腹筋梁的传力机制有别于无腹筋梁，可将其比拟为拱形桁架。基本拱体可比拟为拱形桁架中的上弦压杆，斜裂缝间的混凝土可比拟为拱形桁架中的受压腹杆，腹筋可比拟为受拉腹杆，纵向钢筋可比拟为受拉下弦杆，当受拉腹杆弱时多数发生斜拉破坏，当受拉腹杆合适时多数发生剪压破坏，当受拉腹杆过强时多数发生斜压破坏。有腹筋梁斜截面受剪机理如图5-5所示。

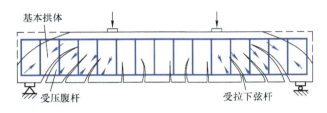

图5-5   有腹筋梁斜截面受剪机理

5.3.2   影响受剪承载力的主要因素

试验表明，影响梁斜截面受剪承载力的因素有很多，其中主要因素有剪跨比、混凝土强度、箍筋配筋率、纵筋配筋率和截面形状。

（1）剪跨比   对于无腹筋梁，剪跨比 λ 是影响其承载力的最主要因素。随着 λ 的增大，无腹筋梁依次发生斜压破坏、剪压破坏和斜拉破坏；且随着 λ 的增大，无腹筋梁的受剪承载力降低；但当剪跨比超过3后，剪跨比对梁的抗剪承载力的影响不明显。受剪承载力与剪跨比的关系如图5-6所示。

（2）混凝土强度   斜截面破坏是因为混凝土达到极限强度而破坏的，故混凝土的强度对梁的受剪承载力影响很大。斜压破坏时，受剪承载力取决于混凝土的抗压强度。斜拉破坏时，受剪承载力取决于混凝土的抗拉强度。混凝土的抗拉强度比抗压强度增加的慢，斜拉破坏时混凝土强度的影响略小。剪压破坏也基本取决于混凝土的抗拉强度，混凝土强度的影响介于斜压破坏和斜拉破坏之间。

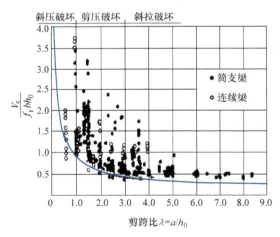

图5-6   受剪承载力与剪跨比的关系

（3）箍筋配筋率   有腹筋梁出现斜裂缝后，箍筋不仅直接分担部分剪力，而且还能有效地抑制斜裂缝的开展，间接提高梁的受剪承载力。试验也表明，当配箍率 ρ_{sv} 在适当的范围内时，梁的受剪承载力随着配箍率 ρ_{sv} 和箍筋强度 f_{yv} 的提高而增大。

（4）纵筋配筋率   纵筋的受剪产生了销栓力，它能限制斜裂缝的伸展，从而扩大剪压区的高度。所以，纵筋的配筋率越大，梁的受剪承载力也就越高。

（5）截面形状　这里主要是指 T 形梁，其翼缘大小对受剪承载力有影响。适当增加翼缘宽度，可提高受剪承载力 25%，但翼缘过大，增大作用就趋于平缓。另外，增大梁宽也可以提高受剪承载力。

5.4　斜截面受剪承载力计算公式及适用范围

5.4.1　基本假定

如前所述，钢筋混凝土梁沿斜截面有三种主要的破坏形态。设计时，对于斜压破坏和斜拉破坏，通过采取一定的构造措施予以避免；而对于剪压破坏，必须通过对受剪承载力的计算来避免。我国目前采用的方法是在基本假设的基础上，通过对试验数据的统计研究，分析梁受剪的主要影响因素，从而建立起的半理论半经验的实用斜截面受剪承载力计算公式，即

其基本假定如下：

1）梁发生剪压破坏时，斜截面受剪承载力由剪压区混凝土、箍筋和弯起钢筋部分组成，如图 5-7 所示，忽略纵筋的销栓作用和斜裂缝交界面上骨料的咬合作用。

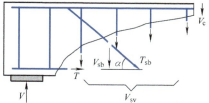

$$V \leqslant V_u = V_c + V_{sv} + V_{sb} \tag{5.4}$$

2）假定有腹筋梁发生剪压破坏时，与斜裂缝相交的箍筋和弯起钢筋的拉应力均达到其抗拉屈服强度。

5.4.2　无腹筋梁受剪承载力

图 5-7　斜截面受剪承载力计算简图

根据收集的数百个试验结果，考虑影响无腹筋梁受剪承载力的各主要因素，并忽略纵筋配筋率的影响后，《混凝土结构设计规范》提出了集中荷载作用下无腹筋独立梁的斜截面受剪承载力的计算公式。

其中，对于独立梁（即不与楼板整浇），在集中荷载下（或同时作用多种荷载，其中集中荷载在支座截面或节点边缘产生的剪力占总剪力的 75% 以上时），无腹筋梁的斜截面受剪承载力为

$$V_u = \frac{1.75}{\lambda + 1.0} \beta_h \beta_\rho f_t b h_0 \tag{5.5}$$

式中　λ——剪跨比，其适用范围为 $0.25 \leqslant \lambda \leqslant 3.0$，对高跨比不小于 5 的受弯构件，其适用范围为 $1.5 \leqslant \lambda \leqslant 3.0$；

β_h、β_ρ——反映尺寸效应影响和纵向钢筋影响的系数。

对于除上述情况外的其他矩形、T 形和 I 形截面的一般受弯构件，无腹筋梁的斜截面受剪承载力计算公式为

$$V_u = 0.7\beta_h f_t b h_0 \tag{5.6}$$

但是，以上无腹筋梁受剪承载力计算公式仅有理论上的意义，即使满足斜截面受剪承载力要求，实际工程中一般不允许采用无腹筋梁。当截面高度 $h > 300\text{mm}$ 时，应沿梁全长设置箍筋；当截面高度 $h = 150 \sim 300\text{mm}$ 时，则可仅在构件端部各 1/4 跨度范围内设置箍筋；仅

对 $h < 150mm$ 的小梁,才可采用无腹筋梁,箍筋的直径、间距等应满足相应的构造要求。

5.4.3 有腹筋梁受剪承载力

在配置有箍筋的梁中,箍筋不仅作为桁架的受拉腹杆承受斜裂缝截面的部分剪力,使斜裂缝顶部混凝土负担的剪力得以减轻,而且还能抑制斜裂缝的开展,延缓沿纵筋方向的黏结裂缝的发展,使骨料咬合力和纵筋销栓力有所提高。

5.4.3.1 仅配置箍筋时

剪压破坏时受剪承载力的变化范围较大,故要进行必要的计算。《混凝土结构设计规范》以剪压破坏受力特征为基础,建立计算公式

$$V_{cv} = \alpha_{cv} f_t b h_0 + f_{yv} \frac{A_{sv}}{s} h_0 \tag{5.7}$$

对一般受弯构件

$$V_{cs} = 0.7 f_t b h_0 + f_{yv} \frac{A_{sy}}{s} h_0 \tag{5.8}$$

式中　V_{cs}——构件斜截面上混凝土和箍筋的受剪承载力设计值;

　　　A_{sv}——配置在同一截面内各肢箍筋的全部截面面积;

　　　s——沿构件长度方向的箍筋间距;

　　　f_{yv}——箍筋抗拉强度设计值,一般取 $f_{yv} = f_y$,但不大于 $360N/mm^2$。

对集中荷载作用下(包括作用有多种荷载,其中集中荷载对支座截面或节点边缘所产生的剪力占总剪力的75%以上的情况)的独立梁,有

$$V_{cs} = \frac{1.75}{\lambda + 1.0} f_t b h_0 + f_{yv} \frac{A_{sv}}{s} h_0 \tag{5.9}$$

式中　λ——计算截面的剪跨比,可取 $\lambda = a/h_0$,当 $\lambda < 1.5$ 时,取 $\lambda = 1.5$,当 $\lambda > 3$ 时,取 $\lambda = 3$。

通过对式(5.8)、式(5.9)的比较可知:两式中的第一项表示的是无腹筋梁的混凝土受剪承载力,第二项可以看作是箍筋的综合作用使得受剪承载力得到提高的部分。

5.4.3.2 同时配置箍筋和弯起钢筋

与斜裂缝相交的弯起钢筋与箍筋的作用类似。弯起钢筋在跨中附近和纵向受拉钢筋一样可以承担正弯矩;在支座附近弯起后,其弯起段可以承受弯矩和剪力共同产生的主拉应力;弯起后的水平段有时还可以承受支座处的负弯矩。

同时配置箍筋和弯起钢筋时,梁的受剪承载力除 V_{cs} 外,还有受剪钢筋的 V_{sb},由于与斜裂缝相交的弯起钢筋在靠近剪压区时,弯起钢筋有可能达不到受拉屈服强度,因此弯起钢筋承担的剪力 V_{sb} 取为

$$V_{sb} = 0.8 f_y A_{sb} \sin\alpha \tag{5.10}$$

式中　V_{sb}——与斜裂缝相交的弯起钢筋受剪承载力设计值;

　　　f_y——弯起钢筋的抗拉强度设计值;

　　　A_{sb}——弯起钢筋的截面面积;

　　　α——弯起钢筋与梁轴线夹角,一般取45°,当梁高 $h > 800mm$ 时取60°。

5.4.4 适用范围

由于梁的斜截面受剪承载力计算公式仅是针对剪压破坏形态确定的，因而具有一定的适用范围。《混凝土结构设计规范》规定了剪力设计值的上限，用以防止斜压破坏发生；并规定了箍筋配置的构造要求，用以防止斜拉破坏。

（1）截面的最小尺寸　当梁截面尺寸过小，而剪力较大时，梁往往发生斜压破坏，这时即使多配箍筋，也无济于事。因而，设计时为避免斜压破坏，同时也为了防止梁在使用阶段斜裂缝过宽，必须对梁的尺寸做出如下规定：

1）当 $\dfrac{h_w}{b} \leqslant 4$ 时

$$V \leqslant 0.25\beta_c f_c b h_0 \tag{5.11a}$$

2）当 $6 \leqslant \dfrac{h_w}{b}$ 时

$$V \leqslant 0.2\beta_c f_c b h_0 \tag{5.11b}$$

3）当 $4 < \dfrac{h_w}{b} < 6$ 时，按线性插值法计算。

式中　V——构件斜截面上的最大剪力设计值；

β_c——混凝土强度影响系数，当混凝土强度等级不超过 C50 时，取 $\beta_c = 1.0$，当混凝土强度等级为 C80 时，取 $\beta_c = 0.8$，其间按线性内插法取用。

（2）最小配箍率　如果梁内箍筋数量配置过少，斜裂缝一旦出现，箍筋应力就会突然增加而达到其屈服强度，甚至被拉断，导致发生脆性很大的斜拉破坏。为了避免这类破坏，规定了箍筋配筋率的下限值，即箍筋的最小配筋率，为

$$\rho_{sv} = \frac{A_{sv}}{bs} \geqslant \rho_{sv,min} = 0.24\frac{f_t}{f_w} \tag{5.12}$$

（3）箍筋的最小直径和最大间距　为了防止斜拉破坏，《混凝土结构设计规范》规定梁中箍筋间距不宜超过梁中箍筋的最大间距，直径不宜小于规定的最小直径，见表 5-1。

表 5-1　梁中箍筋最大间距、最小直径　　　　　　　　　　（单位：mm）

梁高 h	最大间距 S_{max}		最小直径 d_{min}
	$V > 0.7f_t b h_0$	$V \leqslant 0.7f_t b h_0$	
$150 < h \leqslant 300$	150	200	
$300 < h \leqslant 500$	200	300	6
$500 < h \leqslant 800$	250	350	
$800 < h$	300	400	8

5.5 斜截面受剪承载力设计计算

5.5.1 受剪计算截面

在计算梁斜截面受剪承载力时，其计算位置包括支座边缘处截面、截面尺寸或腹板宽度变化处截面、箍筋直径或间距变化处截面、弯起钢筋弯起点处截面等。它们是构件中剪力设

计值最大的地方或是抗剪的薄弱环节，如图 5-8 所示。

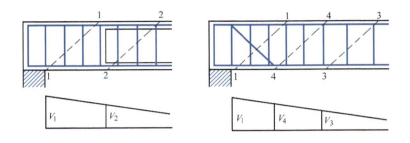

图 5-8 受剪计算截面

（1）支座边缘处截面（截面 1-1） 支座截面承受的剪力最大。在力学方法计算支座反力即支座剪力时，跨度一般是算至支座中心。但由于支座与构件连接在一起，可以共同承受剪力，因此受剪控制截面应是支座边缘截面。

（2）截面尺寸或腹板宽度变化处截面（截面 2-2） 抗剪承载力 V_c 的大小与腹板的宽度 b 有关，故腹板宽度改变处截面也应进行计算。

（3）箍筋直径或间距变化处截面（截面 3-3） 由于与该截面相交的箍筋数量或间距改变，将影响梁的受剪承载力。

（4）弯起钢筋弯起点处截面（截面 4-4） 截面 4-4 上已无弯筋相交，受剪承载力会有变化。

计算截面处剪力设计值取法如下：

1）计算支座边缘截面时，取支座边缘截面的剪力设计值。

2）计算第一排（对支座而言）弯起钢筋弯起点处的截面时，取支座边缘截面的剪力设计值；计算以后每一排弯起钢筋弯起点处的截面时，取前一排（对支座而言）弯起钢筋弯起点处截面的剪力设计值。

3）计算箍筋截面面积或间距改变处的截面时，取箍筋截面面积或间距改变处截面的剪力设计值。

4）计算截面尺寸变化处截面时，取截面尺寸改变处截面的剪力设计值。

5.5.2 仅配箍筋梁的设计

1）计算控制截面剪力设计值

2）验算截面限制条件：

当 $\dfrac{h_w}{b} \leqslant 4$ 时

$$V \leqslant 0.25\beta_c f_c b h_0 \tag{5.13a}$$

当 $6 \leqslant \dfrac{h_w}{b}$ 时

$$V \leqslant 0.2\beta_c f_c b h_0 \tag{5.13b}$$

当 $4 < \dfrac{h_w}{b} < 6$ 时，按线性插值法计算。

否则，应加大截面尺寸或提高混凝土强度等级。

3）验算是否需要计算配箍筋。当 $V \leq \alpha_c f_t b h_0$ 时，不需要按计算配箍筋，仅需按表 5-1 中最大箍筋间距，及最小箍筋直径的要求配置箍筋。当 $V > \alpha_c f_t b h_0$ 时，则需计算配箍。

对一般受弯构件，有

$$\frac{A_{sv}}{s} = \frac{V - 0.7 f_t b h_0}{f_{yv} h_0} \tag{5.14}$$

对集中荷载作用下的独立梁，有

$$\frac{A_{sv}}{s} = \frac{V - \dfrac{1.75}{\lambda + 1.0} f_t b h_0}{f_{yv} h_0} \tag{5.15}$$

根据 A_{sv}/s 值确定箍筋肢数、直径和间距，并应满足构造要求。

例 5-1　某均布荷载作用下钢筋混凝土简支梁，截面尺寸 $b \times h = 200\,mm \times 500\,mm$，$a_s = 35\,mm$。混凝土强度等级为 C30，箍筋 HPB300，承受的剪力设计值分别为 $V = 6.2 \times 10^4\,N$ 和 $V = 3.5 \times 10^5\,N$ 时，求所需要的箍筋。

解

（1）当 $V = 6.2 \times 10^4\,N$ 时：

1）查附表 5 和附表 7 可得：$f_c = 14.3\,N/mm^2$，$f_t = 1.43\,N/mm^2$，$f_y = 270\,N/mm^2$。

2）验算截面尺寸

$$h_w = h_0 = (500 - 35)\,mm = 465\,mm$$

混凝土 C30，$f_{cuk} = 30\,N/mm^2 < 50\,N/mm^2$，故取 $\beta_c = 1$。

$h_w/b = 465 \div 200 = 2.325 < 4$，属厚腹梁，应按下式进行验算。

$0.25 \beta_c f_c b h_0 = 0.25 \times 1 \times 14.3\,N/mm^2 \times 200\,mm \times 465\,mm = 33.25 \times 10^4\,N > V = 6.2 \times 10^4\,N$

故截面尺寸符合要求。

3）验算是否需要计算配箍筋

$$0.7 f_t b h_0 = 0.7 \times 1.43 \times 200 \times 465\,N = 9.31 \times 10^4\,N > V = 6.2 \times 10^4\,N$$

故不需要计算配箍筋，仅按构造要求设置箍筋。

4）选配箍筋并验算最小配箍率，依据表 5-1 取 $\phi 6@200$ 双肢箍筋，查附表 11 得 $A_{sv1} = 28.3\,mm^2$。

$$\rho_{sv} = \frac{n A_{sv1}}{bs} = \frac{2 \times 28.3}{200 \times 200} = 0.1415\%$$

$\rho_{sv,min} = 0.24 \times \dfrac{1.43}{270} = 0.13\% < \rho_{sv}$，满足要求。

（2）当 $V = 2.8 \times 10^5\,N$ 时：

1）查附表 5 和附表 7 可得：$f_c = 14.3\,N/mm^2$，$f_t = 1.43\,N/mm^2$，$f_{yv} = 270\,N/mm^2$。

2）验算截面尺寸

$$h_w = h_0 = (500 - 35)\,mm = 465\,mm$$

混凝土 C30，$f_{cuk} = 30\,N/mm^2 < 50\,N/mm^2$，故取 $\beta_c = 1$。

$h_w/b = 465 \div 200 = 2.325 < 4$，属厚腹梁，应按下式进行验算。

$$0.25 \beta_c f_c b h_0 = 0.25 \times 1 \times 14.3 \times 200 \times 465 = 3.32 \times 10^5\,N < V = 3.5 \times 10^5\,N$$

故截面尺寸不符合要求，需加大截面尺寸或提高混凝土强度等级。

因此，将混凝土强度等级改为 C35 后重新进行计算。

3）查附表 7 可得，C35 混凝土：$f_c = 16.7 \text{N/mm}^2$，$f_t = 1.57 \text{N/mm}^2$，

$$0.25\beta_c f_c bh_0 = 0.25 \times 1 \times 16.7 \times 200 \times 465 \text{N} = 3.88 \times 10^5 \text{N} > V = 3.5 \times 10^5 \text{N}$$

4）验算是否需要计算配箍筋

$$0.7f_t bh_0 = 0.7 \times 1.57 \times 200 \times 465 \text{N} = 1.02207 \times 10^5 \text{N} < V = 3.5 \times 10^5 \text{N}$$

故需要计算配箍筋。

5）计算受剪箍筋

由式（5.14）知：
$$V = V_c + V_s = 0.7f_t bh_0 + f_{yv}\frac{nA_{sv1}}{s}h_0$$

故
$$3.5 \times 10^5 = 102207 + 270\frac{nA_{sv1}}{s} \times 465$$

即
$$\frac{nA_{sv1}}{s} = 1.97 \text{mm}^2/\text{mm}$$

查附表 11，选用 φ12@100 双肢箍筋 $\left(\dfrac{nA_{sv1}}{s} = \dfrac{2 \times 113.1 \text{mm}^2}{100 \text{mm}} = 2.262 \text{mm}^2/\text{mm}\right)$

6）验算最小配箍率

$$\rho_{sv} = \frac{nA_{sv1}}{bs} = \frac{2.262 \text{mm}^2/\text{mm}}{200 \text{mm}} = 1.131\%$$

$\rho_{sv,min} = 0.24 \times \dfrac{1.57}{270} = 0.14\% < \rho_{sv}$，满足要求。

5.5.3 配置箍筋同时又配弯起钢筋的梁的设计

1）方法一：据经验和构造要求配置箍筋，确定 V_{cs}，对 $V > V_{cs}$ 部分，有

$$A_{sb} = \frac{V - V_{cs}}{0.8f_{yv}\sin\alpha} \tag{5.16}$$

式中，剪力设计值 V 应根据弯起钢筋计算斜截面的位置确定。对图 5-9 所示配置多排弯起钢筋的构件：

第一排弯起钢筋面积为

$$A_{sb1} = \frac{V_1 - V_{cs}}{0.8f_{yv}\sin\alpha} \tag{5.17}$$

第二排弯起钢筋面积为

$$A_{sb2} = \frac{V_2 - V_{cs}}{0.8f_{yv}\sin\alpha} \tag{5.18}$$

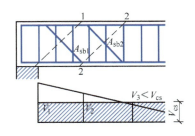

图 5-9　配置多排弯起钢筋的构件

2）方法二：根据受弯正截面承载力的计算要求，先根据纵筋确定弯起钢筋面积，再计算所需箍筋。

对一般受弯构件，有

$$\frac{A_{sv}}{s} = \frac{V - 0.7f_t bh_0 - 0.8f_y A_{sb}\sin\alpha}{f_{yv}h_0} \tag{5.19}$$

对集中荷载作用下的独立梁，有

$$\frac{A_{sv}}{s} = \frac{V - \dfrac{1.75}{\lambda + 1.0} f_t b h_0 - 0.8 f_y A_{sb} \sin\alpha}{f_{yv} h_0} \tag{5.20}$$

根据 A_{sv}/s 值确定箍筋肢数、直径和间距，并满足构造要求。

例 5-2　已知某钢筋混凝土简支梁，截面尺寸 $b \times h = 250\text{mm} \times 600\text{mm}$，计算跨度 $L = 5.76\text{m}$，$a_s = 40\text{mm}$，梁下部配有 4 ⏀25 的通长纵向受拉钢筋，纵向受力钢筋为 HRB400，箍筋为 HPB300。承受均布荷载设计值 $q = 50\text{kN/m}$（包括自重），混凝土为 C30，环境类别为一类，试求：

（1）不设弯起钢筋时的受剪箍筋。

（2）利用现有纵筋为弯起钢筋，求所需箍筋。

解

（1）不设弯起钢筋时的受剪箍筋。

1）求剪力设计值：支座边缘处截面剪力值最大，为

$$V_{max} = \frac{1}{2} qL = \frac{1}{2} \times 50 \times 5.76\text{kN} = 144\text{kN}$$

2）验算截面尺寸。

$$h_w = h_0 = h - a_s = 600\text{mm} - 40\text{mm} = 560\text{mm}$$

$\dfrac{h_w}{b} = \dfrac{560}{250} = 2.24 < 4$，属厚腹梁。应按式（5.13a）进行验算。因混凝土强度等级小于 C50，取 $\beta_c = 1.0$。

$$0.25\beta_c f_c b h_0 = 0.25 \times 1.0 \times 14.3 \times 250 \times 560\text{N} = 500500\text{N} = 500.5\text{kN} > V_{max}$$

故截面尺寸符合条件。

3）只有均布荷载作用，验算是否需要按计算配箍筋，即

$$0.7 f_t b h_0 = 0.7 \times 1.43 \times 250 \times 560\text{N} = 140140\text{N} < V_{max}$$

需要进行计算配置箍筋。

4）计算受剪箍筋。

$$V \leqslant 0.7 f_t b h_0 + f_{yv} \frac{n A_{sv1}}{s} h_0$$

$$144000\text{N} = \left(0.7 \times 1.43 \times 250 \times 560 + 270 \times \frac{n A_{sv1}}{s} \times 560\right)\text{N} \Rightarrow \frac{n A_{sv1}}{s} = 0.025\text{mm}^2/\text{mm}$$

根据规范构造要求（对箍筋最大间距）的规定，并查表 5-1，取箍筋间距 $s_{max} = 200\text{mm}$，选 ⏀8@200 双肢箍筋 $\left(\dfrac{n A_{sv1}}{s} = \dfrac{2 \times 50.3}{200}\text{mm}^2/\text{mm} = 0.503\text{mm}^2/\text{mm}\right)$。

5）最小配箍率验算。

配箍率为

$$\rho_{sv} = \frac{n A_{sv1}}{bs} = \frac{2 \times 50.3}{250 \times 200} = 0.2\%$$

$\rho_{sv,min} = 0.24 \times \dfrac{1.43}{270} = 0.1271\% < \rho_{sv}$，满足要求。

（2）利用现有纵筋为弯起钢筋，求所需箍筋。

1）若弯起一根Φ25钢筋（取45°），根据以下规范公式，求得弯起钢筋承担的剪力为

$$V_{sb} = 0.8 A_{sb} f_y \sin\alpha_s = \left(0.8 \times 490.9 \times 360 \times \frac{\sqrt{2}}{2}\right)kN = 99.95kN$$

2）混凝土和箍筋承担的剪力

$$V_{cs} = V - V_{sb} = (144 - 99.95)kN = 44.05kN$$

3）选用$\phi6@200$，根据式（5.4）得

$$V = V_c + V_s = 0.7 f_t b h_0 + f_{yv}\frac{nA_{sv1}}{s}h_0$$

$$= 140140N + 270 \times \frac{2 \times 28.3}{200} \times 560N = 182.93kN > 60.69kN，满足要求。$$

验算弯筋弯起点处的斜截面承载能力（略）之后表明符合要求。

思考题与习题

5.1 梁的斜裂缝是怎样形成的？它发生在梁的什么区段内？

5.2 斜裂缝有几种类型？有何特点？

5.3 写出矩形、T形、I形梁斜截面受剪承载力计算公式。

5.4 计算梁斜截面受剪承载力时应取哪些计算截面？

5.5 什么是正截面受弯承载力图？如何绘制？为什么要绘制？

5.6 为了保证梁斜截面受弯承载力，对纵筋的弯起、锚固、截断以及箍筋的间距，有哪些主要的构造要求？

5.7 抗剪极限承载力公式采用混凝土和钢筋的式子相叠加的形式，是否表示二者互不影响？

5.8 为什么会发生斜截面受压破坏？设计中应采取什么措施来保证不发生这样的破坏？受压破坏呢？

5.9 无腹筋简支梁出现斜裂缝后，其受力状态有哪些变化？

5.10 试述：（1）按正弯矩受弯承载力设计的纵向钢筋弯起仅作为抗剪腹筋时有哪些要求？

（2）当抵抗正弯矩的纵向钢筋弯起伸入支座抵抗负弯矩，且同时考虑其抗剪作用时，有哪些要求？

5.11 某简支梁承受均布荷载，净跨度$l_n = 8m$，$b \times h = 200mm \times 500mm$，采用C40级混凝土，箍筋为HPB300级钢筋，受均布恒荷载标准值为$g_k = 30kN/m$（包括梁自重），已知沿梁全长配置了Φ8@200的箍筋，试根据该梁的受剪承载力估算该梁所能承受的均布荷载的标准值q_k。

5.12 某一车间工作平台梁如图5-10所示，截面尺寸$b \times h = 200mm \times 500mm$，梁上作用恒荷载标准值为$g_k = 30kN/m$，活荷载标准值为$q_k = 50kN/m$，采用C30级混凝土，纵筋为HRB400级钢筋，箍筋为HPB300级钢筋。试按正截面承力和斜截面承载力设计配筋，进行钢筋布置，并绘制抵抗弯矩图和梁的施工图（包括钢筋材料表和尺寸详图）。

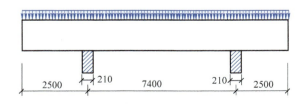

图5-10 习题5.12图

5.13 如图5-11所示简支梁，承受均布荷载设计值$q = 60kN/m$（包括自重），混凝土为C40，环境类别为一类，试求：

（1）不设弯起钢筋时的受剪箍筋。

（2）利用现有纵筋为弯起钢筋，求所需箍筋。

（3）当箍筋为Φ8@200时，弯起钢筋应为多少？

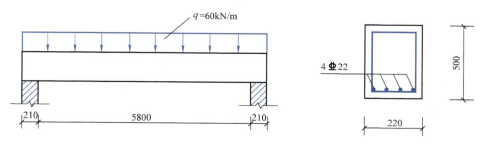

图 5-11　习题 5.13 图

第6章 受扭构件承载力

6.1 概述

受扭是构件受力的基本形式之一。工程中常见的受扭构件有受横向制动作用的起重机梁、雨篷梁、曲梁、框架的边梁等。

钢筋混凝土构件的扭转可以分为平衡扭转和约束扭转两类。若构件中的扭矩由荷载直接引起，其值可由平衡条件直接求出，则此类扭转称为平衡扭转，如图 6-1a 所示的雨篷梁。若扭矩是由相邻构件的位移受到该构件的约束而引起的，扭矩需结合变形协调条件才能求得，则此类扭转称为约束扭转，如图 6-1b 所示的框架边梁。

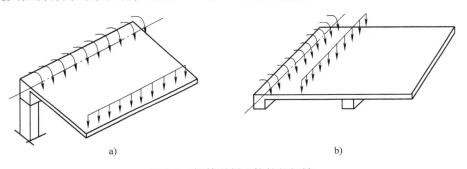

a)   b)

图 6-1　钢筋混凝土构件的扭转

a）平衡扭转——雨篷梁　b）约束扭转——框架边梁

工程结构中处于纯扭矩作用下的构件是极少的，绝大多数构件受弯矩、扭矩、剪力同时作用，为弯剪扭复合受力构件。本章主要介绍平衡扭转构件中纯扭构件，剪扭、弯扭和弯剪扭构件的受力性能以及受扭构件配筋的构造要求。

6.1.1 矩形截面开裂扭矩计算

素混凝土矩形截面构件在纯扭矩作用下，当主拉应力达到混凝土抗拉强度时，将产生与构件轴线约成 45° 的空间斜裂缝，如图 6-2 所示。斜裂缝一旦出现，迅速延伸，形成三面开裂、一面压碎的破坏面，破坏呈现明显的脆性。

按照匀质弹性材料的弹性分析方法，在扭矩作用下，矩形截面的剪力分布如图 6-3a 所示，最大剪应力发生在长边中点处；当该剪应力达到抗拉强度时，混凝土开裂，截面即告破坏。

对于理想的塑性材料而言，在扭矩作用下，只有当截面上各点剪应力全部达到材料强度 f_t 时截面才达

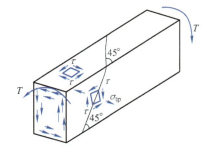

图 6-2　纯扭构件开裂

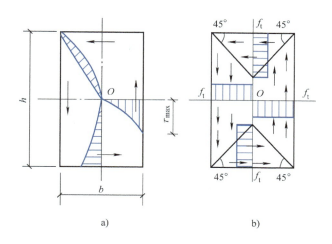

图 6-3　纯扭构件剪应力分布情况

a）弹性剪应力分布　b）塑性剪应力分布

到承载能力。如图 6-3b 可以求得，矩形截面此时的受扭承载力为

$$T_u = f_t \left[\frac{b^2}{6}(3h - b) \right] = f_t W_t \tag{6.1}$$

式中　W_t——受扭构件的截面受扭塑性抵抗矩，矩形截面，$W_t = \frac{b^2}{6}(3h - b)$，$b$ 和 h 分别为

矩形截面短边尺寸和长边尺寸。

混凝土既非理想的弹性材料，也非理想的塑性材料，故实际的素混凝土受扭承载力将介于弹性材料破坏扭矩和塑性材料破坏扭矩之间。因此，在按理想塑性材料所得开裂扭矩的基础上，乘以一个折减系数以考虑非完全塑性剪应力分布的影响。经试验分析，《混凝土结构设计规范》偏安全地取修正系数为 0.7，则混凝土受扭构件开裂扭矩的计算式为

$$T_u = 0.7 f_t W_t \tag{6.2}$$

由于钢筋对混凝土的开裂影响不大，故上述素混凝土受扭的破坏扭矩也可视为钢筋混凝土受扭构件的开裂扭矩。

6.1.2　截面受扭塑性抵抗矩

受扭构件的截面受扭塑性抵抗矩可按下列规定计算：

（1）矩形截面（见图 6-4a）

$$W_t = \frac{b^2}{6}(3h - b) \tag{6.3}$$

式中　b、h——矩形截面的短边尺寸、长边尺寸。

（2）T 形和 I 形截面（见图 6-4b）

$$W_t = W_{tw} + W_{tf}' + W_{tf} \tag{6.4}$$

腹板、受压翼缘及受拉翼缘部分的矩形截面受扭塑性抵抗矩 W_{tw}、W_{tf}'和 W_{tf}，可按下列规定计算：

1）腹板

$$W_{tw} = \frac{b^2}{6}(3h - b) \tag{6.5a}$$

2）受压翼缘

$$W'_{tf} = \frac{h'^2_f}{2}(b'_f - b) \tag{6.5b}$$

3）受拉翼缘

$$W_{tf} = \frac{h^2_f}{2}(b_f - b) \tag{6.5c}$$

式中　b、h——截面的腹板宽度、截面高度；

　　　b'_f、b_f——截面受压区、受拉区的翼缘宽度；

　　　h'_f、h_f——截面受压区、受拉区的翼缘高度。

计算时取用的翼缘宽度尚应符合 b'_f 不大于 $b + 6h'_f$ 及 b_f 不大于 $b + 6h_f$ 的规定。

（3）箱形截面（见图6-4c）

$$W_t = \frac{b^2_h}{6}(3h_h - b_h) - \frac{(b_h - 2t_w)^2}{6}[3h_w - (b_h - 2t_w)] \tag{6.6}$$

式中　b_h、h_h——箱形截面的短边尺寸、长边尺寸。

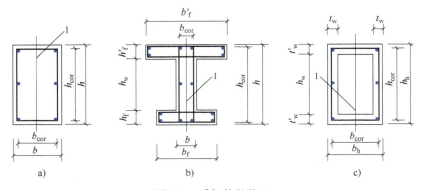

图 6-4　受扭构件截面

a）矩形截面　b）T形、I形截面　c）箱形截面（$t_w \leqslant t'_w$）

1—剪力、弯矩作用平面

6.1.3　截面限制条件

在弯矩、剪力和扭矩共同作用下，h_w/b 不大于 6 的矩形、T形、I形截面和 h_w/t_w 不大于 6 的箱形截面构件（图6.4），其截面应符合下列条件：

当 h_w/b（或 h_w/t_w）不大于 4 时

$$\frac{V}{bh_0} + \frac{T}{0.8W_t} \leqslant 0.25\beta_c f_c \tag{6.7}$$

当 h_w/b（或 h_w/t_w）等于 6 时

$$\frac{V}{bh_0} + \frac{T}{0.8W_t} \leqslant 0.2\beta_c f_c \tag{6.8}$$

当 h_w/b（或 h_w/t_w）大于 4 但小于 6 时，按线性内插法确定。

式中　T——扭矩设计值；

　　　b——矩形截面的宽度，T 形或 I 形截面取腹板宽度，箱形截面取两侧壁总厚度 $2t_w$；

　　　W_t——受扭构件的截面受扭塑性抵抗矩，按 6.1.2 节的规定计算；

　　　h_w——截面的腹板高度：对矩形截面，取有效高度 h_0；对 T 形截面，取有效高度减去翼缘高度；对 I 形和箱形截面，取腹板净高；

　　　t_w——箱形截面壁厚，其值不应小于 $b_h/7$，此处，b_h 为箱形截面的宽度。

注：若不满足上述条件，应增加截面尺寸或提高混凝土强度，直到满足；当 h_w/b 大于 6 或 h_w/t_w 大于 6 时，受扭构件的截面尺寸要求及扭曲截面承载力计算应符合专门规定。

6.1.4　不进行剪扭计算的范围

在弯矩、剪力和扭矩共同作用下的构件，当符合下列要求时，可不进行构件受剪扭承载力计算，但应按《混凝土设计规范》的规定配置构造纵向钢筋和箍筋

$$\frac{V}{bh_0}+\frac{T}{W_t}\leqslant 0.7f_t+0.05\frac{N_{p0}}{bh_0} \tag{6.9}$$

或

$$\frac{V}{bh_0}+\frac{T}{W_t}\leqslant 0.7f_t+0.07\frac{N}{bh_0} \tag{6.10}$$

式中　N_{p0}——计算截面上混凝土法向预应力等于零时的预加力，当 N_{p0} 大于 $0.3f_cA_0$ 时，取 $0.3f_cA_0$，此处 A_0 为构件的换算截面面积；

　　　N——与剪力、扭矩设计值 V、T 相应的轴向压力设计值，当 N 大于 $0.3f_cA$ 时，取 $0.3f_cA$，此处，A 为构件的截面面积。

6.1.5　受扭构件承载力计算步骤

选择构件截面尺寸和材料强度→由内力分析确定内力设计值 M、T、V→验算截面尺寸要求→判断可否简化计算→分别进行剪、扭设计→进行受弯计算→叠加剪、扭箍筋和弯起纵筋→配筋并满足构造规定。按上述步骤，读者可自行绘制计算流程图。

6.2　纯扭构件承载力计算

6.2.1　矩形截面纯扭构件承载力计算

根据试验和理论分析的结果，《混凝土结构设计规范》取用试验数据的偏低值给出纯扭构件承载力计算公式，即

$$T\leqslant 0.35f_tW_t+1.2\sqrt{\zeta}\frac{A_{st1}f_{yv}}{s}A_{cor} \tag{6.11}$$

式中　T——扭矩设计值；

　　　ζ——受扭构件中纵筋与箍筋的配筋强度比；应满足 $0.6\leqslant\zeta\leqslant 1.7$，当 $\zeta>1.7$ 时，取 $\zeta=1.7$，其常用范围为 $1.0\sim 1.3$；

A_{cor}——截面核心部分面积，$A_{\text{cor}} = b_{\text{cor}} \cdot h_{\text{cor}}$，如图 6-4 所示。

f_t——混凝土抗拉强度设计值。

式（6.11）的第一项为混凝土提供的受扭承载力，第二项为抗扭钢筋提供的抗扭承载力。经过对高强度混凝土纯扭构件进行试验验证，该公式仍然适用。

由于受扭钢筋由封闭箍筋和受扭纵筋两部分钢筋组成，两者的配筋比例对受扭性能及极限受扭承载力有很大影响。为使箍筋和纵筋均能有效发挥作用，应将两部分钢筋在数量上和强度上加以控制，即控制两部分钢筋的配筋强度比。配筋强度比可定义为纵筋与箍筋的体积比和强度比的乘积，用 ζ 表示，即

$$\zeta = \frac{A_{stl}s}{A_{st1}u_{\text{cor}}} \cdot \frac{f_y}{f_{yv}} \tag{6.12}$$

式中 ζ——受扭构件中纵筋与箍筋的配筋强度比；

A_{stl}——对称布置的全部受扭纵筋截面面积；

A_{st1}——受扭箍筋单肢截面面积；

s——抗扭箍筋间距；

f_y——抗扭纵筋的抗拉强度设计值；

f_{yv}——抗扭箍筋的抗拉强度设计值；

u_{cor}——截面核心部分周长。

试验表明，当 ζ 在 0.3~2.0 范围内，钢筋混凝土受扭构件破坏时，其纵筋和箍筋基本能达到屈服强度。为稳妥起见，取限制条件为 $0.6 \leqslant \zeta \leqslant 1.7$，当 $\zeta > 1.7$ 时，取 $\zeta = 1.7$。当 ζ 接近 1.2 时为钢筋达到屈服的最佳值。因截面内力平衡的需要，对于不对称配置纵向抗扭钢筋的情况，在计算中只取对称布置的纵向钢筋截面面积。

6.2.2　T 形和 I 形截面纯扭构件承载力计算

T 形和 I 形截面纯扭构件，可将其截面划分为几个矩形截面，分别按式（6.11）进行受扭承载力计算。每个矩形截面的扭矩设计值可按下列规定计算

1）腹板

$$T_w = \frac{W_{tw}}{W_t}T \tag{6.13a}$$

2）受压翼缘

$$T_f' = \frac{W_{tf}'}{W_t}T \tag{6.13b}$$

3）受拉翼缘

$$T_f = \frac{W_{tf}}{W_t}T \tag{6.13c}$$

式中 T_w——腹板所承受的扭矩设计值；

T_f、T_f'——受压翼缘、受拉翼缘所承受的扭矩设计值。

6.2.3　箱形截面纯扭构件的受扭承载力计算

箱形截面钢筋混凝土纯扭构件的受扭承载力应符合下列规定

$$T \leqslant 0.35\alpha_h f_t W_t + 1.2\sqrt{\zeta}f_{yv}\frac{A_{st1}A_{cot}}{s}$$

$$\alpha_h = 2.5t_w/b_h \tag{6.14}$$

式中　α_h——箱形截面壁厚影响系数，当 α_h 大于 1.0 时，取 1.0。

6.3　剪扭构件承载力计算

6.3.1　矩形截面剪扭构件承载力计算

当受扭构件同时存在剪力作用时，由于扭矩和剪力产生的剪应力在截面的一个侧面上叠加，因此，构件在剪扭作用下的承载力总是小于剪力和扭矩单独作用时的承载力。构件受扭承载力与受剪承载力的这种相互影响的性质，称为剪扭的相关性。

1. 一般剪扭构件

1）受剪承载力

$$V \leqslant (1.5 - \beta_t)(0.7f_t bh_0 + 0.05N_{p0}) + f_{yv}\frac{A_{sv}}{s}h_0 \tag{6.15a}$$

$$\beta_t = \frac{1.5}{1 + 0.5\dfrac{VW_t}{Tbh_0}} \tag{6.15b}$$

式中　A_{sv}——受剪承载力所需的箍筋截面面积；

　　　β_t——一般剪扭构件混凝土受扭承载力降低系数：当 β_t 小于 0.5 时，取 0.5；当 β_t 大于 1.0 时，取 1.0。

2）受扭承载力

$$T \leqslant \beta_t\left(0.35f_t + 0.05\frac{N_{p0}}{A_0}\right)W_t + 1.2\sqrt{\zeta}f_{yv}\frac{A_{st1}A_{cor}}{s} \tag{6.16}$$

2. 集中荷载作用下的独立剪扭构件

1）受剪承载力

$$V \leqslant (1.5 - \beta_t)\left(\frac{1.75}{\lambda + 1}f_t bh_0 + 0.05N_{p0}\right) + f_{yv}\frac{A_{sv}}{s}h_0 \tag{6.17a}$$

$$\beta_t = \frac{1.5}{1 + 0.2(\lambda + 1)\dfrac{VW_t}{Tbh_0}} \tag{6.17b}$$

式中　λ——计算截面的剪跨比；

　　　β_t——集中荷载作用下剪扭构件混凝土受扭承载力降低系数：当 β_t 小于 0.5 时，取 0.5；当 β_t 大于 1.0 时，取 1.0。

2）受扭承载力

$$\begin{cases} T \leqslant \beta_t(0.35f_t + 0.05)\dfrac{N_{p0}}{A_0}W_t + 1.2\sqrt{\zeta}f_{yv}\dfrac{A_{st1}A_{cor}}{s} \\[3mm] \beta_t = \dfrac{1.5}{1 + 0.2(\lambda + 1)\dfrac{VW_t}{Tbh_0}} \end{cases} \tag{6.18}$$

6.3.2 T形和I形截面剪扭构件的受剪扭承载力

（1）受剪承载力 受剪承载力可按式（6.15a）与式（6.15b）或式（6.17a）与式（6.17b）进行计算，但应将公式中的 T 及 W_t 分别代之以 T_w 及 W_{tw}。

（2）受扭承载力 受扭承载力可划分为几个矩形截面分别进行计算。其中，腹板可按式（6.16）及相应的承载力降低系数进行计算，但应将式中的 T 及 W_t 分别代之以 T_w 及 W_{tw}；受压翼缘及受拉翼缘可按纯扭构件的规定进行计算，但应将 T 及 W_t 分别代之以 T'_f 及 W'_{tf} 或 T_f 及 W_{tf}。

6.3.3 箱形截面钢筋混凝土剪扭构件的受剪扭承载力

1. 一般剪扭构件

1）受剪承载力

$$V \leqslant 0.7(1.5 - \beta_t)f_t bh_0 + f_{yv}\frac{A_{sv}}{s}h_0 \tag{6.19}$$

2）受扭承载力

$$T \leqslant 0.35\alpha_h\beta_t f_t W_t + 1.2\sqrt{\zeta}f_{yv}\frac{A_{st1}A_{cor}}{s} \tag{6.20}$$

式中 β_t——按式（6.15b）计算，但式中的 W_t 应代之以 $\alpha_h W_t$。

2. 集中荷载作用下的独立剪扭构件

1）受剪承载力

$$V \leqslant (1.5 - \beta_t)\frac{1.75}{\lambda + 1}f_t bh_0 + f_{yv}\frac{A_{sv}}{s}h_0 \tag{6.21}$$

式中 β_t——按式（6.17b）计算，但式中的 W_t 应代之以 $\alpha_h W_t$。

2）受扭承载力

受扭承载力仍应按公式（6.20）计算，但式中的 β_t 值应按式（6.17b）计算。

6.4 弯扭构件承载力计算

6.4.1 弯扭构件的受力性能

在同时承受弯矩和扭矩的构件中，纵向钢筋要同时承受弯矩产生的拉应力及扭矩产生的拉应力。当弯矩和扭矩的比值不同时，可能发生不同的破坏形态。弯剪扭构件的主要破坏形式有弯型破坏、扭型破坏、弯剪扭型破坏。

（1）弯型破坏 当 M/T 较大，即弯矩对构件截面的破坏起主要作用时，发生如同受弯构件的弯曲破坏。假定弯矩使构件底部受拉（下同），则底部纵向钢筋同时受弯矩和扭矩作用产生的拉应力叠加，裂缝首先在弯曲受拉的底面出现，然后向两侧面发展；破坏时截面下部纵筋屈服，截面上边缘混凝土压碎；承载力由底部纵筋控制、受弯承载力因扭矩的存在面临降低。

（2）扭型破坏 当扭矩 T 很大，而 M/T 较小时，扭矩对界面的破坏起主要作用。此时，若截面顶部纵筋少于底部纵筋，将发生这种破坏。破坏从截面上部纵筋受扭屈服开始，混凝土压碎区出现在截面的下边缘。

（3）弯剪扭型破坏 当构件截面高宽比较大，而侧面的抗扭纵筋配置较弱或箍筋数量相对较少时，则有可能由于截面一个侧面的纵筋首先受扭屈服而开始破坏，混凝土压碎区发生在截面的另一侧，此种破坏称为弯剪扭型破坏。

6.4.2 弯扭构件的承载力计算

进行弯扭构件的承载力计算时，《混凝土结构设计规范》采用"叠加法"：先按受弯构件的正截面受弯承载力求出所需要的纵向钢筋截面面积 A_{sm}，再按构件受扭承载力求出所需要的纵向钢筋截面面积 A_{stl}，如图 6-5 所示，然后按如下方式配置：

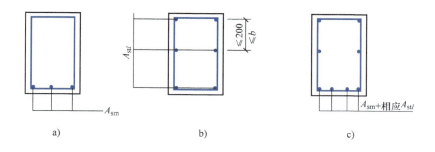

图 6-5 弯扭构件的钢筋配置方式
a）受弯纵筋 b）受扭纵筋 c）叠合

1）按构件受扭承载力得出的纵向钢筋截面面积 A_{stl} 沿构件周边均匀对称布置，其间距不应大于 200mm 和梁的宽度，且截面的四角必须有纵向受扭钢筋。受扭的纵向受力钢筋的配筋率不应小于其最小的配筋率。

2）按构件受弯承载力得出的纵向受力钢筋面积 A_{sm} 按受弯要求配置，并应满足最小的配筋率的要求。

3）将两部分钢筋面积的重叠部分合并，受扭纵向钢筋应按受拉钢筋的锚固要求进行锚固。

6.5 弯剪扭构件承载力计算

在弯矩、剪力和扭矩共同作用下的矩形、T 形、I 形和箱形截面的弯剪扭构件，可按下列规定进行承载力计算：

1）当 V 不大于 $0.35f_t bh_0$ 或 V 不大于 $0.875f_t bh_0/(\lambda+1)$ 时，可仅计算受弯构件的正截面受弯承载力和纯扭构件的受扭承载力。

2）当 T 不大于 $0.175f_t W_t$ 或 T 不大于 $0.175\alpha_h f_t W_t$ 时，可仅验算受弯构件的正截面受弯承载力和斜截面受剪承载力。

3）矩形、T 形、I 形和箱形截面弯剪扭构件，其纵向钢筋截面面积应分别按受弯构件的正截面受弯承载力和剪扭构件的受扭承载力计算确定，并应配置在相应的位置；箍筋截面面积应分别按剪扭构件的受剪承载力和受扭承载力计算确定，并应配置在相应的位置。

6.6 受扭构件的构造要求

1. 纵向钢筋的构造要求

梁内受扭纵向钢筋的最小配筋率 $\rho_{tl \cdot min}$ 应符合下列规定

$$\rho_{tl \cdot min} = 0.6 \sqrt{\frac{T}{Vb}} \frac{f_t}{f_y} \tag{6.22}$$

当 $T/(Vb) > 2.0$ 时，取 $T/(Vb) = 2.0$。

式中　$\rho_{tl \cdot min}$——受扭纵向钢筋的最小配筋率，取 $A_{stl}/(bh)$；

b——受剪的截面宽度，按图 6-4 所示取用，对箱形截面构件，b 应以 b_h 代替；

A_{stl}——沿截面周边布置的受扭纵向钢筋总截面面积。

沿截面周边布置的受扭纵向钢筋的间距不应大于 200mm 和梁截面短边长度；除在梁截面四角设置受扭纵向受力钢筋外，其余受扭纵向钢筋宜沿截面周边均匀对称布置，受扭纵向钢筋应按受拉钢筋锚固在支座内。

在弯剪扭构件中，配置在截面弯曲受拉边的纵向受力钢筋，其截面面积不应小于按受弯构件受拉钢筋最小配筋率计算出的钢筋截面面积与按受扭纵向钢筋最小配筋率计算并分配到弯曲受拉边的钢筋截面面积之和。

2. 箍筋的构造要求

在弯剪扭构件中，箍筋的配筋率 ρ_{sv} 不应小于 $0.28 f_t/f_{yv}$。

箍筋间距应符合《混凝土结构设计规范》的规定，其中受扭所需的箍筋应做成封闭式，且应沿截面周边布置。当采用复合箍筋时，位于截面内部的箍筋不应计入受扭所需的箍筋面积。受扭所需箍筋的末端应做成 135° 弯钩，弯钩端头平直段长度不应小于 $10d$，d 为箍筋直径。

例 6-1　已知某钢筋混凝土矩形截面纯扭构件，处于一类环境，安全等级为二级，截面尺寸 $b \times h = 250mm \times 600mm$，承受的扭矩设计值 $T = 30kN \cdot m$。混凝土强度等级为 C30，纵筋和箍筋均采用 HRB400 钢筋，试计算配筋。

解

（1）确定其基本参数　查附表 5 和附表 7 可知，$f_c = 14.3N/mm^2$，$f_t = 1.43N/mm^2$，$\beta_c = 1.0$，$f_y = f_{yv} = 360N/mm^2$。

查附表 8，一类环境，$c = 20mm$，设计选用箍筋直径 8mm，则

$$b_{cor} = b - 2c - 2d_v = 194mm \qquad h_{cor} = b - 2c - 2d_v = 544mm$$

$$A_{cor} = 194mm \times 544mm = 105536mm^2$$

（2）验算界面限制条件和构造配筋条件

$$W_t = \frac{b^2}{6}(3h - b) = \left[\frac{250^2}{6}(3 \times 600 - 250)\right]mm^3 = 16.15 \times 10^6 mm^3$$

$$a_s = 40mm \qquad h_w/b = (600 - 40)/250 = 2.24 < 4$$

$$\frac{T}{0.8W_t} = \frac{30 \times 10^6 N}{0.8 \times 16.15 \times 10^6 mm^2} = 2.32N/mm^2 < 0.25\beta_c f_c = 3.58N/mm^2$$

$$\frac{T}{W_t} = \frac{30 \times 10^6 \text{N}}{16.15 \times 10^6 \text{mm}^2} = 1.86 \text{N/mm}^2 > 0.7 f_t = 1.00 \text{N/mm}^2$$

应按计算配筋。

（3）计算箍筋　取 $\zeta = 1.2$，即

$$\frac{A_{st1}}{s} = \frac{T - 0.35 f_t W_t}{1.2 \sqrt{\zeta} f_{yv} A_{cor}} = \frac{30 \times 10^6 - 0.35 \times 1.43 \times 16.15 \times 10^6}{1.2 \sqrt{1.2} \times 360 \times 105536} \text{mm}^2/\text{mm} = 0.439 \text{mm}^2/\text{mm}$$

验算配箍率

$$\rho_{sv} = \frac{2 A_{st1}}{bs} = 0.00351 > \rho_{sv,min} = 0.28 \frac{f_t}{f_{yv}} = 0.00111 \text{（满足要求）}$$

（4）计算纵筋　　　　　$u_{cor} = 2(b_{cor} + h_{cor}) = 1476 \text{mm}$

$$A_{st1} = \frac{\zeta f_{yv} A_{st1} u_{cor}}{f_y s} = \frac{1.2 \times 360 \times 0.439 \times 1476}{360} \text{mm}^2 = 778 \text{mm}^2$$

$$\rho_{t1} = \frac{A_{st1}}{bh} = \frac{778}{250 \times 600} = 0.519\% > \rho_{t1,min} = 0.6 \sqrt{\frac{T}{Vb}} \cdot \frac{f_t}{f_y} = 0.6 \times \sqrt{2} \times \frac{f_t}{f_y} = \frac{0.85 \times 1.43}{360}$$

$$= 0.338\% \text{（满足要求）}$$

（5）选配钢筋　受扭箍筋选双肢Φ8 箍筋 $A_{st1} = 50.3 \text{mm}^2$，$s = 50.3/0.439 \text{mm} = 115 \text{mm}$，取 $s = 110 \text{mm}$；受扭纵筋选 8 Φ 12，$A_{st1} = 904 \text{mm}^2$。

思考题与习题

6.1　简述钢筋混凝土纯扭和剪扭构件的扭曲截面承载力的计算步骤。

6.2　扭转斜裂缝与受剪斜裂缝有何异同？

6.3　配筋强度比 ζ 的含义是什么？有何作用？

6.4　纯扭构件计算中如何防止完全超筋破坏和少筋破坏？如何避免部分超筋破坏？

6.5　我国《混凝土结构设计规范》中受扭承载力计算公式中的 β_t 的物理意义是什么？其表达式表示了什么关系？此表达式的取值考虑了哪些因素？

6.6　在剪扭构件承载力计算中如符合 $\frac{V}{bh_0} + \frac{T}{W_t} > 0.7 f_t$ 和 $\frac{V}{bh_0} + \frac{T}{0.8 W_t} \geqslant 0.25 \beta_c f_c$，说明了什么？

6.7　为满足受扭构件受扭承载力计算和构造规定要求，配置受扭纵筋及箍筋应当注意哪些问题？

6.8　有一钢筋混凝土矩形截面纯受扭构件，已知截面尺寸为 $b \times h = 250 \text{mm} \times 500 \text{mm}$，配有 4 根直径为 16mm 的 HRB400 级纵向钢筋。箍筋为直径 8mm 的 HPB300 级钢筋，间距 120mm。处于一类环境，安全等级为二级，混凝土强度等级为 C30，试求该构件扭曲截面的受扭承载力。

6.9　已知一钢筋混凝土弯扭构件，截面尺寸为 $b \times h = 300 \text{mm} \times 500 \text{mm}$，扭矩设计值为 $T = 15 \text{kN} \cdot \text{m}$，弯矩设计值为 $M = 80 \text{kN} \cdot \text{m}$，采用 C30 混凝土，箍筋用 HPB300 级钢筋，纵筋用 HRB400 级钢筋，试计算其配筋。

第7章　受压构件承载力

7.1　受压构件类型及一般构造要求

7.1.1　受压构件类型

受压构件是工程结构中以承受压力作用为主的受力构件。例如，单层厂房排架柱，拱、屋架的上弦杆，多层及高层建筑中的框架柱，桥梁结构中的桥墩等均属于受压构件。受压构件往往在结构中起着重要作用，一旦破坏，将导致整个结构严重损坏，甚至倒塌。

受压构件按其受力情况可分为：轴心受压构件和偏心受压构件。当轴向压力的作用点与构件截面重心重合时，称为轴心受压构件（见图7-1a）；当轴向压力作用点与构件截面重心不重合或构件截面上同时有弯矩和轴向压力作用时，称为偏心受压构件。当轴向压力作用点只对构件正截面的一个主轴有偏心距时，为单向偏心受压构件（见图7-1b）；当轴向压力的作用点对构件正截面的两个主轴都有偏心距时，为双向偏心受压构件（见图7-1c）。

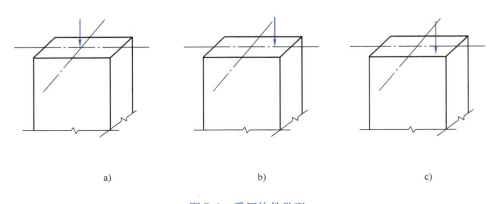

a)　　　　　　　　　　　　　b)　　　　　　　　　　　　　c)

图 7-1　受压构件类型
a）轴心受压　b）单向偏心受压　c）双向偏心受压

7.1.2　一般构造要求

1. 截面形式和尺寸

为了模板制作的方便，受压构件一般均采用方形或矩形截面；用于桥墩、桩和公共建筑中的柱，其截面也可做成圆形或多边形；为了节约混凝土和减轻构件的自重，当预制装配式受压构件的截面尺寸较大时，常采用I形截面。受压构件的截面尺寸不宜太小，因为构件越细长，纵向弯曲的影响越大，承载力降低越多，不能充分利用材料强度。当钢筋混凝土受压构件采用矩形截面时，截面长边布置在弯矩作用方向，长边与短边的比值一般为 1.5～2.5，截面宽度一般不宜小于 300mm；当采用圆形截面时，一般要求圆形截面直径不宜小于 350mm。一般长细比宜控制在 $l_0/b \leqslant 30$、$l_0/h \leqslant 25$、$l_0/d \leqslant 25$，此处 l_0 为受压构件的计算长度，b、h 为矩形截面受压构件的短边和长边尺寸，d 为圆形截面柱的直径。

为施工方便，受压构件的截面尺寸一般采用整数，且柱截面边长在 800mm 以下时以 50mm 为模数，在 800mm 以上时以 100mm 为模数。

I 形截面要求翼缘厚度不小于 120mm，因为翼缘太薄，会使构件过早出现裂缝，同时在靠近柱底处的混凝土容易在车间生产过程中碰坏，影响柱的承载力和使用年限；腹板厚度不宜小于 100mm，抗震区使用 I 形截面柱时，其腹板宜再加厚，I 形截面高度 h 一般大于 500mm。

2. 混凝土和钢筋强度

受压构件的承载力主要取决于混凝土抗压强度，与受弯构件不同，混凝土的强度等级对受压构件的承载力影响很大。因此，受压构件取用较高强度等级的混凝土是经济合理的。目前我国一般结构柱常采用强度等级为 C30 ~ C50 的混凝土，其目的是充分利用混凝土的优良抗压性能来减小构件截面尺寸。

受压构件中配置的纵向受力钢筋可使混凝土的变形能力有一定提高，同时所配置的箍筋对混凝土有一定的约束作用，使纵向受压钢筋的抗压强度得到充分发挥。纵向受力钢筋通常采用 HRB400、HRBF400、HRB500、HRBF500 级钢筋。箍筋一般采用 HRB400、HRBF400、HPB300、HRB500、HRBF500 级钢筋。

3. 纵向钢筋

钢筋混凝土受压构件主要承受压力作用。纵向受力钢筋的作用是与混凝土共同承担由外荷载引起的内力（压力和弯矩）。柱内纵向受力钢筋的直径 d 不宜小于 12mm，过小则钢筋骨架柔性大，施工不便，工程上通常采用直径为 16 ~ 32mm 的钢筋。

矩形截面受压构件中纵向受力钢筋的根数不得少于 4 根，以便与箍筋形成钢筋骨架。轴心受压构件中纵向受力钢筋应沿截面的四周均匀放置，偏心受压构件的纵向受力钢筋应沿垂直于弯矩作用方向的两个短边放置。圆柱中纵向受力钢筋根数不宜少于 8 根，不应少于 6 根，且宜沿周边均匀布置。为了顺利浇注混凝土，现浇柱中纵向钢筋的净间距不应小于 50mm，且不宜大于 300mm；在偏心受压柱中，垂直于弯矩作用平面的侧面上纵向受力钢筋以及轴心受压构件中各边的纵向受力钢筋，其中距不宜大于 300mm；水平浇筑的预制柱，纵向钢筋的最小净间距可按梁的有关规定取用。偏心受压柱的截面高度 $h \geqslant 600mm$ 时，在柱侧面上应设置直径不小于 10mm 的纵向构造钢筋，并相应地设置复合箍筋或拉筋。受压构件的配筋构造如图 7-2 所示。

受压构件中的纵向钢筋用量不能过少。纵向钢筋太少，构件破坏时呈脆性；同时，在荷载长期作用下，由于混凝土的徐变，容易引起钢筋过早屈服。因此《混凝土结构设计规范》规定纵向钢筋用量应满足最小配筋率的要求。纵向受力钢筋的最小配筋百分率见附表 10。为了方便施工和考虑经济性要求，纵向钢筋也不宜过多，在柱中全部纵向钢筋的配筋率不宜超过 5%，以免造成浪费。

纵筋的连接接头宜设置在受力较小处。钢筋的接头可采用机械连接接头，也可采用焊接接头和搭接接头。对于直径大于 28mm 的受拉钢筋和直径大于 32mm 的受压钢筋，不宜采用

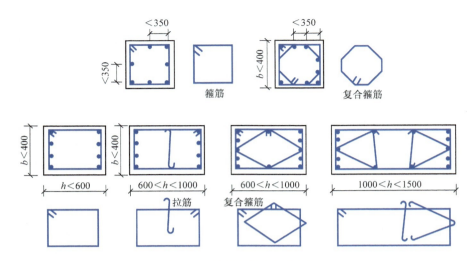

图 7-2　受压构件的配筋构造

绑扎的搭接接头。

4. 箍筋

受压构件中箍筋的作用是防止纵向钢筋受压时压屈，同时保证纵向钢筋的正确位置，与纵向钢筋组成钢筋骨架。柱周边箍筋应做成封闭式，其直径不宜小于 $d/4$（d 为纵筋最大直径），且不应小于 6mm。

箍筋间距不应大于 400mm 及构件截面的短边尺寸，且不应大于 $15d$（d 为纵筋的最小直径）。

当柱截面短边尺寸大于 400mm，且各边纵筋配置根数多于 3 根时，或当柱截面短边尺寸小于 400mm，但各边纵筋配置根数多于 4 根时，应设置复合箍筋（见图 7-2）。

当柱中全部纵向受力钢筋的配筋率超过 3% 时，箍筋直径不应小于 8mm，其间距不应大于 $10d$，且不应大于 200mm。箍筋末端应做成 135° 弯钩，且弯钩末端平直段长度不应小于 $10d$（d 为纵筋的最小直径）。

在配有螺旋式或焊接环式箍筋的柱中，如在正截面受压承载力计算中考虑间接钢筋的作用时，箍筋间距不应大于 80mm 及 $d_{cor}/5$，且不宜小于 40mm（d_{cor} 为按箍筋内表面确定的核心截面直径）。

在纵向受力钢筋搭接长度范围内，箍筋的直径不应小于搭接钢筋直径的 0.25 倍，箍筋间距不应大于 $5d$，且不应大于 100mm（此处 d 为受力钢筋中的最小直径）。当搭接受压钢筋直径大于 25mm 时，应在搭接接头两个端面外 100mm 范围内各设置 2 根箍筋。

对于截面形状复杂的构件，不可采用具有内折角的箍筋，避免产生向外的拉力，致使折角处的混凝土破损。复杂截面的箍筋形式如图 7-3 所示。

5. 保护层厚度

受压构件混凝土保护层厚度与结构所处的环境类别和设计使用年限有关。设计使用年限为 50 年的混凝土结构，最外层钢筋的保护层厚度应符合附表 8 的规定；设计使用年限为 100 年的混凝土结构，最外层钢筋的保护层厚度不应小于附表 8 中数值的 1.4 倍。

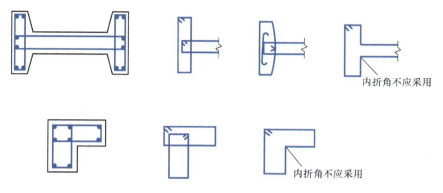

图 7-3　复杂截面的箍筋形式

7.2　轴心受压构件承载力计算

在实际工程中，理想的轴心受压构件几乎是不存在的。由于施工制造的误差、荷载作用位置的偏差、混凝土的不均匀性等原因，往往存在或多或少初始偏心距。但有些构件，如以恒载作用为主的等跨多层房屋的内柱、桁架的受压腹杆等，主要承受轴向压力，可近似按轴心受压构件计算。

一般把钢筋混凝土柱按照箍筋的作用及配置方式的不同分为两种：①配有纵向钢筋和普通箍筋的柱，简称普通箍筋柱；②配有纵筋和螺旋式（或焊接环式）箍筋的柱，简称螺旋箍筋柱（也称为间接钢筋柱）。普通箍筋柱中箍筋的作用是防止纵筋的压屈，改善构件的延性并与纵筋形成骨架，便于施工；纵筋则协助混凝土承受压力，承受可能存在的不大的弯矩以及混凝土收缩和温度变形引起的拉应力，并防止构件产生突然的脆性破坏。螺旋箍筋柱中，箍筋的形状为圆形（在纵筋外围连续缠绕或焊接钢环），且间距较密，其作用除了上述普通钢箍的作用外，还可对核心部分的混凝土形成约束，提高混凝土的抗压强度，增加构件的承载力，并提高构件的延性。柱中箍筋的配置形式如图 7-4 所示。

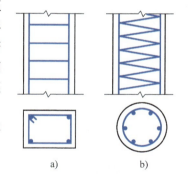

a)　　　　　b)

图 7-4　柱中箍筋的配置形式

a) 普通箍筋柱　b) 螺旋箍筋柱

7.2.1　普通箍筋柱的承载力计算

7.2.1.1　受力特征

采用配有纵向钢筋和箍筋的轴心受压短柱体作为试件进行试验时，在整个加载过程中，可以观察到短柱全截面受压，整个截面的压应变呈均匀分布。由于钢筋与混凝土之间存在黏结力，因此，从开始加载到构件破坏，混凝土与钢筋能够共同变形，两者的压应变始终保持一致。

当初始加载荷载较小时，构件处于弹性工作状态，混凝土及钢筋的应力-应变关系按弹性规律变化，两种材料应力的比值基本上等于它们的弹性模量之比。

随着荷载的增加，混凝土的塑性变形开始发展，变形模量逐渐降低，混凝土应力增长速度变慢，而钢筋由于在屈服之前一直处于弹性工作状态，应力与应变成正比，钢筋应力的增长速度加快，这时在相同荷载增量下，钢筋的压应力比混凝土的压应力增加得快，在此情况下，混凝土和钢筋应力之比不再符合弹性模量之比。在临近破坏荷载时，柱由于横向变形达到极限而在四周出现纵向裂缝，混凝土保护层脱落，箍筋间的纵筋发生压屈外凸，混凝土被压碎，柱即告破坏。短柱轴心受压破坏形态如图 7-5 所示。破坏时，混凝土的应力达到其轴心抗压强度 f_c，钢筋应力达到受压时的屈服强度 f'_y，钢筋和混凝土都能得到充分利用。

试验表明，素混凝土棱柱体构件达到最大压应力时的压应变约为 0.0015 ~ 0.002，而钢筋混凝土短柱达到峰值应力时的应变一般为 0.0025 ~ 0.0035。主要原因是纵向钢筋起到了调整混凝土应力的作用，使混凝土塑性性质得到了较好发挥，改善了受压破坏的脆性性质。一般是纵筋先达到屈服强度，此时可继续增加荷载，最后混凝土达到极限压应变，构件破坏。

在设计计算时，以混凝土的压应变达到 0.002 为控制条件，并认为此时混凝土及受压钢筋都达到了各自的强度设计值。

上述是短柱的受力分析及破坏形态。试验表明，细长柱在轴心压力作用下，不仅发生压缩变形，同时还产生横向挠度，出现弯曲现象。产生弯曲的原因是多方面的：柱的几何尺寸误差；构件材料不均匀；钢筋位置在施工中移动，使截面物理中心与其几何中心偏离；加载作用线与柱轴线并非完全保持绝对重合等。这些因素造成的初始偏心距的影响是不可忽略的。

细长柱在加载后，由于初始偏心距导致产生附加弯矩和相应的侧向挠度，而侧向挠度又增大了荷载的偏心距；随着荷载的增加，侧向挠度和附加弯矩不断增大，这样相互影响的结果，会使长柱在轴向压力 N 和弯矩 M 的共同作用下破坏。破坏时，首先在凹侧出现纵向裂缝，随后混凝土被压碎，纵向钢筋被压弯而向外凸出，凸侧混凝土由受压突然变为受拉，出现水平的受拉裂缝，侧向挠度急剧增大，柱子破坏。细长柱轴心受压破坏形态如图 7-6 所示。

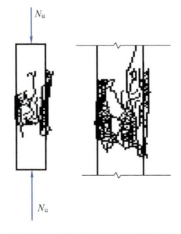

图 7-5　短柱轴心受压破坏形态

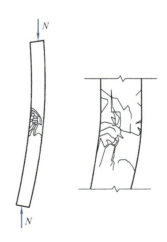

图 7-6　细长柱轴心受压破坏形态

如果将截面尺寸、混凝土强度等级及配筋均相同的长柱和短柱相比较，可发现长柱的破坏荷载低于短柱，并且柱子越细长，承载力降低越多。其原因在于，长细比越大，由于各种偶然因素造成的初始偏心距将越大，从而产生的附加弯矩和相应的侧向挠度也越大。对于很细长的柱子还有可能发生失稳破坏，失稳时的承载力也就是临界压力。此外，在长期荷载作用下，由于混凝土的徐变，侧向挠度将增加得更多，从而使长柱的承载力降低得更多，长期荷载在全部荷载中所占的比例越多，其承载力降低越多。因此，在设计中必须考虑由于纵向弯曲对柱子承载力降低的影响，《混凝土结构设计规范》采用稳定系数 φ 来表示长柱承载力降低的程度。φ 是长柱的承载力与短柱的承载力比值，即 $\varphi = N_u^l / N_u^s$，显然 φ 是一个小于 1 的数值。

　　稳定系数 φ 主要与构件的长细比有关。长细比是指构件的计算长度 l_0 与其截面的回转半径 i 之比；对于矩形截面为 l_0/b（b 为矩形截面柱短边尺寸，l_0 为柱子的计算长度），对圆形截面为 l_0/d（d 为圆形截面的直径）。混凝土强度及配筋率对 φ 的影响很小，可予以忽略。图 7-7 所示为根据国内外试验数据得到的稳定系数 φ 与长细比 l_0/b 的关系曲线。从图 7-7 中可以看出，长细比（l_0/b 或 l_0/d）越大，φ 越小。当 $l_0/b \leqslant 8$ 或 $l_0/d \leqslant 7$ 时，柱的承载力没有降低，$\varphi \approx 1.0$，可不考虑纵向弯曲问题，也就是 $l_0/b \leqslant 8$ 或 $l_0/d \leqslant 7$ 的柱可称为短柱；而当 $l_0/b > 8$ 或 $l_0/d > 7$ 时，φ 随长细比的增大而减小。

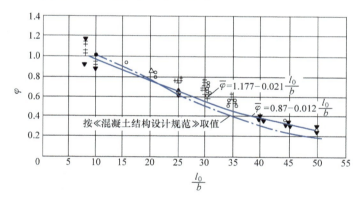

图 7-7　试验得到的稳定系数 φ 值与长细比 l_0/b 关系曲线

　　在《混凝土结构设计规范》中，规定了钢筋混凝土轴心受压构件的稳定系数 φ 的取值，见表 7-1。可根据构件的长细比，从表中线性内插求得 φ。

表 7-1　钢筋混凝土轴心受压构件的稳定系数 φ

l_0/b	$\leqslant 8$	10	12	14	16	18	20	22	24	26	28
l_0/d	$\leqslant 7$	8.5	10.5	12	14	15.5	17	19	21	22.5	24
l_0/i	$\leqslant 28$	35	42	48	55	62	69	76	83	90	97
φ	1.0	0.98	0.95	0.92	0.87	0.81	0.75	0.70	0.65	0.60	0.56
l_0/b	30	32	34	36	38	40	42	44	46	48	50
l_0/d	26	28	29.5	31	33	34.5	36.5	38	40	41.5	43
l_0/i	104	111	118	125	132	139	146	153	160	167	174
φ	0.52	0.48	0.44	0.40	0.36	0.32	0.29	0.26	0.23	0.21	0.19

注：表中 l_0 为构件的计算长度；b 为矩形截面的短边尺寸；d 为圆形截面的直径；i 为截面最小回转半径。

7.2.1.2 受压承载力计算

1. 基本公式

根据以上受力性能分析可知，配有纵筋和普通箍筋的轴心受压短柱破坏时，截面的计算应力图形如图 7-8 所示。在考虑长柱承载力降低和可靠度的调整因素后，轴心受压柱的正截面承载力，可按下式计算

$$N \leq N_u = 0.9\varphi(f_c A + f_y' A_s') \tag{7.1}$$

式中　N——荷载作用下轴向压力设计值；

φ——钢筋混凝土轴心受压构件的稳定系数，按表 7-1 采用；

f_c——混凝土轴心抗压强度设计值；

f_y'——纵向钢筋的抗压强度设计值；

A——构件截面面积，当纵向配筋率 $\rho' \geq 3\%$ 时，A 取混凝土净面积 A_n，$A_n = A - A_s'$，$\rho' = A_s'/A$；

A_s'——全部纵向钢筋截面面积。

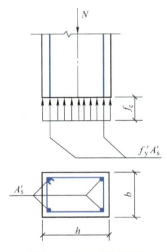

图 7-8　轴心受压短柱承载力计算简图

受压构件的计算长度 l_0 与其两端的支承情况有关：当两端铰支时，取 $l_0 = l$（l 是构件的实际长度）；当两端固定时，取 $l_0 = 0.5l$；当一端固定，一端铰支时，取 $l_0 = 0.7l$；当一端固定，一端自由时，取 $l_0 = 2l$。

在实际结构中，构件端部的连接不像上面几种情况那样理想、明确，《混凝土结构设计规范》根据结构受力变形的特点，对单层厂房排架柱、框架柱等的计算长度 l_0 作了具体的规定，分别见表 7-2、表 7-3。

表 7-2　刚性屋盖单层厂房排架柱、露天起重机柱和栈桥柱的计算长度 l_0

柱 的 类 别		l_0		
		排 架 方 向	垂直排架方向	
			有柱间支撑	无柱间支撑
无起重机厂房	单跨	1.5H	1.0H	1.2H
	两跨及多跨	1.25H	1.0H	1.2H
有起重机厂房	上柱	$2.0H_u$	$1.25H_u$	$1.5H_u$
	下柱	$1.0H_l$	$0.8H_l$	$1.0H_l$
露天起重机柱和栈桥柱		$2.0H_l$	$1.0H_l$	—

注：1. 表中 H 为从基础顶面算起的柱全高；H_l 为从基础顶面至装配式起重机梁底面或现浇式起重机梁顶面的柱下部高度；H_u 为装配式起重机梁底面或现浇式起重机梁顶面算起的柱上部高度。

2. 表中有起重机厂房排架柱的计算长度，当计算中不考虑起重荷载时，可按无起重机厂房柱的计算长度采用，但上柱的计算长度仍可按有起重机厂房柱采用。

3. 表中有起重机厂房柱的上柱在排架方向的计算长度，仅适用于 $H_u/H_l \geq 0.3$ 的情况；当 $H_u/H_l < 0.3$ 时，计算长度宜采用 $2.5H_u$。

表 7-3　框架结构各层柱的计算长度

楼 盖 类 型	柱 的 类 别	l_0
现浇楼盖	底层柱	$1.0H$
	其余各层柱	$1.25H$
装配式楼盖	底层柱	$1.25H$
	其余各层柱	$1.5H$

注：表中 H 为底层柱从基础顶面到一层楼盖顶面的高度，对其余各层柱为上下两层楼盖顶面之间的高度。

　　必须指出，工程中采用过分细长的柱子是不合理的，因为柱子越细长，受压后越容易发生纵向弯曲而导致失稳，构件承载力降低越多，材料强度越不能充分利用。因此，对一般建筑物中的柱，常限制长细比 $l_0/b \leqslant 30$ 及 $l_0/h \leqslant 25$。

　　此外，轴心受压构件在加载后荷载维持不变的条件下，由于混凝土徐变的影响，混凝土和钢筋的应力还会发生变化，随着荷载作用时间的增加，混凝土的压应力逐渐变小，钢筋的压应力逐渐变大，这种现象称为徐变引起的应力重分布。长期荷载作用下截面混凝土和钢筋的应力重分布如图 7-9 所示。这种变化一开始变化较快，经过一段时间后趋于稳定。在荷载突然卸载时，构件回弹，由于混凝土徐变变形的大部分不可恢复，故当荷载为零时，会使柱中钢筋受压而混凝土受拉。若柱中的配筋率过大，还可能将混凝土拉裂，若柱中纵筋与混凝土之间有很强的黏结力，则能同时产生纵向裂缝，这种裂缝更为危险。为了防止出现这种情况，要控制柱中纵筋的配筋率（不宜超过 5%）。

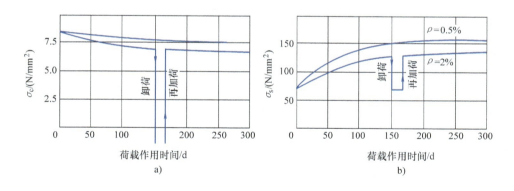

图 7-9　长期荷载作用下截面混凝土和钢筋的应力重分布
a）混凝土　b）钢筋

2. 截面设计

　　轴心受压构件的截面设计是：已知构件需承受的轴向力，确定构件截面尺寸、钢筋截面面积及材料强度。一般按下列步骤：

1）按构造要求和参考已建成的建筑物选择截面尺寸、材料强度等级。

2）根据构件的长细比 l_0/b（l_0/i）由表 7-1 查出 φ 值。

3）根据式（7.1）计算受压钢筋的截面面积 A'_s。

4）验算配筋率 $\rho' \geqslant \rho'_{\min}$，选配钢筋。

3. 截面复核

轴心受压构件的承载力复核是：已知截面尺寸、钢筋截面面积和材料强度后，验算截面承受某一轴向力时是否安全，即计算截面能承受多大的轴向力。可根据长细比 l_0/b（l_0/i）由表 7-1 查出 φ 值；然后按式（7.1）计算其所能承受的轴向力。

例 7-1 某现浇多层钢筋混凝土框架结构，底层中柱按轴心受压构件计算，柱高 $H = 5.0\text{m}$，承受轴向压力设计值 $N = 1050\text{kN}$，采用 C30 混凝土，HRB400 级钢筋，求柱的截面尺寸和纵筋面积。

解 （1）基本参数值取用 查附表 5 和附表 7，C30 级混凝土 $f_c = 14.3\text{MPa}$，HRB400 级钢筋 $f'_y = 360\text{MPa}$。

（2）拟定截面尺寸 先假定稳定系数 $\varphi = 1$，纵向钢筋配筋率 $\rho' = 1\%$，把 φ 和 ρ' 代入式（7.1），求得柱截面面积为

$$A = \frac{\dfrac{N}{0.9}}{f_c + \rho' f'_y} = \frac{\dfrac{1050000}{0.9}}{14.3 + 0.01 \times 360}\text{mm}^2 = 65176.91\text{mm}^2$$

选用正方形截面，边长 $b = \sqrt{65176.91}\text{mm} = 255\text{mm}$，取 $b = 300\text{mm}$。

（3）求稳定系数 φ。

柱的计算长度取 $l_0 = 1.0H = 5.0\text{m}$。

$l_0/b = 5000/300 = 16.67$，查表 7-1 得，$\varphi = 0.85$，

（4）计算配筋 将已知数据代入式（7-1），求得纵向钢筋截面面积为

$$A'_s = \frac{\dfrac{N}{0.9\varphi} - f_c A}{f'_y} = \frac{\dfrac{1050000}{0.9 \times 0.85} - 14.3 \times 300^2}{360}\text{mm}^2 = 238\text{mm}^2$$

查附表 11，选配纵向受压钢筋 4 Φ 14，$A'_s = 615\text{mm}^2$。

$$\rho' = \frac{A'_s}{A} = \frac{615}{300 \times 300} = 0.68\% > \rho_{\min} = 0.55\%$$

箍筋配置 Φ 6@200，直径大于 $d/4 = 14\text{mm}/4 = 3.5\text{mm}$；间距小于 400mm，同时小于 $b = 300\text{mm}$，也小于 $15d = 240\text{mm}$，满足构造要求，截面配筋如图 7-10 所示。

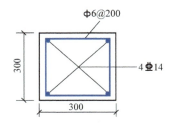

图 7-10 例 7-1 配筋图

7.2.2 螺旋箍筋柱承载力计算

当柱承受较大的轴心受压荷载，并且柱的截面尺寸由于建筑使用方面的要求受到限制时，若设计成普通箍筋柱，即使提高混凝土强度等级或增加纵筋用量也不足以承受该荷载时，可考虑采用螺旋箍筋柱或焊接环筋柱，以提高构件的承载力，柱的截面形状一般为圆形和多边形，如图 7-11 所示。但这种柱因施工复杂，用钢量较多，造价高，较少采用。

1. 受力特征

试验结果表明，当荷载不大时，螺旋箍筋柱与普通箍筋柱的受力变形没有太大差别。但随着荷载的不断增大，纵向钢筋应力达到屈服强度时，螺旋箍筋外的混凝土保护层开始剥

落，柱的受力混凝土面积有所减少，因而承载力有所降低。但由于沿柱高连续布置的螺旋箍筋间距较小，足以防止螺旋筋之间纵筋的压屈。继续增大荷载，随着变形的增大，核心部分的混凝土横向膨胀使螺旋筋所受的环向拉力增加，反过来，被张紧的螺旋筋又紧紧地箍住核心混凝土，对它施加径向压力，限制了混凝土的横向膨胀，使核心部分混凝土处于三向受压状态，从而提高了柱的抗压承载力和变形能力。当荷载增加到使螺旋筋屈服时，螺旋箍筋不再继续对核心混凝土起约束作用，核心混凝土的抗压强度也不再提高，混凝土被压碎，构件破坏。螺旋箍筋柱的极限荷载一般要大于同样截面尺寸的普通箍筋柱，且柱子具有更大的延性。

横向钢筋采用螺旋筋或焊接环筋，可使得核心混凝土三向受压而提高其强度，从而间接地提高了柱子的承载能力，这种配筋方式，有时称为"间接配筋"，故又将螺旋筋或焊接环筋称为间接钢筋。图 7-12 所示为螺旋箍筋柱或焊接环筋柱与普通箍筋柱的轴向压力与轴向应变关系曲线的对比。

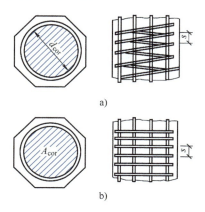

图 7-11　螺旋箍筋柱和焊接环筋柱
a）螺旋箍筋柱　b）焊接环筋柱

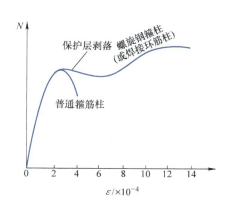

图 7-12　轴心受压柱的 $N\text{-}\varepsilon$ 曲线

2. 承载力计算

根据上述分析，螺旋筋或焊接环筋所包围的核心截面混凝土的实际抗压强度，因套筒作用而高于混凝土的轴心抗压强度，可利用圆柱体混凝土在三向受压状态下强度近似计算公式进行计算，即

$$f_{cc} = f_c + \beta\sigma_r \tag{7.2}$$

式中　f_{cc}——被约束后的混凝土轴心抗压强度设计值；

　　　σ_r——间接配筋屈服时，柱的核心混凝土受到的径向压应力；

　　　β——与约束径向压应力水平有关的影响系数，$\beta = 4.1 \sim 7.0$。

在间接钢筋间距 s 范围内，利用 σ_r 合力与钢筋拉力的平衡，如图 7-13 所示。则可得

$$\sigma_r d_{cor} s = 2f_{yv} A_{ss1} \tag{7.3}$$

$$\sigma_r = \frac{2f_{yv} A_{ss1}}{d_{cor} s} = \frac{2f_{yv} A_{ss1} \pi d_{cor}}{\dfrac{\pi d_{cor}^2}{4} \cdot 4s} = \frac{f_{yv} A_{ss0}}{2A_{cor}} \tag{7.4}$$

式中　A_{ss1}——单根间接钢筋的截面面积；

s——沿构件轴线方向间接钢筋的间距；

d_{cor}——构件的核心直径，按间接钢筋内表面确定；

A_{ss0}——间接钢筋的换算截面面积，$A_{ss0} = \dfrac{\pi d_{cor} A_{ss1}}{s}$；

A_{cor}——构件的核心截面面积；

f_{yv}——间接钢筋的抗拉强度设计值。

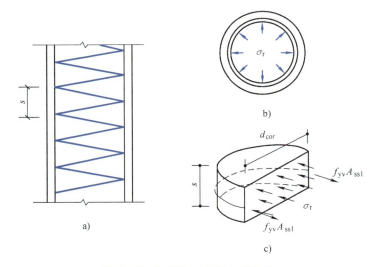

图 7-13　混凝土径向压力示意图

根据达到极限状态时轴向力的平衡，可得到螺旋箍筋柱的轴心受压承载力为

$$N_u = f_{cc} A_{cor} + f'_y A'_s = f_c A_{cor} + \frac{\beta}{2} f_{yv} A_{ss0} + f'_y A'_s \tag{7.5}$$

令 $2\alpha = \beta/2$，代入上式，同时考虑可靠度的调整系数 0.9 后，可得《混凝土结构设计规范》规定螺旋式或焊接环式间接钢筋柱的承载力设计计算公式为

$$N \leqslant N_u = 0.9(f_c A_{cor} + 2\alpha f_{yv} A_{ss0} + f'_y A'_s) \tag{7.6}$$

式中　α——为间接钢筋对混凝土约束的折减系数，当混凝土强度等级不超过 C50，取 $\alpha =$ 1.0；当混凝土强度等级为 C80 时，取 $\alpha = 0.85$；当混凝土强度等级在 C50 与 C80 之间时，按线性内插法取值。

采用螺旋箍筋可有效提高柱的轴心受压承载力，但如果螺旋箍筋配置过多，极限承载力提高过大，保护层则会在远未达到极限承载力之前产生剥落，从而影响正常使用。因此《混凝土结构设计规范》规定，按式（7.6）计算所得的承载力不应大于按式（7.1）计算所得普通箍筋柱受压承载力的 1.5 倍。

此外，《混凝土结构设计规范》规定，凡属下列情况之一者，不考虑间接钢筋的影响而按式（7.1）计算构件的承载力：

1）当 $l_0/d > 12$ 时，此时因长细比较大，螺旋箍筋因受纵向弯曲的影响而不能发挥其作用。

2）当按式（7.6）算得受压承载力小于按式（7.1）算得的受压承载力时。

3）当螺旋箍筋换算截面面积 A_{ss0} 小于全部纵筋截面面积 A'_s 的 25% 时，可以认为螺旋箍筋配置的太少，套箍作用的效果不明显。

例 7-2　某建筑底层门厅内现浇的圆形钢筋混凝土柱，直径 $d = 450\text{mm}$，承受轴心压力设计值 $N = 4560\text{kN}$；从基础顶面至二层楼面高度 $H = 5.2\text{m}$，混凝土强度等级为 C30，柱中纵筋用 HRB400 级钢筋，箍筋用 HPB300 级钢筋。试进行柱配筋设计。

解　（1）计算参数。

查附表 9 可知，室内正常环境为一类环境；查附表 8，柱混凝土保护层的最小厚度 20mm，初选螺旋箍筋直径为 10mm，则有 $A_{ss1} = 78.5\text{mm}^2$。

$$d_{cor} = (450 - 2 \times 20 - 2 \times 10)\text{mm} = 390\text{mm}$$

$$A_{cor} = \frac{\pi d_{cor}^2}{4} = 119399\text{mm}^2$$

查附表 5 和附表 7，C30 级混凝土 $f_c = 14.3\text{MPa}$，HRB400 级钢筋 $f_y' = 360\text{MPa}$，HPB300 级钢筋 $f_{yv} = 270\text{MPa}$。

（2）先按普通箍筋柱计算。

1）求计算长度 l_0。无侧移多层房屋的钢筋混凝土现浇框架柱的计算长度 $l_0 = H = 5.2\text{m}$。

2）计算稳定系数 φ。由 $l_0/d = 5200 \div 450 = 11.56$，查表 7-1 得 $\varphi = 0.93$。

3）求纵筋 A_s'。已知圆形混凝土截面面积 $A = \pi d^2/4 = (3.14 \times 450^2 \div 4)\text{mm}^2 = 158963\text{mm}^2$，由式（7.1）得

$$A_s' = \frac{1}{f_y'}\left(\frac{N}{0.9\varphi} - f_c A\right) = \frac{1}{360} \times \left(\frac{4560 \times 10^3}{0.9 \times 0.93} - 14.3 \times 158963\right)\text{mm}^2 = 8819\text{mm}^2$$

配筋率 $\rho' = A_s'/A = 8819 \div 158963 = 5.548\% > 5\%$，配筋率太高。

因 $l_0/d < 12$，可采用螺旋箍筋柱进行配筋设计。

（3）按螺旋箍筋柱计算。

1）假定纵筋配筋率 $\rho' = 0.035$，则得 $A_s' = \rho'A = 5564\text{mm}^2$，选用 12$\Phi$25，$A_s' = 5891\text{mm}^2$。

2）计算螺旋筋的换算截面面积 A_{ss0}。由式（7.6）得

$$A_{ss0} = \frac{N/0.9 - (f_c A_{cor} + f_y' A_s')}{2f_{yv}}$$

$$= \frac{4560 \times 10^3 \div 0.9 - (14.3 \times 119399 + 360 \times 5891)}{2 \times 270}\text{mm}^2 = 2294\text{mm}^2$$

$A_{ss0} > 0.25A_s' = 0.25 \times 4561\text{mm}^2 = 1140\text{mm}^2$，满足构造要求。

$$s = \frac{\pi d_{cor} A_{ss1}}{A_{ss0}} = \frac{3.14 \times 390 \times 78.5}{2043}\text{mm} = 42\text{mm}$$

取 $s = 40\text{mm}$，满足不小于 40mm，并不大于 80mm 及 $0.2d_{cor}$ 的要求。

3）根据所配置的螺旋筋 $d = 10\text{mm}$，$s = 40\text{mm}$ 重新验算螺旋箍筋柱的轴向承载力设计值。

$$A_{ss0} = \frac{\pi d_{cor} A_{ss1}}{s} = \frac{3.14 \times 390 \times 78.5}{40}\text{mm}^2 = 2403\text{mm}^2$$

$$N_u = 0.9(f_c A_{cor} + 2f_y A_{ss0} + f_y' A_s')$$

$$= 0.9 \times (14.3 \times 119399 + 2 \times 270 \times 2403 + 360 \times 5891)\text{N} = 4613\text{kN}$$

再按轴心受压普通箍筋柱由式（7.1）计算构件的承载力得

$$N_u = 0.9\varphi(f_c A + f_y' A_s')$$

$$= 0.9 \times 0.93 \times [14.3 \times (158963 - 5891) + 360 \times 5891]\text{N} = 3607.21\text{kN}$$

因 $1.5 \times 3607.21\text{kN} = 5411\text{kN} > 4613\text{kN}$，说明该间接箍筋柱能承受的轴向压力设计值为 $N_u = 4613\text{kN}$。此值大于该柱需承受的轴心压力设计值 $N = 4500\text{kN}$，因此设计满足要求。其配筋如图 7-14 所示。

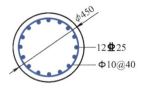

图 7-14　例 7-2 配筋图

7.3　偏心受压构件的受力性能分析

7.3.1　偏心受压短柱的受力特点及破坏形态

如图 7-15 所示，受轴向压力 N 和弯矩 M 共同作用的截面，可等效于偏心距为 $e_0 = M/N$ 的偏心受压截面。当偏心距 $e_0 = 0$ 时，即弯矩 $M = 0$ 时，为轴心受压情况；当 $N = 0$ 时，为纯受弯情况。因此偏心受压构件的受力性能和破坏形态介于轴心受压和纯受弯之间。为增强偏心受压构件抵抗压力和弯矩的能力，一般同时在截面两侧配置纵向钢筋，离偏心压力较远一侧的纵向钢筋为受拉钢筋，其截面面积用 A_s 表示，另一侧的纵向钢筋为受压钢筋，其截面面积用 A_s' 表示。同时构件中应配置必要的箍筋，以防止受压钢筋的压曲。

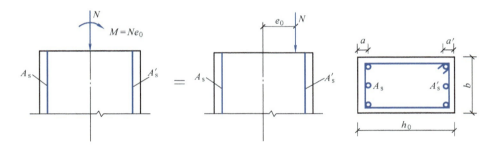

图 7-15　偏心受压构件截面配筋图

偏心受压构件的破坏形态与相对偏心距 e_0/h_0 的大小和纵向钢筋的配筋率有关。试验结果表明，偏心受压短柱的破坏可分为受拉破坏和受压破坏两种情况。

1. 受拉破坏（大偏心受压破坏）

当轴向压力的相对偏心距 e_0/h_0 较大，且受拉侧钢筋 A_s 配置适当时，在荷载作用下，靠近轴向压力一侧受压，另一侧受拉。当荷载增加到一定值时，首先在受拉区产生横向裂缝，裂缝截面处的混凝土退出工作。轴向压力的偏心距 e_0 越大，横向裂缝出现越早，裂缝的开展与延伸越快。随着荷载的继续增加，受拉区钢筋的应力及应变增速加快，裂缝随之不断地增多和延伸，受压区高度逐渐减小，临近破坏荷载时，横向水平裂缝急剧开展，并形成一条主要破坏裂缝，受拉钢筋首先达到屈服强度，随着受拉钢筋屈服后的塑性伸长，中和轴迅速向受压区边缘移动，受压区面积不断缩小，受压区应变快速增加，最后受压区边缘混凝土达到极限压应变而被压碎，从而导致构件破坏。此时，受压区的钢筋一般也达到其屈服强度。

这种破坏特征与适筋的双筋截面梁类似，有明显的预兆，为延性破坏。由于破坏始于受拉钢筋首先屈服，然后受压区混凝土被压碎，故称受拉破坏。又由于它属于偏心距相对较大的情况，故又称大偏心受压破坏。构件的破坏情况及截面应力分布如图 7-16 所示。

2. 受压破坏（小偏心受压破坏）

当轴向压力的相对偏心距 e_0/h_0 较小，或者相对偏心距 e_0/h_0 虽较大，但受拉钢筋 A_s 配置的太多时，在荷载作用下，截面大部分受压或全部受压，此时可能发生以下几种破坏情况：

1）当相对偏心距 e_0/h_0 很小时，构件全截面受压，如图 7-17a 所示。靠近轴向力一侧的压应力较大，随着荷载逐渐增大，这一侧混凝土首先被压碎（发生纵向裂缝），构件破坏，该侧受压钢筋 A'_s 达到抗压屈服强度，而远离轴向力一侧的混凝土未被压碎，钢筋 A_s 虽受压，但未达到抗压屈服强度。

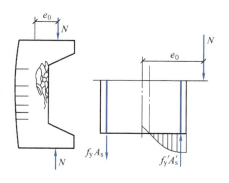

图 7-16　受拉破坏时的受拉破坏形态和截面应力

2）当相对偏心距 e_0/h_0 较小时，截面大部分受压，小部分受拉，如图 7-17b 所示。由于中和轴靠近受拉一侧，截面受拉边缘的拉应变很小，受拉区混凝土可能开裂，也可能不开裂。破坏时，靠近轴向力一侧的混凝土被压碎，受压钢筋 A'_s 达到抗压屈服强度，但受拉钢筋 A_s 未达到抗拉屈服强度，不论受拉钢筋数量多少，其应力都很小。

3）当相对偏心距 e_0/h_0 较大，但受拉钢筋配置太多时，同样是部分截面受压，部分截面受拉，如图 7-17c 所示。随着荷载的增大，破坏也是发生在受压一侧，混凝土被压碎，受压钢筋 A'_s 应力达到抗压屈服强度，构件破坏。而受拉钢筋 A_s 应力未能达到抗拉屈服强度，这种破坏形态类似于受弯构件的超筋梁破坏。

上述三种情况，破坏时的应力状态虽有所不同，但破坏特征都是靠近轴向力一侧的受压区混凝土应变先达到极限压应变，受压钢筋 A'_s 达到屈服强度而破坏，故称受压破坏。又由于它属于偏心距较小的情况，故又称为小偏心受压破坏。

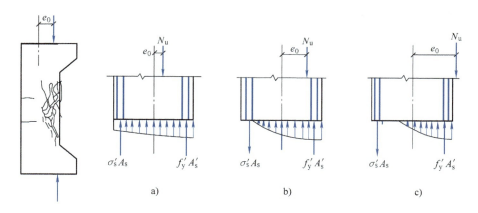

a)　　　　　　　　　　b)　　　　　　　　　　c)

图 7-17　受压破坏时的截面应力和受压破坏形态

当轴向压力的偏心距 e_0 极小，靠近轴向力一侧的受压钢筋 A'_s 较多，而远离轴向力一侧的受拉钢筋 A_s 相对较少时。此时轴向力可能在截面的几何形心和实际重心之间，离轴向压力较远一侧的混凝土的压应力反而大些，该侧边缘混凝土的应变可能先达到其极限值，混凝土被压碎而破坏，称为"反向破坏"，截面应力分布如图 7-18 所示。

试验表明，从加载开始到接近破坏为止，偏心受压构件的截面平均应变值都较好地符合平截面假定。

3. 大小偏心受压构件的界限

在"受拉破坏"和"受压破坏"之间存在着一种界限状态，称为界限破坏。界限破坏的特征是在受拉钢筋 A_s 应力达到抗拉屈服强度的同时，受压区边缘混凝土的应变也达到极限压应变 ε_{cu} 而破坏，此时其相对受压区高度称为界限受压区高度 ξ_b。界限破坏也属于受拉破坏。

这一特征与受弯构件适筋与超筋的界限破坏特征相同，同样可利用平截面假定得到大、小偏心受压构件的界限条件，即当 $\xi \leqslant \xi_b$ 时，为大偏心受压破坏；当 $\xi > \xi_b$ 时，为小偏心受压破坏。

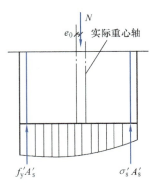

图 7-18 反向破坏

7.3.2 偏心受压长柱的受力特点

7.3.2.1 偏心受压长柱的附加弯矩或二阶弯矩

试验表明，钢筋混凝土受弯构件在承受偏心轴力后，将产生侧向挠度，对长细比较小的短柱侧向挠度较小，计算时一般可以忽略其影响。长细比较大的长柱，由于侧向挠度的影响，各个截面所受的弯矩不再是 Ne_0，而是 $N(e_0 + y)$，其中 y 为构件任意点的水平侧向挠度。对于上下端约束情况相同的柱（见图 7-19a），在柱高中点处，侧向挠度最大，截面弯矩为 $N(e_0 + f)$，侧向最大挠度 f 随荷载增大而不断增大（见图 7-19b）。偏心受压构件计算中，把截面弯矩中的 Ne_0 称为初始弯矩或一阶弯矩，将 Ny 或 Nf 称为附加弯矩或二阶弯矩。

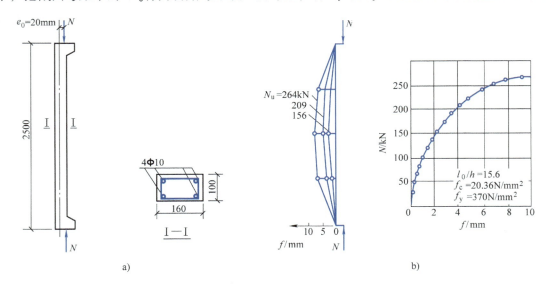

图 7-19　柱轴力 N 和挠度 f 的关系曲线

《混凝土结构设计规范》规定：弯矩作用平面内截面对称的偏心受压构件，当同一主轴方向的杆端弯矩比 M_1/M_2 不大于 0.9 且设计轴压比不大于 0.9 时，若构件的长细比满足下式的要求，可不考虑轴向压力在该方向挠曲杆件中产生的附加弯矩影响；否则附加弯矩的影响不可忽略，需按截面的两个主轴方向分别考虑轴向压力在挠曲杆件中产生的附加弯矩影响。

$$\frac{l_0}{i} \leqslant 34 - 12\left(\frac{M_1}{M_2}\right) \tag{7.7}$$

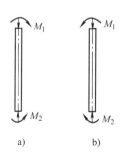

图 7-20　偏心受压构件弯曲形式

式中　M_1、M_2——已考虑侧移影响的偏心受压构件两端截面按结构弹性分析确定的对同一主轴的组合弯矩设计值，绝对值较大端为 M_2，绝对值较小端为 M_1，当构件按单曲率弯曲时，M_1/M_2 取正值，如图 7-20a 所示，否则取负值，如图 7-20b 所示；

　　　　l_0——构件的计算长度，可近似取偏心受压构件相应主轴方向上下支撑点之间的距离；

　　　　i——偏心方向的截面回转半径。

7.3.2.2　柱端截面附加弯矩

实际工程中最常遇到的是长柱，在确定偏心受压构件的内力设计值时，需考虑构件的侧向挠度引起的附加弯矩的影响。

《混凝土结构设计规范》规定：除排架结构柱外，其他偏心受压构件考虑轴向力在挠曲构件中产生附加弯矩后，控制截面的弯矩设计值可按下式计算

$$M = C_m \eta_{ns} M_2 \tag{7.8}$$

式中　M_2——偏心受压构件两端截面按结构分析确定的弯矩设计值中绝对值较大者；

　　　　C_m——构件端截面偏心距调节系数；

　　　　η_{ns}——弯矩增大系数。

当 $C_m \eta_{ns}$ 小于 1.0 时取 1.0；对剪力墙和核心筒墙，可取 $C_m \eta_{ns}$ 等于 1.0。

1. 偏心距调节系数 C_m

对于弯矩作用平面内截面对称的偏心受压构件，同一主轴方向两端的杆端弯矩大多不相同，但也存在单曲率弯曲（M_1/M_2 为正）时二者大小接近的情况，即 $M_1/M_2 > 0.9$，此时，该柱在柱两端相同方向、几乎相同大小的弯矩作用下将产生最大的偏心距，使该柱处于最不利的受力状态。因此，在这种情况下，需按下式考虑偏心距调节系数

$$C_m = 0.7 + 0.3 \frac{M_1}{M_2} \geqslant 0.7 \tag{7.9}$$

当按式（7.9）计算的 C_m 值小于 0.7 时，取 $C_m = 0.7$。

2. 弯矩增大系数 η_{ns}

弯矩增大系数是考虑偏心受压构件侧向挠度对其承载力降低的影响。如图 7-19 所示，考虑偏心受压构件侧向挠度 f 后，柱跨中实际截面偏心距可表示为

$$e_0 + f = \left(1 + \frac{f}{e_0}\right)e_0 = \eta_{ns} e_0 \tag{7.10}$$

$$\eta_{ns} = 1 + \frac{f}{e_0} \tag{7.11}$$

式中　f——长柱纵向弯曲后产生的侧向挠度；

　　　　e_0——轴向压力对截面重心的偏心距。

图 7-19 所示的典型的两端铰接柱，柱跨中截面侧向挠度最大，试验结果表明，其侧向挠度曲线为近似符合下式的正弦曲线，柱的挠度曲线如图 7-21 所示

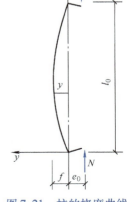

$$y = f\sin\frac{\pi x}{l_0} \tag{7.12}$$

柱跨中截面（$x = l_0/2$）的曲率为

$$\phi = -\frac{\mathrm{d}^2 y}{\mathrm{d}x^2} = f\frac{\pi^2}{l_0^2}\sin(\pi x/l_0) \approx 10\frac{f}{l_0^2}$$

则

$$f = \frac{l_0^2}{10}\phi \tag{7.13}$$

根据平截面假定，截面曲率可表示为

$$\phi = \frac{\varepsilon_c + \varepsilon_s}{h_0}$$

图 7-21　柱的挠度曲线

试验表明，偏心受压构件达到极限状态时，受压区边缘混凝土应变 ε_c 和受拉钢筋应变 ε_s 与偏心距 e_0 和长细比有关。对于界限破坏情况，ε_c 和 ε_s 是明确的，即 $\varepsilon_c = \varepsilon_{cu} = 0.0033$，$\varepsilon_s = \varepsilon_y = f_y/E_s = 0.002$（对于常用的 HRB400 和 HRB500 级钢筋），故界限破坏时的截面曲率为

$$\phi_b = \frac{\varepsilon_{cu} + f_y/E_s}{h_0} = \frac{1.25 \times 0.0033 + 0.002}{h_0} = \frac{1}{163.3h_0} \tag{7.14}$$

对于偏心距较小的小偏心受压情况，达到承载力极限状态时受拉侧钢筋未达到抗拉屈服强度，其应变 ε_s 小于 $\varepsilon_y = f_y/E_s$，且受压区边缘混凝土的应变值一般也小于 ε_{cu}，截面破坏时的曲率小于界限破坏时的曲率 ϕ_b，为此计算破坏曲率时，须引进一个修正系数 ζ_c，称为偏心受压构件截面曲率修正系数。为了简化计算《混凝土结构设计规范》采用下式计算 ζ_c 值

$$\zeta_c = \frac{0.5f_c A}{N} \tag{7.15}$$

式中　A——构件截面面积；

　　　N——受压构件轴向力设计值。

且当 $\zeta_c > 1.0$ 时，取 $\zeta_c = 1.0$。

对于大偏心受压构件，截面破坏时的曲率大于界限曲率 ϕ_b，但受拉钢筋屈服时截面的曲率则小于 ϕ_b。而破坏弯矩和受拉钢筋屈服时能承受的弯矩很接近。因此，计算曲率可视为与界限曲率相等，取 $\zeta_c = 1.0$。

考虑上述因素后，对界限情况下的曲率 ϕ_b 进行修正得

$$\phi = \phi_b\zeta_c = \frac{1}{163.3h_0}\zeta_c \tag{7.16}$$

将式（7.16）代入式（7.13）得

$$f = \frac{l_0^2}{10}\phi = \frac{l_0^2}{163.3h_0}\zeta_c \tag{7.17}$$

将式（7.17）代入式（7.11），并取 $h = 1.1h_0$，考虑附加偏心距后以 $M_2/N + e_a$ 代替 e_0，可得《混凝土结构设计规范》中弯矩增大系数 η_{ns} 计算公式为

$$\eta_{ns} = 1 + \frac{1}{1300(M_2/N + e_a)/h_0}\left(\frac{l_0}{h}\right)^2 \zeta_c \qquad (7.18)$$

式中　N——与弯矩设计值 M_2 相应的轴向压力设计值；

　　　e_a——附加偏心距，由于荷载作用位置的不确定性、混凝土质量的不均匀性及施工的偏差等因素引起的偏心距，按《混凝土结构设计规范》规定，其值取 $e_a = 20\text{mm}$ 或 $e_a = h/30$ 两者中的较大者；

　　　h——偏心受压构件的截面高度，对环形截面，取外直径，对圆形截面，取直径。

7.4　矩形截面偏心受压构件正截面承载力计算的基本公式

7.4.1　大偏心受压构件正截面承载力计算的基本公式

1. 计算公式

试验表明，大偏心受压构件的破坏特征与受弯构件的双筋矩形截面破坏特征类似，其截面计算图形如图 7-22 所示。计算时采用的基本假定同受弯构件，混凝土非均匀受压区的压应力图形用等效矩形应力图形代替，其高度等于按平截面假定所确定的中和轴的高度乘以系数 β_1，矩形应力图形的应力取 $\alpha_1 f_c$。

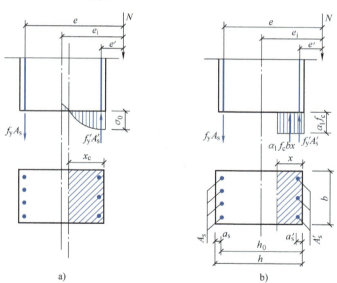

图 7-22　大偏心受压破坏的截面计算图形

a) 截面应力分布图　b) 等效计算简图

根据力的平衡条件及各力对受拉钢筋合力点取矩的力矩平衡条件，可得到基本公式为

$$N \leqslant N_u = \alpha_1 f_c bx + f_y' A_s' - f_y A_s \qquad (7.19)$$

$$Ne \leqslant \alpha_1 f_c bx\left(h_0 - \frac{x}{2}\right) + f_y' A_s'(h_0 - a_s') \qquad (7.20)$$

$$e = e_i + \frac{h}{2} - a_s \qquad (7.21)$$

式中　N——轴向力设计值；

　　α_1——系数，当混凝土强度等级不超过 C50 时，α_1 取为 1.0，为 C80 时，α_1 取为 0.94，其间按线性内插法确定；

　　e——轴向力作用点到受拉钢筋 A_s 合力点的距离，$e = e_i + h/2 - a_s$；

　　e_i——初始偏心距，$e_i = e_0 + e_a$；

　　e_0——轴向压力对截面重心的偏心距，$e_0 = \dfrac{M}{N}$；

　　e_a——附加偏心距，按《混凝土结构设计规范》的规定，其值取 $e_a = 20\text{mm}$ 或 $e_a = h/30$ 两者中较大者；

　　M——考虑二阶效应影响后偏心受压构件控制截面的弯矩设计值，按式（7.8）计算；

　　x——受压区计算高度。

2. 适用条件

1）为了保证构件破坏时受拉区钢筋应力先达到屈服强度，要求

$$x \leqslant \xi_b h_0 \tag{7.22}$$

2）为了保证构件破坏时，受压钢筋应力能达到抗压屈服强度设计值，与双筋受弯构件相同，要求满足

$$x \geqslant 2a_s' \tag{7.23}$$

7.4.2　小偏心受压构件正截面承载力计算的基本公式

1. 计算公式

如前所述，小偏心受压构件在破坏时，靠近轴向力一侧的混凝土被压碎，受压钢筋达到屈服，而远离轴向力一侧的钢筋可能受拉也可能受压，但一般都达不到屈服强度，其截面应力图形如图 7-23 所示。计算时受压区的混凝土压应力图形仍用等效矩形应力图来代替。

根据力的平衡条件和力矩平衡条件可得到小偏心受压构件正截面承载力的计算公式为

$$N \leqslant N_u = \alpha_1 f_c bx + f_y' A_s' - \sigma_s A_s \tag{7.24}$$

$$Ne \leqslant \alpha_1 f_c bx \left(h_0 - \frac{x}{2} \right) + f_y' A_s' (h_0 - a_s') \tag{7.25}$$

式中　x——受压区计算高度，当 $x > h$ 时，取 $x = h$；

　　σ_s——受拉钢筋 A_s 一侧钢筋应力值。

其余符号意义同式（7.20）、式（7.21）。

在进行小偏心受压构件承载力计算时，必须确定远离轴向压力一侧钢筋的应力值 σ_s。根据平截面假定，由如图 7-24 所示的应变分布的几何关系，先确定出远离轴向力一侧钢筋的应变，然后再按钢筋的应力-应变关系，求得 σ_s 的值。

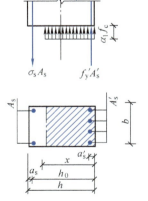

图 7-23　矩形截面小偏心受压构件截面应力计算图形

$$\frac{\varepsilon_{cu}}{\varepsilon_{cu} + \varepsilon_s} = \frac{x_n}{h_0} \tag{7.26}$$

$$\varepsilon_s = \varepsilon_{cu}\left(\frac{1}{x_n/h_0} - 1\right) \tag{7.27}$$

由 $x = \beta_1 x_n$ 及 $\sigma_s = E_s \varepsilon_s$，可推得

$$\sigma_s = E_s \varepsilon_{cu}\left(\frac{\beta_1}{x/h_0} - 1\right) = E_s \varepsilon_{cu}\left(\frac{\beta_1}{\xi} - 1\right) \tag{7.28}$$

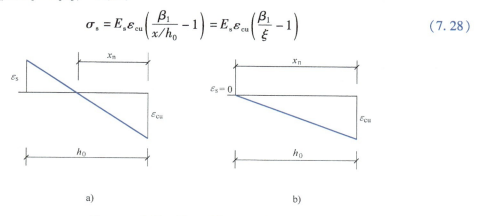

图 7-24　小偏心受压时截面应变分布图
a）有受拉区　b）无受拉区

将式（7.28）代入小偏心受压构件的基本公式计算正截面承载力时，必须求解含 ξ 或 x 的三次方程，计算繁琐。为了方便计算，可采用以下近似线性关系式，即

$$\sigma_s = \frac{\xi - \beta_1}{\xi_b - \beta_1} f_y \tag{7.29}$$

算得钢筋应力应符合条件 $-f_y' \leqslant \sigma_s \leqslant f_y$。

此外，当偏心矩 e_0 很小时，如附加偏心矩 e_a 与荷载偏心矩 e_0 方向相反，或受拉钢筋 A_s 配置的很少，也可能出现远离轴向力一侧的混凝土首先被压坏的现象（反向破坏），此时通常为全截面受压，如图 7-18 所示。为了防止这种情况的发生，还应按对 A_s' 重心取力矩平衡进行计算，即

$$Ne' = \alpha_1 f_c bh(h_0' - 0.5h) + f_y' A_s(h_0' - a_s) \tag{7.30}$$

$$e' = 0.5h - a_s' - (e_0 - e_a) \tag{7.31}$$

式中　h_0'——纵向钢筋合力点离偏心压力较远一侧边缘的距离，$h_0' = h - a_s'$。

2. 适用条件

受压区高度应满足 $x \geqslant \xi_b h_0$，且 $x \leqslant h$；远离 N 侧钢筋应力应满足 $-f_y' \leqslant \sigma_s \leqslant f_y$。

7.5　不对称配筋矩形截面偏心受压构件承载力计算方法

偏心受压构件根据截面钢筋的布置可以分成对称配筋和非对称配筋两种类型，每种类型又分为截面设计和截面复核两类设计计算问题。

7.5.1　截面设计

在进行截面设计时，首先遇到的问题是如何判别构件属于大偏心受压还是小偏心受压，以便采用不同的方法进行配筋计算。在进行截面设计之前，由于钢筋截面面积 A_s、A_s' 为未

知数，构件截面的混凝土相对受压区高度 ξ 将无从计算，因此无法利用 ξ 与 ξ_b 关系来判别截面属于大偏心受压还是小偏心受压。在实际设计时常根据初始偏心距的大小来加以确定。根据设计经验的总结和理论分析，如果截面配置了不少于最小配筋率的钢筋，则在一般情况下：当 $e_i > 0.3h_0$ 时，可按大偏心受压构件设计；当 $e_i \leqslant 0.3h_0$ 时，可按小偏心受压构件设计。

7.5.1.1　大偏心受压构件（$e_i > 0.3h_0$）

已知截面尺寸 $b \times h$，混凝土强度等级 f_c，钢筋种类及强度 f_y、f_y'，柱端弯矩设计值 M_1 和 M_2 及轴向力设计值 N，构件的计算长度 l_0，计算纵向钢筋截面面积 A_s 和 A_s'。一般有两种情况：

1. A_s 和 A_s' 未知时

此时基本公式（7.19）、式（7.20）中有 3 个未知数 A_s、A_s' 和 x，故无唯一解。与双筋梁类似，为使总配筋面积（$A_s + A_s'$）最小，可取 $x = \xi_b h_0$ 代入式（7.20），得到钢筋 A_s' 的计算公式，即

$$A_s' = \frac{Ne - \alpha_1 f_c bh_0^2 \xi_b (1 - 0.5\xi_b)}{f_y'(h_0 - a_s')} \tag{7.32}$$

1）如果所求得的 A_s' 满足最小配筋率 ρ_{min}' 的要求，即 $A_s' \geqslant \rho_{min}' bh$，则将所求得的 A_s' 和 $x = \xi_b h_0$ 代入式（7.19），即可求得受拉钢筋面积 A_s，为

$$A_s = \frac{\alpha_1 f_c bh_0 \xi_b + f_y' A_s' - N}{f_y} \tag{7.33}$$

所求得的 A_s 应满足最小配筋率 ρ_{min} 的要求，即 $A_s \geqslant \rho_{min} bh$，如不满足，则应按最小配筋率确定 A_s，即 $A_s = \rho_{min} bh$。

2）如果按式（7.32）求得的 A_s' 不满足最小配筋率 ρ_{min}' 的要求，即 $A_s' < \rho_{min}' bh$，则应按最小配筋率和构造要求确定 A_s'，即取 $A_s' = \rho_{min}' bh = 0.002bh$，然后按 A_s' 为已知的情况计算。

2. A_s' 已知，A_s 未知时

从式（7.19）及式（7.20）中可以看出，仅有两个未知数 A_s 和 x，有唯一解，先由式（7.20）求解 x，可能有以下几种情况：

1）若 $x \leqslant \xi_b h_0$，且 $x > 2a_s'$，则可将 x 代入式（7.19）求得 A_s，即

$$A_s = \frac{\alpha_1 f_c bx + f_y' A_s' - N}{f_y} \tag{7.34}$$

2）若 $x > \xi_b h_0$，说明已知的 A_s' 尚不足，需按 A_s' 为未知的情况重新计算 A_s' 及 A_s。

3）若 $x < 2a_s'$，则受压钢筋的应力达不到 f_y'，此时与双筋受弯构件一样，偏于安全地近似取 $x = 2a_s'$，对 A_s' 合力中心取矩得

$$Ne' = f_y A_s (h_0 - a_s') \tag{7.35}$$

$$A_s = \frac{Ne'}{f_y(h_0 - a_s')} \tag{7.36}$$

式中　e'——轴向压力作用点至钢筋 A_s' 合力点的距离，$e' = e_i - 0.5h + a_s'$。

以上求得的 A_s 若小于 $\rho_{min} bh$，应取 $A_s = \rho_{min} bh$。

7.5.1.2　小偏心受压构件（$e_i \leqslant 0.3h_0$）

小偏心受压构件截面设计时，将 σ_s 的计算公式代入式（7.24）及式（7.25），并将 x 换算成 ξh_0，则小偏心受压的基本公式为

$$N = \alpha_1 f_c b \xi h_0 + f_y' A_s' - f_y \frac{\xi - \beta_1}{\xi_b - \beta_1} A_s \tag{7.37}$$

$$Ne \leqslant \alpha_1 f_c b h_0^2 \xi (1 - 0.5\xi) + f_y' A_s' (h_0 - a_s') \tag{7.38}$$

式（7.37）及式（7.38）中共有 3 个未知数 ξ、A_s、A_s'，两个独立方程，不能得出唯一的解，故需补充一个条件才能求解。由于小偏心受压构件破坏时，远离轴向力一侧的钢筋 A_s 无论受压还是受拉其应力一般都达不到其屈服强度，故配置数量很多的钢筋是无意义的，为了节约钢材，可先按最小配筋率 $\rho_{\min}$ 及构造要求假定 A_s，即

$$A_s = \rho_{\min} bh \tag{7.39}$$

A_s 确定以后，即可用式（7.37）及式（7.38）求得 ξ（或 x）。根据 ξ 值可分为以下三种情况：

1）$\xi_b < \xi \leqslant (2\beta_1 - \xi_b)$，则可直接将求得的 ξ 代入式（7.37），A_s' 即为所求受压钢筋面积。

2）若 $(2\beta_1 - \xi_b) < \xi \leqslant h/h_0$，此时 σ_s 达到 $-f_y'$，计算时，取 $\sigma_s = -f_y'$，则式（7.37）、式（7.38）转化为

$$N = \alpha_1 f_c b \xi h_0 + f_y' A_s' + f_y' A_s \tag{7.40}$$

$$Ne \leqslant \alpha_1 f_c b h_0^2 \xi (1 - 0.5\xi) + f_y' A_s' (h_0 - a_s') \tag{7.41}$$

将 A_s 代入式（7.41），可求得 ξ 及 A_s'。

3）若 $\xi > h/h_0$，则为全截面受压，此时应取 $x = h$ 并代入式（7.39）计算 A_s'。
以上求得的 A_s' 值应不小于 $\rho_{\min}' bh$，否则取 $A_s' = \rho_{\min}' bh = 0.002bh$。

在利用式（7.37）、式（7.38）计算 ξ、A_s' 时，将两式中的 A_s' 消去后得 ξ 的二次方程

$$\xi^2 + 2B\xi + 2C = 0 \tag{7.42}$$

解得

$$\xi = -B + \sqrt{B^2 - 2C} \tag{7.43}$$

式中

$$\begin{cases} B = \dfrac{f_y A_s (h_0 - a_s')}{\alpha_1 f_c b h_0^2 (\beta_1 - \xi_b)} - \dfrac{a_s'}{h_0} \\[3mm] C = \dfrac{N(e - h_0 + a')(\beta_1 - \xi_b) - \beta_1 f_y A_s (h_0 - a_s')}{\alpha_1 f_c b h_0^2 (\beta_1 - \xi_b)} \end{cases} \tag{7.44}$$

此外，对于小偏心受压构件，当 $N > f_c bh$ 时，为避免这种情况，还需按式（7.30）确定 A_s，即

$$A_s \geqslant \frac{N[0.5h - a_s' - (e_0 - e_a)] - \alpha_1 f_c bh(0.5h - a_s')}{f_y'(h_0' - a_s)} \tag{7.45}$$

7.5.2　截面复核

截面的承载能力复核一般是在构件的计算长度 l_0、截面尺寸、材料强度及截面配筋已知的条件下，包括弯矩作用平面的承载力复核和垂直于弯矩作用平面的承载力复核两个方面。

7.5.2.1　弯矩作用平面的承载力复核

弯矩作用平面的承载力复核按以下两种情况进行：①给定弯矩作用平面的弯矩设计值 M 或偏心距 e_0，求轴向力设计值 N；②给定轴向力设计值 N 求弯矩作用平面的弯矩设计值 M。

1. 给定弯矩作用平面的弯矩设计值 M 或偏心距 e_0，求轴向力设计值 N

因截面配筋已知，故可先按大偏心受压情况，即按图 7-22 对轴向力 N 作用点取矩，根据力矩平衡条件得

$$\alpha_1 f_c bx\left(e - h_0 + \frac{x}{2}\right) - (f_y A_s e \mp f'_y A'_s e') = 0 \tag{7.46}$$

式中，$e = e_i + \dfrac{h}{2} - a$，$e' = e_i - \dfrac{h}{2} + a'_s$。

由式（7.46）可求得 x。但应注意式（7.46）中 $f'_y A_s e'$ 项前面的正负号，须根据 N 作用位置确定，当轴向力 N 作用在 A_s 和 A'_s 之间时，取 " + " 号，当轴向力 N 作用在 A_s 和 A'_s 之外时，取 " – " 号。e' 取绝对值。

当求出的 $x \leqslant \xi_b h_0$ 时，为大偏心受压，若同时 $x \geqslant 2a'_s$，即可将 x 代入式（7.19），求截面能承受的轴向力 N。

若求出的 $x < 2a'_s$，则按式（7.36）求截面能承受的轴向力 N。

当求得的 $x > \xi_b h_0$ 时，为小偏心受压。可将已知数据代入式（7.24）和式（7.25）或按图 7-22 中对 N 的作用点建立力矩平衡方程

$$\alpha_1 f_c bx\left(e - h_0 + \frac{x}{2}\right) - \sigma_s A_s e - f'_y A'_s e' = 0 \tag{7.47}$$

式中，$e = e_i + \dfrac{h}{2} - a_s$，$e' = \dfrac{h}{2} - e_i - a'_s$。

重新求解 x，可能有以下几种情况：

如求出的 $x \leqslant (2\beta_1 - \xi_b)h_0$，则将 x 代入式（7.24）计算轴向力设计值 N。

如求出的 $(2\beta_1 - \xi_b)h_0 < x < h/h_0$，则取 $\sigma_s = -f'_y$，按式（7.24）、式（7.25）重新求解 x 及轴向力设计值 N。

如求出的 $x \geqslant h/h_0$，取 $x = h$，$\sigma_s = -f'_y$，按式（7.24）计算轴向力设计值 N。同时还应考虑 A_s 一侧混凝土可能先压坏的情况，还应按式（7.30）求解轴向力 N。并取两者的较小值作为轴向力设计值。

2. 给定轴向力设计值 N，求弯矩作用平面的弯矩设计值 M

由于截面尺寸、配筋和材料强度均已知，未知数有 x 和 M 两个，而弯矩设计值 $M = Ne_0$。因此求 x 和 e_0 即可。

此时先按大偏心受压按式（7.19）求 x，即

$$x = \frac{N - A'_s f'_y + A_s f_y}{\alpha_1 f_c b} \tag{7.48}$$

若求出的 $x \leqslant \xi_b h_0$，则为大偏心受压。如果 $x \geqslant 2a'_s$，则将 x 代入式（7.20）可求出求 e 和 e_0；如果求得的 $x < 2a'_s$，则取 $x = 2a'_s$ 利用式（7.37）求 e' 和 e_0。

若求出的 $x > \xi_b h_0$ 时，为小偏心受压，按式（7.24）、式（7.29）重新求 x；如果求得的 $x \leqslant (2\beta_1 - \xi_b)h_0$，将 x 代入式（7.25）可求 e 和 e_0；如果求得的 $(2\beta_1 - \xi_b)h_0 < x \leqslant h$，则取 $\sigma_s = -f'_y$，由式（7.24）重新求 x，将 x 代入式（7.25）可求 e 和 e_0；如果求得的 $x > h$，则取 $x = h$，$\sigma_s = -f'_y$，由式（7.25）可求 e 和 e_0。

为避免反向破坏还应按式（7.30）求 e 和 e_0，取较小值。

7.5.2.2 垂直于弯矩作用平面的承载力复核

除了在弯矩作用平面内依照偏心受压进行计算外，当构件在垂直于弯矩作用平面内的长细比 l_0/b 较大时，应按轴心受压情况验算垂直于弯矩作用平面的受压承载力。这时应根据 l_0/b 确定稳定系数 φ，A_s' 取全部纵向钢筋的截面面积（即偏压计算的 $A_s + A_s'$），按式（7.1）计算承载力。

例 7-3 已知荷载作用下柱的轴向力设计值 $N = 1250\text{kN}$，柱端弯矩设计值 $M_1 = M_2 = 250\text{kN} \cdot \text{m}$，截面尺寸 $b \times h = 300\text{mm} \times 500\text{mm}$，计算长度 $l_0 = 4.5\text{m}$，采用 C30 混凝土，纵向钢筋采用 HRB400（$f_y = f_y' = 360\text{MPa}$），环境类别为一类，计算纵向钢筋 A_s 及 A_s'。

解 查附表 8 知，环境类别为一类，柱混凝土保护层最小厚度为 20mm，设 $a_s = a_s' = 40\text{mm}$，$h_0 = 460\text{mm}$；查附表 5 和附表 7 知，材料强度 $f_c = 14.3\text{MPa}$，$f_y = f_y' = 360\text{MPa}$；查表 4-2 和表 4-3 知，$\xi_b = 0.518$，$\alpha_1 = 1.0$。

（1）计算柱的设计弯矩值。由于 $M_1/M_2 = 1$，$i = \sqrt{\dfrac{I}{A}} = 129.9\text{mm}$，则 $l/i = 34.64 > 34 - 12(M_1/M_2) = 22$，因此，需要考虑附加弯矩的影响。

$$\zeta_c = \frac{0.5 f_c A}{N} = 0.858 < 1, \quad C_m = 0.7 + 0.3 \frac{M_1}{M_2} = 1,$$

取附加偏心距 $e_a = 20\text{mm}$（e_a 取 20mm 或 $\dfrac{1}{30}h = \dfrac{1}{30} \times 500\text{mm} = 16.67\text{mm}$ 二者之中的较大者），则

$$\eta_{ns} = 1 + \frac{1}{1300(M_2/N + e_a)/h_0} \left(\frac{l_0}{h}\right)^2 \zeta_c$$

$$= 1 + \frac{1}{1300 \times (250 \times 10^3/1250 + 20)/460} \times (4500/500)^2 \times 0.858 = 1.11$$

$$M = C_m \eta_{ns} M_2 = 1 \times 1.11 \times 250\text{kN} \cdot \text{m} = 278\text{kN} \cdot \text{m}$$

（2）求初始偏心距，判别大小偏心受压

$$e_0 = \frac{M}{N} = \frac{278 \times 10^6}{1250 \times 10^3}\text{mm} = 222.4\text{mm}$$

则初始偏心距为

$$e_i = e_0 + e_a = 222.4\text{mm} + 20\text{mm} = 242.4\text{mm}$$

$e_i > 0.3h_0 = 0.3 \times 460\text{mm} = 138\text{mm}$，初步判断为大偏心受压构件。

（3）计算配筋 A_s 及 A_s'

$$e = e_i + \frac{h}{2} - a_s = (242.4 + 250 - 40)\text{mm} = 452.4\text{mm}$$

令
$$\xi = \xi_b = 0.518$$

$$A_s' = \frac{Ne - \alpha_1 f_c b h_0^2 \xi_b (1 - 0.5\xi_b)}{f_y' (h_0 - a_s')}$$

$$= \frac{1250 \times 10^3 \times 452.4 - 1.0 \times 14.3 \times 300 \times 460^2 \times 0.518(1 - 0.5 \times 0.518)}{360 \times (460 - 40)}\text{mm}^2$$

$$= 1470\text{mm}^2 > \rho_{min}' bh = 0.002 \times 300\text{mm} \times 500\text{mm} = 300\text{mm}^2$$

$$A_s = \frac{\alpha_1 f_c b h_0 \xi_b + f'_y A'_s - N}{f_y} + A'_s$$

$$= \frac{1.0 \times 14.3 \times 300 \times 460 \times 0.518 - 1250 \times 10^3}{360} \text{mm}^2 + 1470 \text{mm}^2$$

$$= 837 \text{mm}^2 > \rho_{\min} bh = 0.002 \times 300 \text{mm} \times 500 \text{mm} = 300 \text{mm}^2$$

由附表 11 查得，受压钢筋选 3 Φ 25（$A'_s = 1473 \text{mm}^2$），受拉钢筋选 3 Φ 20（$A_s = 942 \text{mm}^2$），全部钢筋配筋率为

$$\frac{A_s + A'_s}{bh} = \frac{942 + 1473}{300 \times 500} = 1.61\% > 0.55\% （符合要求）$$

该题的配筋图如图 7-25 所示。

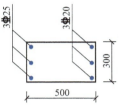

图 7-25　例 7-3 配筋图

例 7-4　某框架结构柱，截面尺寸 $b \times h = 400 \text{mm} \times 500 \text{mm}$，层高 $H = 3.6 \text{m}$，计算长度 $l_0 = 1.25H$，柱的轴向力设计值 $N = 320 \text{kN}$，柱端弯矩设计值 $M_1 = 158 \text{kN} \cdot \text{m}$，$M_2 = 160 \text{kN} \cdot \text{m}$，采用 C30 混凝土，纵向钢筋采用 HRB400，环境类别为一类。计算需配置的钢筋 A_s、A'_s。

解　查附表 8 和附表 9 知，环境类别为一类，柱混凝土保护层最小厚度为 20mm，取 $a_s = a'_s = 40 \text{mm}$，$h_0 = 460 \text{mm}$；查附表 5 和附表 7 知，材料强度 $f_c = 14.3 \text{MPa}$，$f_y = f'_y = 360 \text{MPa}$；查表 4-2 和表 4-3 知，$\xi_b = 0.518$，$\alpha_1 = 1.0$；查表 7-2 知，$l_0 = 1.25H = 4500 \text{mm}$

（1）计算柱端设计弯矩　由于 $M_1/M_2 = 0.988 > 0.9$，因此需要考虑附加弯矩的影响。

$$\zeta_c = \frac{0.5 f_c A}{N} = 4.469 > 1，取 \zeta_c = 1$$

$$C_m = 0.7 + 0.3 \frac{M_1}{M_2} = 0.7 + 0.3 \times \frac{158}{160} = 0.966$$

取附加偏心距 $e_a = 20 \text{mm}$（e_a 取 20mm 或 $\frac{1}{30}h = \frac{1}{30} \times 500 \text{mm} = 16.67 \text{mm}$ 二者之中的较大者），

$$\eta_{ns} = 1 + \frac{1}{1300(M_2/N + e_a)/h_0}\left(\frac{l_0}{h}\right)^2 \zeta_c$$

$$= 1 + \frac{1}{1300 \times (160 \times 10^3/320 + 20)/460} \times (4500/500)^2 \times 1 = 1.06$$

$$M = C_m \eta_{ns} M_2 = 1 \times 1.06 \times 160 \text{kN} \cdot \text{m} = 168.92 \text{kN} \cdot \text{m}$$

（2）求初始偏心距，判别大小偏心受压

$$e_0 = \frac{M}{N} = \frac{168.92 \times 10^6}{320 \times 10^3} \text{mm} = 528 \text{mm}$$

则初始偏心距为 $e_i = e_0 + e_a = 528 \text{mm} + 20 \text{mm} = 548 \text{mm} > 0.3h_0 = 0.3 \times 460 \text{mm} = 138 \text{mm}$，初步判断为大偏心受压构件。

（3）计算配筋 A_s 及 A'_s

$$e = e_i + \frac{h}{2} - a_s = (548 + 250 - 40) \text{mm} = 758 \text{mm}$$

令 $\xi = \xi_b = 0.518$，则

$$A_s' = \frac{Ne - \alpha_1 f_c b h_0^2 \xi_b (1 - 0.5\xi_b)}{f_y'(h_0 - a_s')}$$

$$= \frac{320 \times 10^3 \times 758 - 1.0 \times 14.3 \times 400 \times 460^2 \times 0.518(1 - 0.5 \times 0.518)}{360 \times (460 - 40)} < 0$$

取 $A_s' = \rho_{min}'bh = 0.002 \times 400\text{mm} \times 500\text{mm} = 400\text{mm}^2$，查附表 11，选配受压钢筋为 2 Φ 16（$A_s' = 402\text{mm}^2$）。

这样就转化成已知 A_s' 求 A_s 问题，由式（7.20）可求得 x 为

$$x = h_0 \left\{ 1 - \sqrt{1 - \frac{2\left[Ne - f_y'A_s'(h_0 - a_s')\right]}{\alpha_1 f_c b h_0^2}} \right\}$$

$$= 460\text{mm} \times \left\{ 1 - \sqrt{1 - \frac{2\left[320 \times 10^3 \times 758 - 360 \times 402 \times (460 - 40)\right]}{1 \times 14.3 \times 400 \times 460^2}} \right\}$$

$$= 71.3\text{mm} < \xi_b h_0 = 0.518 \times 460\text{mm} = 238\text{mm} < 2a_s' = 2 \times 40\text{mm} = 80\text{mm}$$

应按式（7.36）计算 A_s。

$$e' = e_i - \frac{h}{2} + a_s' = 338\text{mm}$$

$$A_s = \frac{Ne'}{f_y(h_0 - a_s)} = \frac{320 \times 10^3 \times 338}{360 \times (460 - 40)}\text{mm}^2 = 715\text{mm}^2 > \rho_{min}bh = 0.002 \times 400\text{mm} \times 500\text{mm} = 400\text{mm}^2$$

由附表 11 查得，选受拉钢筋 3 Φ 18（$A_s = 763\text{mm}^2$），全部钢筋配筋率为

$$\frac{A_s + A_s'}{bh} = \frac{763 + 402}{400 \times 500} = 0.58\% > 0.55\%（符合要求）$$

该题配筋图如图 7-26 所示。

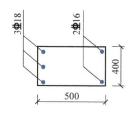

图 7-26　例 7-4 配筋图

例 7-5　已知偏心受压柱，截面尺寸 $b = 400\text{mm}$，$h = 600\text{mm}$，计算长度 $l_0 = 4.8\text{m}$，柱的轴向压力设计值 $N = 3000\text{kN}$，柱端弯矩设计值 $M_1 = 310\text{kN} \cdot \text{m}$，$M_2 = 336\text{kN} \cdot \text{m}$，采用 C30 级混凝土，纵筋采用 HRB400 级钢筋，环境类别为一类，求所需配置的钢筋截面面积 A_s 及 A_s'。

解　查附表 8 和附表 9 知，环境类别为一类，柱混凝土保护层最小厚度为 20mm，设 $a_s = a_s' = 40\text{mm}$，$h_0 = 560\text{mm}$；查附表 5 和附表 7 知，材料强度 $f_c = 14.3\text{MPa}$，$f_y = f_y' = 360\text{MPa}$；查表 4-2 和表 4-3 知，$\xi_b = 0.518$，$\alpha_1 = 1.0$。

（1）计算柱的设计弯矩值　由于 $M_1/M_2 = 0.92 > 0.9$，因此，需要考虑附加弯矩的影响。

$$\zeta_c = \frac{0.5f_cA}{N} = \frac{0.5 \times 14.3 \times 400 \times 600}{3000 \times 10^3} = 0.572 < 1 \qquad C_m = 0.7 + 0.3\frac{M_1}{M_2} = 0.977$$

取附加偏心距 $e_a = 20\text{mm}$（e_a 取 20mm 或 $\frac{1}{30}h = \frac{1}{30} \times 600\text{mm} = 20\text{mm}$ 二者之中的较大者）。

$$\eta_{ns} = 1 + \frac{1}{1300(M_2/N + e_a)/h_0}\left(\frac{l_0}{h}\right)^2 \zeta_c$$

$$= 1 + \frac{1}{1300 \times \left[336 \times 10^6/(3000 \times 10^3) + 20\right]/560} \times (4800/600)^2 \times 0.572 = 1.119$$

$$M = C_m\eta_{ns}M_2 = 1 \times 1.119 \times 336\text{kN} \cdot \text{m} = 367.5\text{kN} \cdot \text{m}$$

（2）求初始偏心距，判别大小偏心受压

$$e_0 = \frac{M}{N} = \frac{367.5 \times 10^6}{3000 \times 10^3} \text{mm} = 122.5\text{mm}$$

则初始偏心距为

$$e_i = e_0 + e_a = 122.5\text{mm} + 20\text{mm} = 142.5\text{mm} < 0.3h_0 = 0.3 \times 560\text{mm} = 168\text{mm}$$

按小偏心受压构件设计。

（3）计算配筋 A_s 及 A_s'

$$e = e_i + \frac{h}{2} - a_s = 242.4\text{mm} + 250\text{mm} - 40\text{mm} = 452.4\text{mm}$$

按最小配筋率 $\rho_{\min}$ 确定的受拉侧钢筋 A_s 为

$$A_s = \rho_{\min} bh = 0.002 \times 400\text{mm} \times 600\text{mm} = 480\text{mm}^2$$

查附表 11，选配受拉侧钢筋 2 Φ 18（$A_s = 508\text{mm}^2$）。

（4）计算受压区高度 x

$$e = e_i + \frac{h}{2} - a_s = (142.5 + 300 - 40)\text{mm} = 402.5\text{mm}$$

$$e' = 0.5h - a_s' - e_i = (300 - 40 - 142.5)\text{mm} = 117.5\text{mm}$$

由式（7.44）得

$$B = \frac{f_y A_s (h_0 - a_s')}{\alpha_1 f_c bh_0^2 (\beta_1 - \xi_b)} - \frac{a_s'}{h_0} = \frac{360 \times 508 \times (560 - 40)}{1 \times 14.3 \times 400 \times 560^2 \times (0.8 - 0.518)} - \frac{40}{560} = 0.11657$$

$$C = \frac{N(e - h_0 + a_s')(\beta_1 - \xi_b) - \beta_1 f_y A_s (h_0 - a_s')}{\alpha_1 f_c bh_0^2 (\beta_1 - \xi_b)}$$

$$= \frac{3000 \times 10^3 \times (402.5 - 560 + 40) \times (0.8 - 0.518) - 0.8 \times 360 \times 480 \times (560 - 40)}{1 \times 14.3 \times 400 \times 560^2 \times (0.8 - 0.518)}$$

$$= -0.338618$$

$$\xi = -B + \sqrt{B^2 - 2C} = 0.715$$

$$\xi_b h_0 = 0.518 \times 560\text{mm} = 290.08\text{mm}$$

$$(2\beta_1 - \xi_b)h_0 = (2 \times 0.8 - 0.518) \times 560\text{mm} = 605.92\text{mm}$$

故 $\xi_b h_0 < x < (2\beta_1 - \xi_b)h_0$，则

$$\sigma_s = \frac{\xi - \beta_1}{\xi_b - \beta_1} f_y = \frac{400.17/560 - 0.8}{(0.518 - 0.8)} \times 360\text{N/mm}^2 = 109\text{N/mm}^2$$

（5）计算受压钢筋 A_s'　由式（7.37）得

$$A_s' = \frac{Ne - \alpha_1 f_c bx \left(h_0 - \frac{x}{2}\right)}{f_y' (h_0 - a_s')}$$

$$= \frac{3000 \times 10^3 \times 402.5 - 1.0 \times 14.3 \times 400 \times 400.17 \times \left(560 - \frac{400.17}{2}\right)}{360 \times (560 - 40)}\text{mm}^2$$

$$= 2049\text{mm}^2 > \rho_{\min}' bh = 0.002 \times 400\text{mm} \times 600\text{mm} = 480\text{mm}^2$$

查附表 11，选配 4 Φ 28（$A_s' = 1964\text{mm}^2$）。全部纵向钢筋的配筋率为 $\dfrac{A_s + A_s'}{bh} = \dfrac{508 + 1964}{400 \times 500} =$

1.99% > 0.55%（符合要求）

该题截面配筋如图 7-27 所示。

例7-6　已知偏心受压柱的截面尺寸 $b = 400\text{mm}$，$h = 500\text{mm}$，采用 C30 级混凝土，纵筋采用 HRB400 级钢筋，A_s 选用 5 ⊈ 20（$A_s = 1570\text{mm}^2$），A_s' 选用 4 ⊈ 28（$A_s' = 1017\text{mm}^2$），$a_s = a_s' = 40\text{mm}$，且柱在长边和短边方向的计算长度均为 $l_0 = 4\text{m}$，设轴向力在长边方向的偏心距 $e_0 = 100\text{mm}$，环境类别为一类。设柱上下端弯矩相等，求该柱所能承受的轴向力设计值。

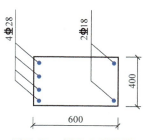

图 7-27　例 7-5 配筋图

解　查表知，C30 混凝土，$\xi_b = 0.518$（查表 4-3），$f_c = 14.3\text{MPa}$（查附表 7），$\alpha_1 = 1.0$（查表 4-2），$\beta_1 = 0.8$（查表 4-2），HRB400 级钢筋：$f_y = f_y' = 360\text{MPa}$（查附表 5），$h_0 = 460\text{mm}$。

（1）大小偏心受压判别　附加偏心距 $e_a = 20\text{mm}$（取 20mm 或 $\frac{1}{30}h = \frac{1}{30} \times 500\text{mm} = 16.67\text{mm}$ 二者之中的较大者）。

初始偏心距为

$$e_i = e_0 + e_a = (100 + 20)\text{mm} = 120\text{mm}$$

$$e = e_i + \frac{h}{2} - a_s = (120 + 250 - 40)\text{mm} = 330\text{mm}$$

$$e' = e_i - \frac{h}{2} + a_s' = (120 - 250 + 40)\text{mm} = -90\text{mm}$$

按假设为大偏压，计算混凝土受压区高度 x。由式（7.46）得

$$\alpha_1 f_c bx\left(e - h_0 + \frac{x}{2}\right) - f_y A_s e + f_y' A_s' e' = 0$$

$$1.0 \times 14.3 \times 400x\left(330 - 460 + \frac{x}{2}\right) = 360 \times 1570 \times 330 + 360 \times 1017 \times 90$$

$$x^2 - 260x - 76737 = 0$$

$$x = 436\text{mm} > \xi_b h_0 = 0.518 \times 460\text{mm} = 238\text{mm}$$

为小偏心受压。

（2）按小偏心受压计算受压区高度 x　根据式（7.47）有

$$1.0 \times 14.3 \times 400x\left(330 - 460 + \frac{x}{2}\right) = \frac{\frac{x}{460} - 0.8}{0.518 - 0.8} \times 360 \times 1570 \times 330 + 360 \times 1017 \times 90$$

$$x^2 - 243x - 196529 = 0$$

$$x = 338\text{mm} < (2\beta_1 - \xi_b)h_0 = (2 \times 0.8 - 0.518) \times 460\text{mm} = 498\text{mm}$$

（3）计算截面能承受的轴向力 N　因为 $\xi_b h_0 < x < (2\beta_1 - \xi_b)h_0$，所以，将 x 代入式（7.25）可得截面能承受的轴向力 N 为

$$N = \alpha_1 f_c bx + f_y' A_s' - \frac{\xi - \beta_1}{\xi_b - \beta_1} f_y A_s$$

$$= \left(1.0 \times 14.3 \times 400 \times 338 + 360 \times 1017 - \frac{\frac{498}{460} - 0.8}{0.518 - 0.8} \times 360 \times 1570\right)\text{N}$$

$$= 2169\text{kN}$$

（4）垂直于弯矩作用平面的承载力 $l_0/b = 4000/400 = 10$，查表 7-1 得 $\phi = 0.98$。

由式（7.1）得

$N = 0.9\phi(f_c A + f'_y A'_s) = 0.9 \times 0.98 \times [14.3 \times 400 \times 500 + 360 \times (1570 + 1017)]\text{N}$

$= 3344\text{kN} > 2169\text{kN}$。

故该柱的承载力 $N = 2169\text{kN}$。

例 7-7 已知偏心受压柱的截面尺寸 $b = 400\text{mm}$，$h = 500\text{mm}$，轴向力设计值 $N = 800\text{kN}$，计算长度 $l_0 = 4.0\text{m}$，采用 C30 级混凝土，纵筋采用 HRB400 级钢筋，A_s 选用 $7\ \underline{\Phi}\ 20$（$A_s = 1770\text{mm}^2$），A'_s 选用 $4\ \underline{\Phi}\ 18$（$A'_s = 1017\text{mm}^2$），$a_s = a'_s = 40\text{mm}$，求柱端能够承受的弯矩 M_2（按两端弯矩相等考虑）。

解 C30 混凝土 $f_c = 14.3\text{N/mm}^2$（查附表 7），等效矩形图形系数 $\alpha_1 = 1.0$（查表 4-2），β_1（查表 4-2）$= 0.8$，$\xi_b = 0.518$（查表 4-3）；HRB400 级钢筋 $f_y = f'_y = 360\text{N/mm}^2$（查附表 5），$h_0 = 460\text{mm}$。

（1）大小偏心受压判别 按假设为大偏压，计算混凝土受压区高度 x，按式（7.48）求 x 得

$$x = \frac{N - A'_s f'_y + A_s f_y}{\alpha_1 f_c b} = \frac{800 \times 10^3 - 1017 \times 360 + 1570 \times 360}{1.0 \times 14.3 \times 400}\text{mm}$$

$$= 174.66\text{mm} < \xi_b h_0 = 0.518 \times 460\text{mm} = 238\text{mm},$$

故为大偏心受压。

且 $x \geq 2a'_s = 80\text{mm}$

（2）计算 e_i 由式（7.20）有

$800 \times 10^3 e = 1.0 \times 14.3 \times 400 \times 174.56 \times (460 - 0.5 \times 174.56) + 360 \times 1017 \times 420$

得 $e = 657.61\text{mm}$。

故

$$e_i = e - \frac{h}{2} + a_s = (657.61 - 300 + 40)\text{mm} = 447.61\text{mm}$$

（3）计算柱端设计弯矩 M 取附加偏心距 $e_a = 20\text{mm}$（e_a 取 20mm 或 $\frac{1}{30}h = \frac{1}{30} \times 500\text{mm} = 16.67\text{mm}$ 二者之中的较大者），则

$$e_0 = e_i - e_a = (447.61 - 20)\text{mm} = 427.61\text{mm}$$

柱端设计弯矩为

$$M = N e_0 = 800\text{kN} \times 0.42761\text{m} = 342\text{kN} \cdot \text{m}$$

（4）计算柱端弯矩 M_1、M_2

$$\zeta_c = \frac{0.5 f_c A}{N} = \frac{0.5 \times 14.3 \times 400 \times 500}{800 \times 10^3} = 1.79 > 1$$

取 $\zeta_c = 1$。

$$\eta_{ns} = 1 + \frac{1}{1300(M_2/N + e_a)/h_0}\left(\frac{l_0}{h}\right)^2 \zeta_c$$

$$= 1 + \frac{1}{1300 \times [M_2/(800 \times 10^3) + 20]/460} \times (4000/500)^2 \times 1.0$$

$$= 1 + \frac{22.65}{M_2 / (800 \times 10^3) + 20}$$

$$C_{\mathrm{m}} = 0.7 + 0.3 \frac{M_1}{M_2} = 1$$

由 $M = C_{\mathrm{m}} \eta_{\mathrm{ns}} M_2$ 得

$$342 \times 10^6 \mathrm{N \cdot mm^2} = 1 \times \left[1 + \frac{22.65}{M_2 / (800 \times 10^3) + 20} \right] M_2$$

$$M_2^2 - 307.88 M_2 - 5472 = 0$$

解得 $M_2 = 324.72 \mathrm{kN \cdot m}$。

该截面在 h 方向能承受的弯矩设计值为 $324.72 \mathrm{kN \cdot m}$。

7.6　对称配筋矩形截面偏心受压构件承载力计算方法

在实际工程中，常在受压构件的两侧配置相同的钢筋，称为对称配筋（即截面两侧采用规格相同、面积相等的钢筋）。偏心受压构件在不同的荷载组合下，同一截面有时会承受不同方向的弯矩。例如，框、排架柱在风载、地震力等方向不定的水平荷载作用下，截面上弯矩的作用方向会随荷载作用方向的变化而改变，当弯矩数值相差不大时，可采用对称配筋；有时虽然两个方向的弯矩数值相差较大，但按对称配筋设计求得的纵筋总量与按不对称配筋设计得出的纵筋总量增加不多时，均宜采用对称配筋。对称配筋设计比相同条件下的非对称配筋设计用钢量要多一些，但施工方便。特别是外形对称的装配式柱，采用对称配筋可避免吊装方向错误。对称配筋的设计同样包括截面设计和截面复核两方面。

7.6.1　截面设计

1. 大小偏心受压的判别

由于增加了对称配筋的条件 $A_{\mathrm{s}} = A_{\mathrm{s}}'$，$f_{\mathrm{y}} = f_{\mathrm{y}}'$，$a_{\mathrm{s}} = a_{\mathrm{s}}'$，因而在截面设计时，大小偏心受压的基本公式中的未知量只有两个，可以联立求解，不再需要附加条件。在大偏心受压情况下，利用式（7.19）可直接求得 x（或 ξ），即

$$x = \frac{N_{\mathrm{u}}}{\alpha_1 f_{\mathrm{c}} b} \text{或} \xi = \frac{N_{\mathrm{u}}}{\alpha_1 f_{\mathrm{c}} b h_0} \tag{7.49}$$

因此，在判别大小偏心受压时，可根据受压区高度 x（或 ξ）的大小来进行判别。

1）当 $x \leqslant \xi_{\mathrm{b}} h_0$（或 $\xi \leqslant \xi_{\mathrm{b}}$）时，为大偏心受压。

2）当 $x > \xi_{\mathrm{b}} h_0$（或 $\xi > \xi_{\mathrm{b}}$）时，为小偏心受压。

在界限状态下，由于 $\xi = \xi_{\mathrm{b}}$，利用式（7.19）还可以得到界限破坏状态时的轴向力为

$$N_{\mathrm{b}} = \alpha_1 f_{\mathrm{c}} b h_0 \xi_{\mathrm{b}} \tag{7.50}$$

因此，对称配筋时，大小偏心受压也可用如下方法判别：当 $N \leqslant N_{\mathrm{b}}$ 时，为大偏心受压；当 $N > N_{\mathrm{b}}$ 时，为小偏心受压。在实际计算中判别大小偏心受压时，可根据实际情况选用其中一种方法。

2. 大偏心受压构件

先用式（7.49）计算 x 或 ξ，如果 $x = \xi h_0 \geqslant 2a_{\mathrm{s}}'$，则将 x 代入式（7.20）可得

$$A_s = A'_s = \frac{Ne - f_c b h_0^2 \xi (1 - 0.5\xi)}{f'_y (h_0 - a'_s)} \tag{7.51}$$

如果计算所得的 $x = \xi h_0 < 2a'_s$，应取 $x = 2a'_s$，根据式（7.36）计算，即

$$A_s = A'_s = \frac{Ne'}{f_y (h_0 - a'_s)} \tag{7.52}$$

注意，所选钢筋面积均应满足最小配筋率要求。

3. 小偏心受压构件

计算 x 或 ξ 值需由基本公式（7.24）、（7.25）联立求解。将 σ_s 按式（7.32）代入式（7.40），由于 $f_y A_s = f'_y A'_s$，可以得到

$$f'_y A'_s = (N - \alpha_1 f_c b h_0 \xi) \frac{\xi_b - \beta_1}{\xi_b - \xi} \tag{7.53}$$

将式（7.53）代入式（7.25），整理得

$$Ne \frac{\xi_b - \xi}{\xi_b - \beta_1} = \alpha_1 f_c b h_0^2 \xi (1 - 0.5\xi) \frac{\xi_b - \xi}{\xi_b - \beta_1} + (N - \alpha_1 f_c b h_0 \xi)(h_0 - a'_s) \tag{7.54}$$

这是一个 ξ 的三次方程，计算较繁琐。分析表明，对于常用的钢筋级别和混凝土强度等级，可近似按下式计算 ξ，即

$$\xi = \frac{N - \xi_b \alpha_1 f_c b h_0}{\dfrac{Ne - 0.43 \alpha_1 f_c b h_0^2}{(\beta_1 - \xi_b)(h_0 - a'_s)} + \alpha_1 f_c b h_0} + \xi_b \tag{7.55}$$

显然，$\xi > \xi_b$ 是小偏心受压情况，将 ξ 代入式（7.25）即可求得钢筋面积

$$A_s = A'_s = \frac{Ne - \alpha_1 f_c b h_0^2 \xi (1 - 0.5\xi)}{f'_y (h_0 - a'_s)} \tag{7.56}$$

7.6.2 截面复核

对称配筋截面复核的计算与非对称配筋情况基本相同，但取 $A_s = A'_s$，$f_y = f'_y$，在这里不再赘述。并且由于 $A_s = A'_s$，因此不必再进行反向破坏验算。

例 7-8 已知偏心受压柱截面尺寸为 $b \times h = 500\text{mm} \times 650\text{mm}$，构件计算长度 $l_0 = 5\text{m}$，荷载作用下柱的轴向力设计值 $N = 2100\text{kN}$，柱上下端截面承受弯矩设计值 $M_1 = M_2 = 550\text{kN} \cdot \text{m}$，混凝土强度等级为 C30，钢筋采用 HRB400 级钢筋，$a_s = a'_s = 45\text{mm}$。要求按对称配筋进行配筋设计。

解 C30 混凝土，$f_c = 14.3\text{N/mm}^2$（查附表7）；HRB335 级钢筋，$f_y = f'_y = 360\text{N/mm}^2$（查附表5）；$\beta_1 = 0.8$（查表 4-2），$\xi_b = 0.55$（查表 4-3），$\alpha_1$（查表 4-2）$= 1.0$；$h_0 = 650\text{mm} - 45\text{mm} = 605\text{mm}$。

（1）计算框架柱端设计弯矩 M 及 e_i。

由于 $M_1/M_2 = 0.9$，$i = \sqrt{\dfrac{I}{A}} = \sqrt{\dfrac{600^2}{12}}\text{mm} = 187.6\text{mm}$，则

$$l_0/i = 5000/187.6 = 26.7 > 34 - 12(M_1/M_2) = 22$$

因此，需要考虑附加弯矩的影响。

偏心距调节系数为

$$C_m = 0.7 + 0.3M_1/M_2 = 1$$

$$\zeta_c = \frac{0.5f_cA}{N} = \frac{0.5 \times 14.3 \times 650 \times 500}{2100 \times 10^3} = 1.107 > 1.0$$

取 $\zeta_c = 1.0$。

取附加偏心距 $e_a = 22\text{mm}$（e_a 取 20mm 或 $\frac{1}{30}h = \frac{1}{30} \times 650\text{mm} = 22\text{mm}$ 二者之中的较大者）。

弯矩增大系数为

$$\eta_{ns} = 1 + \frac{1}{1300(M_2/N + e_a)/h_0}\left(\frac{l_0}{h}\right)^2\zeta_c$$

$$= 1 + \frac{605}{1300 \times (550 \times 10^6/2100 \times 10^3 + 22)} \times \left(\frac{5000}{650}\right)^2 \times 1.0 = 1.097$$

柱端截面设计弯矩为

$$M = C_m\eta_{ns}M_2 = 1 \times 1.097 \times 550\text{kN} \cdot \text{m} = 603\text{kN} \cdot \text{m}$$

$$e_0 = \frac{603 \times 10^6}{2100 \times 10^3}\text{mm} = 287\text{mm}$$

则初始偏心距为

$$e_i = e_0 + e_a = 287\text{mm} + 22\text{mm} = 309\text{mm}$$

（2）大小偏心受压判别

$$x = \frac{N}{\alpha_1 f_c b} = \frac{2100 \times 10^3}{1.0 \times 14.3 \times 500}\text{mm} = 297\text{mm} < \xi_b h_0 = 0.518 \times 460\text{mm} = 238\text{mm}$$

属于大偏心受压，且 $x > 2a_s = 2 \times 45\text{mm} = 90\text{mm}$。

（3）计算 A_s 及 A_s'。

$$e = e_i + h/2 - a_s = (309 + 650/2 - 45)\text{mm} = 589\text{mm}$$

$$A_s = A_s' = \frac{Ne - \alpha_1 f_c bx(h_0 - x/2)}{f_y'(h_0 - a_s')}$$

$$= \frac{2100 \times 10^3 \times 589 - 1.0 \times 14.3 \times 500 \times 294 \times (605 - 294/2)}{360 \times (605 - 45)}\text{mm}$$

$$= 1360\text{mm}^2 > \rho_{min}'bh = 0.2\% \times 500\text{mm} \times 650\text{mm} = 650\text{mm}^2$$

查附表 11，每边配置钢筋 5 Φ 20（$A_s = A_s' = 1570\text{mm}^2$），配筋图如图 7-28 所示。

$$\frac{A_s + A_s'}{bh} = \frac{1570 \times 2}{500 \times 650} = 0.97\% > 0.55\%（满足要求）$$

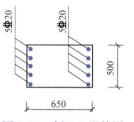

图 7-28　例 7-8 配筋图

例 7-9　某偏心受压柱截面 $b \times h = 450\text{mm} \times 650\text{mm}$，计算长度 $l_0 = 10\text{m}$，作用在柱上的荷载设计值所产生的内力 $N = 3500\text{kN}$，柱上下端弯矩相等为 $M_1 = M_2 = 510\text{kN} \cdot \text{m}$，混凝土采用 C35，钢筋采用 HRB400 级钢筋，若 $a_s = a_s' = 40\text{mm}$，要求按对称配筋进行截面配筋设计。

解　C35 混凝土，$f_c = 16.7\text{N/mm}^2$（查附表 7）；HRB400 级钢筋，$f_y = f_y' = 360\text{N/mm}^2$（查附表 5）；$\beta_1 = 0.8$（查表 4-2），$\xi_b = 0.518$（查表 4-3），$\alpha_1 = 1.0$（查表 4-2）；$h_0 = 650\text{mm} - 40\text{mm} = 610\text{mm}$。

（1）计算框架柱端设计弯矩 M 及 e_i 由于 $M_1/M_2 = 1.0$，$i = \sqrt{\dfrac{I}{A}} = \sqrt{\dfrac{650^2}{12}}$ mm = 187.6mm，则

$l_0/i = 1000/187.6 = 53.3 > 34 - 12(M_1/M_2) = 22$，因此需要考虑附加弯矩的影响。

偏心距调节系数 $C_m = 0.7 + 0.3 M_1/M_2 = 1.0$。

$$\zeta_c = \frac{0.5f_c A}{N} = \frac{0.5 \times 16.7 \times 450 \times 650}{3500 \times 10^3} = 0.698 < 1.0$$

取附加偏心距 $e_a = 22$mm （e_a 取 20mm 或 $\dfrac{1}{30}h = \dfrac{1}{30} \times 650$mm = 22mm 二者之中的较大者）。

弯矩增大系数为

$$\eta_{ns} = 1 + \frac{1}{1300(M_2/N + e_a)/h_0}\left(\frac{l_0}{h}\right)^2 \zeta_c$$

$$= 1 + \frac{610}{1300 \times [510 \times 10^6/(3500 \times 10^3) + 22]} \times \left(\frac{10000}{650}\right)^2 \times 0.698 = 1.462$$

柱端截面设计弯矩为

$$M = C_m \eta_{ns} M_2 = 1.0 \times 1.462 \times 510 \text{kN} \cdot \text{m} = 746 \text{kN} \cdot \text{m}$$

偏心距 $e_0 = \dfrac{746 \times 10^6}{3500 \times 10^3}$mm = 213mm。则初始偏心距为 $e_i = e_0 + e_a = 213$mm + 22mm = 235mm。

（2）判别大小偏心受压

$$x = \frac{N}{\alpha_1 f_c b} = \frac{3500 \times 10^3}{1.0 \times 16.7 \times 450} \text{mm} = 466\text{mm} > \xi_b h_0 = 0.518 \times 610\text{mm} = 316\text{mm}$$

属于小偏心受压。

（3）求 ξ

$$e = e_i + h/2 - a_s = (235 + 650/2 - 40)\text{mm} = 520\text{mm}$$

$$\xi = \frac{N - \alpha_1 f_c b h_0 \xi_b}{\dfrac{Ne - 0.43\alpha_1 f_c b h_0^2}{(\beta_1 - \xi_b)(h_0 - a_s')} + \alpha_1 f_c b h_0} + \xi_b$$

$$= \frac{3500 \times 10^3 - 1.0 \times 16.7 \times 450 \times 610 \times 0.518}{\dfrac{3500 \times 10^3 \times 520 - 0.43 \times 16.7 \times 450 \times 610^2}{(0.8 - 0.518)(610 - 40)} + 1.0 \times 16.7 \times 450 \times 610} + 0.518$$

$$= 0.652 < 2\beta_1 - \xi_b = 0.948$$

（4）求 A_s，A_s'

$$A_s = A_s' = \frac{Ne - \alpha_1 f_c b h_0^2 \beta \xi(1 - 0.5\xi)}{f_y'(h_0 - a_s')}$$

$$= \frac{3500 \times 10^3 \times 520 - 1.0 \times 16.7 \times 450 \times 610^2 \times 0.652 \times (1 - 0.5 \times 0.652)}{360 \times (610 - 40)} \text{mm}^2$$

$$= 2881\text{mm}^2 > \rho_{min} bh = 0.2\% \times 450\text{mm} \times 650\text{mm} = 585\text{mm}^2$$

查附表 11，选配 6 Φ 25（$A_s = A_s' = 2945\text{mm}^2$），配筋图如图 7-29 所示。

$$\frac{A_s + A_s'}{bh} = \frac{2945 \times 2}{450 \times 650} = 2.01\% > 0.55\% （满足要求）$$

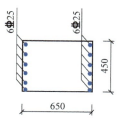

图 7-29　例 7-9 配筋图

7.7　对称配筋 I 形截面偏心受压构件承载力计算

工程中有的偏心受压构件截面高度 h 大于 600mm，为节省混凝土及减轻构件的自重，可采用 I 形截面，如在单层工业厂房中。I 形截面偏心受压构件的破坏特征、计算方法与矩形截面类似，区别在于受压翼缘参与受力，受压翼缘的计算宽度 b_f' 仍按第 3 章的相关规定确定。承载力计算同样可分为 $\xi \leqslant \xi_b$ 时的大偏心受压和 $\xi > \xi_b$ 时的小偏心受压两种情况。

7.7.1　大偏心受压构件的计算公式

由于轴向压力和弯矩的组成情况不同，大偏心受压时 I 形截面的应力分布有两种情形，即中和轴在受压侧翼缘内和中和轴在腹板内。用前述的简化方法将混凝土的应力图形简化为等效矩形应力图形，如图 7-30 所示。

1. 中和轴位于翼缘内

如果 $x \leqslant h_f'$，受压区在受压翼缘内，截面受力实际上相当于一宽度为 b_f' 的矩形截面，如图 7-30b 所示，根据平衡条件，基本计算公式为

$$N = \alpha_1 f_c b_f' x + f_y' A_s' - f_y A_s \tag{7.57}$$

$$Ne = \alpha_1 f_c b_f' x \left(h_0 - \frac{x}{2} \right) + f_y' A_s' (h_0 - a_s') \tag{7.58}$$

式中　b_f'——I 形截面受压翼缘宽度；

$\quad\quad h_f'$——I 形截面受压翼缘高度。

为了保证受压钢筋能达到屈服，上述公式的适用条件为 $x \geqslant 2a_s'$。

2. 中和轴位于腹板内

如果 $x > h_f'$，有部分腹板在受压区，受压区为 T 形截面，如图 7-30a 所示，根据平衡条件，基本计算公式为

$$N = \alpha_1 f_c b x + \alpha_1 f_c (b_f' - b) h_f' + f_y' A_s' - f_y A_s \tag{7.59}$$

$$Ne = \alpha_1 f_c b x \left(h_0 - \frac{x}{2} \right) + \alpha_1 f_c (b_f' - b) h_f' \left(h_0 - \frac{h_f'}{2} \right) + f_y' A_s' (h_0 - a_s') \tag{7.60}$$

为了保证受拉钢筋能达到屈服，式（7.59）、式（7.60）的适用条件为 $x \leqslant \xi_b h_0$（或 $\xi \leqslant \xi_b$）。

7.7.2　小偏心受压构件的计算公式

小偏心受压时，一般受压区高度均延伸至腹板内，当偏心距很小时，受压区也可能延伸

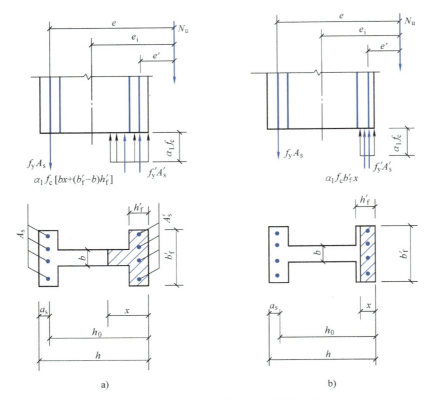

图 7-30   Ⅰ形截面大偏心受压计算图形

至受拉侧翼缘内，甚至全截面受压。因此，小偏心受压时截面的应力分布分为图 7-31 所示的三种情况。

1. 中和轴在腹板内

如果 $\xi_b h_0 < x \le h - h_f'$，受压区为 T 形，如图 7-31a 所示。计算公式为

$$N \le \alpha_1 f_c bx + \alpha_1 f_c (b_f' - b) h_f' + f_y' A_s' - \sigma_s A_s \tag{7.61}$$

$$Ne \le \alpha_1 f_c bx \left(h_0 - \frac{x}{2} \right) + \alpha_1 f_c (b_f' - b) h_f' \left(h_0 - \frac{h_f'}{2} \right) + f_y' A_s' (h_0 - a_s') \tag{7.62}$$

2. 受压区延至受拉侧翼缘内

如果 $h - h_f' < x < h$,，受压区为 Ⅰ 形，如图 7-31b 所示，计算公式为

$$N = \alpha_1 f_c \left[bx + (b_f' - b) h_f' + (b_f - b)(h_f - h + x) \right] + f_y' A_s' - \sigma_s A_s \tag{7.63}$$

$$Ne = \alpha_1 f_c \left[bx \left(h_0 - \frac{x}{2} \right) + (b_f' - b) h_f' \left(h_0 - \frac{h_f'}{2} \right) + (b_f - b)(h_f - h + x) \left(h_f - a_s - \frac{x - h + h_f}{2} \right) \right] +$$
$$f_y' A_s' (h_0 - a_s') \tag{7.64}$$

3. 全截面受压

如果 $x \ge h$，此时，受拉侧翼缘一侧的钢筋压应力也可达到屈服强度，计算时取 $x = h$，计算公式为

$$N = \alpha_1 f_c \left[bh + (b_f' - b) h_f' + (b_f - b) h_f \right] + f_y' A_s' + f_y' A_s \tag{7.65}$$

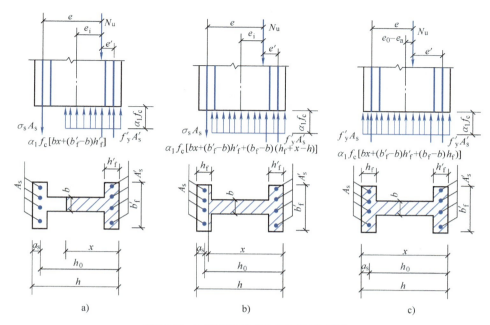

图 7-31　I 形截面小偏心受压计算图形

$$Ne = \alpha_1 f_c \left[bh\left(h_0 - \frac{h}{2}\right) + (b_f' - b)h_f'\left(h_0 - \frac{h_f'}{2}\right) + (b_f - b)h_f\left(\frac{h_f}{2} - a_s\right) \right] + f_y' A_s' (h_0 - a_s')$$

$$(7.66)$$

对于小偏心受压构件，为了防止由于 A_s 太小而使受拉侧首先被压碎，尚应满足式 (7.67)。

$$Ne' = \alpha_1 f_c \left[bh\left(h_0' - \frac{h}{2}\right) + (b_f - b)h_f\left(h_0' - \frac{h_f}{2}\right) + (b_f' - b)h_f'\left(\frac{h_f'}{2} - a_s'\right) \right] + f_y' A_s (h_0' - a_s)$$

$$(7.67)$$

式中　h_0'——钢筋 A_s' 合力点至远离轴向力一侧边缘的距离，即 $h_0' = h - a_s$

　　　　e'——$e' = h/2 - (e_0 - e_a) - a_s'$

　　式 (7.65)~式 (7.67) 的适用条件为 $x \geqslant \xi_b h_0$（或 $\xi \geqslant \xi_b$）。

7.7.3　截面设计

　　I 形截面柱一般均采用对称配筋，因此在这里只讨论对称配筋的计算方法。非对称配筋 I 形截面的计算方法与前述矩形截面的计算方法并无原则区别，只需注意翼缘的作用，这里从略。

1. 大、小偏心受压的判别

由于采用对称配筋，界限判别式仍可取界限状态时截面的轴向力 N_b，即

$$N_b = \alpha_1 f_c b h_0 \xi_b + \alpha_1 f_c (b_f' - b) h_f' \qquad (7.68)$$

当 $N \leqslant N_b$ 时，属于大偏心受压；$N > N_b$ 时，属于小偏心受压。

2. 大偏心受压时的计算方法

1）当 $N \leqslant \alpha_1 f_c b_f' h_f'$ 时，受压区高度 x 小于翼缘厚度 h_f'，可按宽度为 b_f' 的矩形截面计算，

一般截面尺寸情况下 $\xi \leqslant \xi_b$。先由式 (7.57) 求得 x 为

$$x = \frac{N}{\alpha_1 f_c b_f'} \tag{7.69}$$

则由式 (7.58) 得

$$A_s = A_s' = \frac{Ne - \alpha_1 f_c b_f' x (h_0 - x/2)}{f_y'(h_0 - a_s')} \tag{7.70}$$

如果 $x < 2a_s'$，则近似取 $x = 2a_s'$，由式 (7.52) 求得钢筋的截面面积为

$$A_s = A_s' = \frac{Ne'}{f_y(h_0 - a_s')}$$

2) 当 $\alpha_1 f_c b_f' h_f' < N \leqslant \alpha_1 f_c [\xi_b b h_0 + (b_f' - b)h_f']$ 时，受压区已进入腹板 $x > h_f'$，但 $x \leqslant \xi_b h_0$，仍属于大偏心受压情况。由式 (7.59) 及 $f_y A_s = f_y' A_s'$，即可求得受压区高度 x，代入式 (7.60) 可求得钢筋的截面面积 $A_s = A_s'$。

3. 小偏心受压时的计算方法

当 $N > \alpha_1 f_c [\xi_b b h_0 + (b_f' - b)h_f']$ 时，为小偏心受压。与矩形截面类似，为简化计算，可用下列近似公式计算 ξ，即

$$\xi = \frac{N - \xi_b \alpha_1 f_c b h_0 - \alpha_1 f_c (b_f' - b) h_f'}{\dfrac{Ne - 0.43\alpha_1 f_c b h_0^2 - \alpha_1 f_c (b_f' - b) h_f'(h_0 - h_f'/2)}{(\beta_1 - \xi_b)(h_0 - a_s')} + \alpha_1 f_c b h_0} + \xi_b \tag{7.71}$$

求出 ξ 值后，再根据 $x = \xi h_0$ 的值按下列两种情况分别计算：

1) 当 $x \leqslant h - h_f$，代入式 (7.62) 计算 $A_s = A_s'$。

2) 当 $x > h - h_f$ 时，代入式 (7.63) 计算 $A_s = A_s'$。

例 7-10 已知 I 形截面柱，截面尺寸为 $b_f = b_f' = 400\text{mm}$，$h_f = h_f' = 150\text{mm}$，$b = 100\text{mm}$，$h = 1000\text{mm}$，计算长度 $l_0 = 6\text{m}$，承受的轴向压力设计值 $N = 1500\text{kN}$，柱上端截面弯矩设计值 $M_1 = M_2 = 1000\text{kN} \cdot \text{m}$。采用 C35 混凝土，纵筋采用 HRB400 级钢筋，若 $a_s = a_s' = 40\text{mm}$，要求按照对称配筋方式进行截面配筋设计。

解 $f_c = 16.7\text{N/mm}^2$（查附表 7），$f_y = f_y' = 360\text{N/mm}^2$（查附表 5），$\xi_b = 0.518$（查表 4-3），矩形图形应力系数 $\alpha_1 = 1.0$（查表 4-2），$\beta_1 = 0.8$（查表 4-2），$h_0 = 1000\text{mm} - 40\text{mm} = 960\text{mm}$。

(1) 计算柱端设计弯矩 M 及 e_i

$$I = \frac{1}{12}bh^3 + 2 \times \left[\frac{1}{12}(b_f' - b)h_f'^3 + (b_f' - b)h_f'\left(\frac{h - h_f'}{2}\right)^2\right]$$

$$= \frac{1}{12} \times 100\text{mm} \times 1000^3\text{mm}^3 + 2 \times \left[\frac{1}{12} \times (400 - 100) \times 120^3 + (400 - 100) \times 120 \times \left(\frac{1000 - 120}{2}\right)^2\right]\text{mm}^4$$

$$= 2.47 \times 10^{10}\text{mm}^4$$

$$A = bh + 2(b_f' - b)h_f' = (100 \times 1000 + 2 \times (400 - 100) \times 150)\text{mm}^2 = 1.9 \times 10^5\text{mm}^2$$

$$i = \sqrt{\frac{I}{A}} = \sqrt{\frac{2.47 \times 10^{10}}{1.9 \times 10^5}}\text{mm} = 361\text{mm}$$

$l_0/i = 1000/361 = 16 < 34 - 12(M_1/M_2) = 22$，但 $M_1/M_2 = 1 > 0.9$，因此需要考虑附加弯矩的影响。

偏心距调节系数 $C_m = 0.7 + 0.3M_1/M_2 = 1$。

$$\zeta_c = \frac{0.5 f_c A}{N} = \frac{0.5 \times 16.7 \times 1.9 \times 10^5}{1500 \times 10^3} = 1.06 > 1.0$$

故取 $\zeta_c = 1.0$。

取附加偏心距 $e_a = 33\text{mm}$（e_a 取 20mm 或 $\frac{1}{30}h = \frac{1}{30} \times 1000\text{mm} = 33\text{mm}$ 二者之中的较大者）。

弯矩增大系数为

$$\eta_{ns} = 1 + \frac{1}{1300(M_2/N + e_a)/h_0}\left(\frac{l_0}{h}\right)^2 \zeta_c$$

$$= 1 + \frac{960}{1300 \times (1000 \times 10^6/1500 \times 10^3 + 33)} \times \left(\frac{6000}{1000}\right)^2 \times 1.0 = 1.04$$

柱端截面设计弯矩为

$$M = C_m \eta_{ns} M_2 = 1 \times 1.04 \times 1000\text{kN·m} = 1040\text{kN·m}$$

$$e_0 = \frac{1040 \times 10^6}{1500 \times 10^3} = 693\text{mm}$$

则初始偏心距为 $e_i = e_0 + e_a = 693\text{mm} + 33\text{mm} = 726\text{mm}$。

（2）判断截面偏心受压情况　界限情况下的截面承载力为

$$N_b = \alpha_1 f_c b h_0 \xi_b + \alpha_1 f_c (b_f' - b) h_f'$$

$$= (1 \times 16.7 \times 100 \times 960 \times 0.518 + 1 \times 16.7 \times (400 - 100) \times 150)\text{kN}$$

$$= 1582\text{kN} > N = 1500\text{kN}$$

为大偏心受压。

$$\alpha_1 f_c b_f' h_f' = 1.0 \times 16.7 \times 400 \times 150 = 1002\text{kN} < N$$

因此其受压区已进入腹板。

（3）计算配筋

$$e = e_i + 0.5h - a_s = (726 + 500 - 40)\text{mm} = 1186\text{mm}$$

由式（7.59）计算 x 为

$$x = \frac{N - \alpha_1 f_c (b_f' - b) h_f'}{\alpha_1 f_c b} = \frac{1500 \times 10^3 - 1.0 \times 16.7 \times (400 - 100) \times 160}{1.0 \times 16.7 \times 100}\text{mm} = 448\text{mm}$$

将 x 代入式（7.60）得

$$A_s = A_s' = \frac{Ne - \alpha_1 f_c [bx(h_0 - x/2) + (b_f' - b)h_f'(h_0 - h_f'/2)]}{f_y'(h_0 - a_s')}$$

$$= \frac{1500 \times 10^3 \times 1186 - 16.7 \times [100 \times 448 \times (960 - 448/2) + 300 \times 150 \times (960 - 0.5 \times 150)]}{360 \times (960 - 40)}\text{mm}^2$$

$$= 1701\text{mm}^2$$

查附表 11，选配 $6\,\Phi\,20(A_s = A_s' = 1818\text{mm}^2)$，配筋图如图 7-32 所示。

7.7.4　偏心受压构件正截面承载力 N_u-M_u 相关曲线

对于给定截面尺寸、配筋及材料强度的偏心受压构件，达到承载力极限状态时，截面承受的内力设计值 N 和 M 是相关的。当给定轴力 N 时，有其唯一对应的弯矩 M，或者说构件可

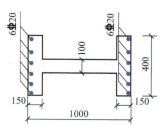

图 7-32　例 7-10 配筋图

在不同的 N 和 M 的组合下达到其承载力极限状态。在进行构件截面设计时，往往要考虑多种内力组合（即不同的 N 和 M 组合）。因此，必须要判断哪些内力组合对截面起控制作用。下面以对称配筋截面为例说明 N 和 M 的相关关系。

大偏心受压时，由式（7.19）得

$$x = \frac{N}{\alpha_1 f_c b} \qquad (7.72)$$

将 $e = e_i + h/2 - a_s$ 及 x 代入式（7.20）整理得

$$Ne_i = \frac{N^2}{2\alpha_1 f_c b} + \frac{Nh}{2} + f_y' A_s'(h_0 - a_s')$$

这里 $M = Ne_i$，故

$$M = \frac{N^2}{2\alpha_1 f_c b} + \frac{Nh}{2} + f_y' A_s'(h_0 - a_s') \qquad (7.73)$$

由式（7.73）可见，在大偏心范围内，M 与 N 为二次函数关系。对于已知材料，尺寸与配筋的截面，可做出 M 与 N 的关系曲线，如图 7-33 中的 AB 段。

小偏心受压时，取 $\sigma_s = \frac{\beta_1 - \xi_1}{\beta_1 - \xi_b} f_y$，并取 $f_y A_s = f_y' A_s'$，代入式（7.24），整理后可得受压区高度 x 为

$$x = \frac{N(\beta_1 - \xi_b)}{\alpha_1 f_c b(\beta_1 - \xi_b) + (f_y A_s)/h_0} + \frac{\xi_b f_y A_s}{\alpha_1 f_c b(\beta_1 - \xi_b) + (f_y A_s)/h_0}$$

令

$$\lambda_1 = \frac{(\beta_1 - \xi_b)}{\alpha_1 f_c b(\beta_1 - \xi_b) + (f_y A_s)/h_0} \qquad \lambda_2 = \frac{\xi_b f_y A_s}{\alpha_1 f_c b(\beta_1 - \xi_b) + (f_y A_s)/h_0}$$

同样将 $e = e_i + h/2 - a_s$ 及 x 代入式（7.25），并令 $M = Ne_i$ 则得

$$M = \alpha_1 f_c b h_0^2 \left[(\lambda_1 N + \lambda_2) - 0.5(\lambda_1 N + \lambda_2)^2 \right] - \left(\frac{h}{2} - a_s \right) N + f_y' A_s'(h_0 - a_s') \qquad (7.74)$$

由式（7.74）可知，小偏心受压时，M 与 N 也为二次函数关系，但与大偏心受压时不同，随着 N 的增大，M 将减小。如图 7-33 中的 BC 段。

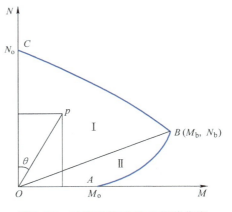

图 7-33　对称配筋时 M-N 相关曲线

M 与 N 相关曲线反映了钢筋混凝土构件在压力和弯矩共同作用下正截面压弯承载力的变化规律，其具有以下特点：

1）M-N 相关曲线上的任意一点代表截面处于正截面承载力极限状态时的一种内力组合。如果一组内力（M，N）在曲线内侧（如 p 点），说明截面未达到承载力极限状态，是安全的，如果（M，N）在曲线外侧，则表明截面承载力不足。

2）当弯矩 $M = 0$ 时，轴向承载力 N_u 达到最大值，即为轴心受压承载力 N_0，对应于图 7-33 中的 C 点；当轴力 $N = 0$ 时，为纯受弯承载力 M_0，对应于图 7-33 中的 A 点；截面受弯承载力 M_u 在 B（M_b，N_b）点达到最大，该点近似为界限破坏，因此，AB 段（$N \leq N_b$）为受拉破坏；BC 段（$N > N_b$）为受压破坏。

3）小偏心受压时，N_u 随 M_u 的增大而减小；大偏心受压时，N_u 随 M_u 的增大而增大。

4）对于对称配筋的截面，界限破坏时的受压承载力 N_b 与配筋率无关，而受弯承载力 M_b 随着配筋率的增加而增大。

M-N 相关曲线可以帮助我们在设计时找到最不利的内力组合。一般在设计时要考虑以下内力组合：

1）$\pm M_{max}$ 及相应的 N。

2）N_{max} 及相应的 $\pm M$（小偏心受压时）。

3）N_{min} 及相应的 $\pm M$（大偏心受压时）。

7.8　双向偏心受压构件正截面承载力计算

在钢筋混凝土结构工程中，经常遇到双向偏心受压构件如图 7-1c 所示。例如，在地震区的多层或高层框架结构的角柱、管道支架和水塔的支柱等。

双向偏心受压构件正截面的破坏形态与单向偏心受压构件正截面破坏形态相似，也分为大偏心受压破坏和小偏心受压破坏。但双向偏心受压构件的截面破坏时，其中和轴是倾斜的，与截面形心主轴有一个夹角 ψ。根据偏心距大小的不同，受压区面积的形状变化较大；对于矩形截面可能呈三角形、四边形或五边形；对于 L 形、T 形截面可能出现更复杂的形状，如图 7-34 所示。

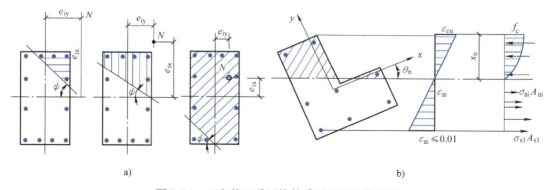

a)　　　　　　　　　　　　　　　b)

图 7-34　双向偏心受压构件受压区面积分布图

7.8.1　正截面承载力计算的一般公式

对任意截面的双向偏心受压构件，在进行正截面承载力计算时，同样可根据前述正截面承载力计算的基本假定，将截面沿两个主轴方向划分为若干个条带如图 7-35 所示，则其正截面承载力计算的一般公式为

$$\begin{cases} N \leqslant \displaystyle\sum_{j=1}^{m} \sigma_{cj} A_{cj} + \sum_{i=1}^{n} \sigma_{si} A_{si} \\[2mm] M_y \leqslant \displaystyle\sum_{j=1}^{m} \sigma_{cj} A_{cj} x_{cj} + \sum_{i=1}^{n} \sigma_{si} A_{si} x_{si} \\[2mm] M_x \leqslant \displaystyle\sum_{j=1}^{m} \sigma_{cj} A_{cj} y_{cj} + \sum_{i=1}^{n} \sigma_{si} A_{si} y_{si} \end{cases} \tag{7.75}$$

式中 N——轴向压力设计值；

M_x，M_y——考虑了结构侧移、构件挠曲和附加偏心距引起的附加弯矩后对截面形心轴 x 和 y 的弯矩设计值；

σ_{si}——第 i 个钢筋单元应力，受压时为" + "，$i = 1$，…，n，n 为钢筋单元数；

A_{si}——第 i 个钢筋单元面积；

x_{si}，y_{si}——第 i 个钢筋单元形心到截面形心轴 y 和 x 的距离。x_{si} 在形心轴 y 右侧，y_{si} 在形心轴 x 上侧取" + "号；

σ_{cj}——第 j 个混凝土单元应力，受压为" + "号，$j = 1$，…，m，m 为混凝土单元数；

A_{cj}——混凝土单元面积；$A_{cj} = \mathrm{d}x_{cj}\mathrm{d}y_{cj}$；

x_{cj}，y_{cj}——第 j 个混凝土条单元形心到截面形心轴 y 和 x 的距离。x_{cj} 在形心轴 y 右侧，y_{cj} 在形心轴 x 上侧为" + "。

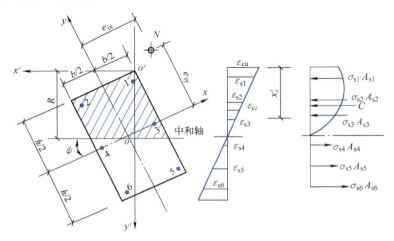

图 7-35   任意截面双向偏心受压截面

混凝土单元和钢筋单元的应力可根据各单元的应变由各自的应力-应变关系计算。各单元的应变按平截面假定确定，即

$$\begin{cases} \varepsilon_{cj} = \phi_u \left[(x_{cj}\sin\theta + y_{cj}\cos\theta) - R \right] \\ \varepsilon_{si} = \phi_u \left[(x_{si}\sin\theta + y_{si}\cos\theta) - R \right] \\ \phi_u = \varepsilon_{cu}/x_n \end{cases} \qquad (7.76)$$

式中 ε_{si}——第 i 个钢筋单元应变，受压为" + "，$i = 1$，…，n；

ε_{cj}——第 j 个混凝土单元应变，受压为" + "，$j = 1$，…，m；

R——截面形心到中和轴的距离；

θ——中和轴与形心轴 x 的夹角，顺时针时为" + "；

ϕ_u——正截面承载力极限状态时截面曲率；

ε_{cu}——混凝土的极限压应变；

x_n——中和轴至受压边缘的距离。

n——钢筋的根数；

m——混凝土单元数。

利用式（7.76）进行双向偏心受压构件正截面承载力计算时，须借助于计算机进行求解，比较复杂。如图 7-36 所示为矩形截面双向偏心受压构件正截面轴力和两个主轴方向受弯承载力的相关曲面，该曲面上的任意一点代表一个达到正截面承载力极限状态的组合（N_u，$M_{u,x}$，$M_{u,y}$），曲面以内的点为安全状态。对于给定的轴力 N，双向受弯承载力在（M_x，M_y）平面上的投影接近一条椭圆曲线。

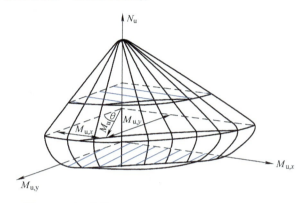

图 7-36　矩形截面 $N_u - M_{u,x} - M_{u,y}$ 承载力相关曲线

7.8.2　《混凝土结构设计规范》简化计算方法

《混凝土结构设计规范》采用弹性容许应力方法推导的近似公式，进行正截面承载力的计算。设材料在弹性阶段的容许承载力为 $[\sigma]$，则按材料力学公式，截面轴心受压、单向偏心受压和双向偏心受压的承载力可分别表示为

$$\begin{cases} \dfrac{N_{uo}}{A_0} = [\sigma] \\[2mm] N_{ux}\left(\dfrac{1}{A_0} + \dfrac{e_{ix}}{W_{0x}}\right) = [\sigma] \\[2mm] N_{uy}\left(\dfrac{1}{A_0} + \dfrac{e_{iy}}{W_{0y}}\right) = [\sigma] \\[2mm] N_u\left(\dfrac{1}{A_0} + \dfrac{e_{ix}}{W_{0x}} + \dfrac{e_{iy}}{W_{0y}}\right) = [\sigma] \end{cases} \tag{7.77}$$

式中　A_0，M_{0x}，M_{0y}——截面的换算面积和两个方向的换算截面抵抗矩。

合并以上各式，可得

$$N \leqslant \cfrac{1}{\dfrac{1}{N_{u,x}} + \dfrac{1}{N_{u,y}} + \dfrac{1}{N_{u0}}} \tag{7.78}$$

式中　$N_{u,x}$、$N_{u,y}$——轴向力作用于 x 轴和 y 轴，考虑相应的计算偏心距 e_{ix}，e_{iy} 后，按全部纵向钢筋计算的偏心受压承载力设计值。

　　　　N_{u0}——构件截面轴心受压承载力设计值。按式（7.1）计算，但不考虑稳定系数和 0.9 系数。

设计时，先拟定构件的截面尺寸和钢筋布置方案，然后按式（7.78）复核所能承受的

轴向承载力设计值 N。如果不满足，须重新调整构件截面尺寸和配筋，再进行复核，直到满足设计要求。

7.9　偏心受压构件斜截面受剪承载力计算

当偏心受压构件仅考虑竖向荷载作用时，剪力值相对较小，可不进行斜截面受剪承载力计算；但对于承受较大水平力的框架柱，有横向力作用的桁架上弦压杆，剪力影响相对较大，必须予以考虑。

试验表明，轴向压力能延迟裂缝的出现和发展，增加混凝土受压区的高度，从而提高构件斜截面受剪承载力。但当压力超过一定数值后，由于剪压区混凝土压应力过大，使得混凝土的受剪强度降低，反而会使斜截面受剪承载力降低。图 7-37 所示为框架柱受剪承载力 V_u 与轴压比 $N/f_c bh_0$ 的关系曲线。可见，当 $N/f_c bh_0 \leqslant 0.3$ 时，柱斜截面受剪承载力 V_u 随 $N/f_c bh_0$ 的增加而增大；当 $N/f_c bh_0$ 在 0.3 附近时，V_u 基本不再增加；而当 $N/f_c bh_0 > 0.4$ 后，斜截面受剪承载力 V_u 随 $N/f_c bh_0$ 的增加反而减小，构件将出现小偏心受压破坏。

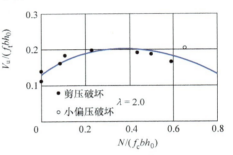

图 7-37　$V_u/(f_t bh_0)$ 与 $N/(f_c bh_0)$ 的关系

《混凝土结构设计规范》对于矩形、T 形和 I 形截面偏心受压构件斜截面受剪承载力计算，可在集中荷载作用下的矩形截面梁受剪承载力计算公式的基础上，增加一项由于轴向压力的作用产生的斜截面受剪承载力的提高值。受压构件斜截面受剪承载力计算公式为

$$V \leqslant \frac{1.75}{\lambda + 1} f_t bh_0 + f_{yv} \frac{A_{sv}}{s} h_0 + 0.07N \tag{7.79}$$

式中　λ——偏心受压构件的计算截面的剪跨比，取 $\lambda = M/Vh_0$。对框架结构的框架柱，当柱的反弯点在层高范围内时，可取 $\lambda = H_n/2h_0$（H_n 为柱的净高）；当 $\lambda < 1$ 时，取 $\lambda = 1.0$；当 $\lambda > 3.0$ 时，取 $\lambda = 3.0$；此处，M 为计算截面上与剪力设计值 V 相应的弯矩设计值。对其他偏心受压构件，当承受均布荷载时，取 $\lambda = 1.5$；当承受集中荷载时（包括作用有多种荷载、且集中荷载对支座截面或节点边缘所产生的剪力占总剪力的 77% 以上的情况），取 $\lambda = a/h_0$；当 $\lambda < 1.5$ 时，取 $\lambda = 1.5$；当 $\lambda > 3.0$ 时，取 $\lambda = 3.0$；此处，a 为集中荷载至支座或节点边缘的距离。

　　　　N——与剪力设计值 V 相应的轴向压力设计值，当 $N > 0.3 f_c A$ 时，取 $N = 0.3 f_c A$；此处，A 为构件的截面面积。

当偏心受压构件满足下式要求时，可不进行斜截面受剪承载力计算，而仅需根据构造要求配置箍筋

$$V \leqslant \frac{1.75}{\lambda + 1.0} f_t bh_0 + 0.07N \tag{7.80}$$

与受弯构件类似，为防止由于配箍过多产生斜压破坏，偏心受压构件的受剪截面尺寸同

样应满足要求。

思考题与习题

7.1 箍筋在受压构件中有何作用？普通矩形箍筋与螺旋箍筋轴心受压柱的承载力计算有何差别？

7.2 轴心受压普通箍筋短柱与长柱的破坏形态有何不同？轴心受压长柱的稳定系数 ϕ 如何确定？

7.3 偏心受压正截面破坏形态有几种？破坏特征怎样？与哪些因素有关？偏心距较大时为什么也会产生受压破坏？

7.4 偏心受压构件正截面承载力计算与受弯构件正截面承载力计算有何异同？什么情况下，偏心受压构件计算允许 $\xi > \xi_b$？此时，受拉钢筋的应力如何确定？

7.5 试说明偏心受压构件中，η_{ns} 是什么系数？它是怎样得来的？它和轴心受压构件中的 φ 有何不同？η_{ns} 与哪些因素有关？哪些因素是主要影响因素？

7.6 如何用偏心距来判别大小偏心受压？这种判别严格吗？

7.7 为什么要考虑附加偏心距？附加偏心距的取值与哪些因素有关？

7.8 比较不对称配筋大偏心受压截面的设计方法与双筋梁的异同。

7.9 不对称配筋小偏心受压截面设计时，A_s 是根据什么确定的？

7.10 为什么偏心受压构件一般采用对称配筋截面？对称配筋的偏心受压构件如何判别大小偏心受压？

7.11 已知两组内力（N_1，M_1）和（N_2，M_2），采用对称配筋，试判别以下情况哪组内力的配筋面积大：

（1）$N_1 = N_2$，$M_2 > M_1$。

（2）$N_1 < N_2 < N_b$，$M_2 = M_1$。

（3）$N_b < N_1 < N_2$，$M_2 = M_1$。

7.12 试总结不对称和对称配筋截面大小偏心受压的判别方法。截面设计与截面复核大小偏心受压的判别方法有什么不同？

7.13 偏心受压构件的 M-N 相关曲线说明了什么？偏心距的变化对偏心受压构件的承载力有什么影响？

7.14 轴向压力对受剪承载力有何影响？试说明 $N_u - V_u$ 相关关系曲线的形状？

7.15 受压构件为什么要控制最小配筋率？试布置如图 7-38 所示截面的箍筋。

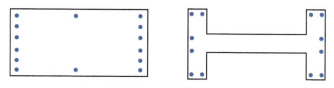

图 7-38 习题 7.15 图

7.16 I 形截面大、小偏心受压构件正截面承载力计算公式是如何建立的？其适用条件是什么？

7.17 某混合结构多层房屋，门厅为现浇内框架结构（按无侧移考虑），其底层柱截面为方形，按轴心受压构件计算。轴向力设计值 $N = 3000\text{kN}$，层高 $H = 7.6\text{m}$，混凝土为 C30 级，纵筋用 HRB335 级钢筋，箍筋为 HPB300 级钢筋。试求柱的截面尺寸并配置纵筋及箍筋。

7.18 题 7.17 中的柱的截面由于建筑要求，限定为直径不大于 370mm 的圆形截面。其他条件不变，求以下两种情况下柱的配筋构造：（1）采用普通钢箍柱；（2）采用螺旋钢箍柱。

7.19 设矩形截面柱的尺寸为 $b \times h = 400\text{mm} \times 600\text{mm}$，$a_s = a_s' = 47\text{mm}$，柱的计算长度 $l_0 = 7.2\text{m}$，采用 C25 混凝土，HRB400 级钢筋。已知荷载作用下产生的轴向压力设计值 $N = 2000\text{kN}$，柱上端弯矩设计值为 $M_1 = 460\text{kN} \cdot \text{m}$，下端弯矩设计值为 $M_2 = 700\text{kN} \cdot \text{m}$。求柱的纵向钢筋 A_s 及 A_s' 并配置箍筋。

7.20 已知矩形截面柱 $b \times h = 300\text{mm} \times 400\text{mm}$，$a_s = a'_s = 47\text{mm}$，$l_0 = 3\text{m}$。采用 C25 混凝土，HRB400 级钢筋，荷载作用下产生的轴向压力设计值 $N = 300\text{kN}$，柱上端弯矩设计值为 $M_1 = 177\text{kN} \cdot \text{m}$，下端弯矩设计值为 $M_2 = 187\text{kN} \cdot \text{m}$。求柱的纵向钢筋 A_s 及 A'_s 并配置箍筋。

7.21 其他条件同题 7.20，内力设计值 $N = 3600\text{kN}$，柱上端弯矩设计值为 $M_1 = 377\text{kN} \cdot \text{m}$，下端弯矩设计值为 $M_2 = 400\text{kN} \cdot \text{m}$。求柱的纵向钢筋 A_s 及 A'_s 并配置箍筋。

7.22 已知矩形截面柱 $b \times h = 300\text{mm} \times 700\text{mm}$，$a_s = a'_s = 47\text{mm}$，$l_0 = 6\text{m}$。采用 C25 混凝土，HRB400 级钢筋，荷载作用下产生的轴向压力设计值 $N = 130\text{kN}$，柱上下端弯矩设计值相等为 $M_1 = M_2 = 210\text{kN} \cdot \text{m}$，已知选用受压钢筋为 $4 \, \Phi 22 (A'_s = 1720\text{mm}^2)$。求柱的纵向受拉钢筋截面面积 A_s 并选配钢筋。

7.23 已知矩形截面柱 $b \times h = 300\text{mm} \times 700\text{mm}$，$a_s = a'_s = 40\text{mm}$，$l_0 = 6\text{m}$，采用 C25 级混凝土，纵筋为 HRB400 级钢筋，A'_s 为 $3 \, \Phi 22 (A'_s = 1140\text{mm}^2)$，$A_s$ 为 $2 \, \Phi 16 (A_s = 402\text{mm}^2)$，轴向压力设计值 $N = 1800\text{kN}$。求此柱所能承受的最大弯矩值 M。

7.24 已知矩形截面柱 $b \times h = 400\text{mm} \times 700\text{mm}$，计算长度 $l_0 = 6.0\text{m}$ $a_s = a'_s = 40\text{mm}$，混凝土采用 C30 级，纵向钢筋采用 HRB400 级。截面配筋为 $A'_s = 628\text{mm}^2 (2 \, \Phi 20)$，$A_s = 1276\text{mm}^2 (4 \, \Phi 20)$。求当轴向力的偏心距 $e_0 = 300\text{mm}$ 时，柱截面承受的设计轴向力 N 及弯矩 M；当 $e_0 = 97\text{mm}$ 时，柱截面承受的设计轴向力 N 及弯矩 M。

7.25 已知数据同题 7-19，采用对称配筋，求 $A_s = A'_s$。

7.26 已知数据同题 7-23，采用对称配筋，求 $A_s = A'_s$。

7.27 某单层工业厂房 I 形截面柱，截面尺寸如图 7-39 所示。已知柱的计算长度 $l_0 = 13.7\text{m}$，轴向力设计值 $N = 2000\text{kN}$，柱上端弯矩设计值 $M_1 = 760\text{kN} \cdot \text{m}$，下端弯矩设计值为 $M_1 = 787\text{kN} \cdot \text{m}$。采用 C30 级混凝土，HRB400 级钢筋，按对称配筋求柱所需配置的纵向钢筋 $A'_s = A_s$。

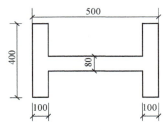

图 7-39 习题 7.27 图

7.28 其他条件同题 7.27，按另一组内力设计值 $N = 1270\text{kN}$，$M_1 = 760\text{kN} \cdot \text{m}$，$M_2 = 787\text{kN} \cdot \text{m}$。求柱的纵向钢筋 $A'_s = A_s$。

第8章 受拉构件承载力

构件上作用有轴向拉力或同时有轴向拉力与弯矩作用时，称为受拉构件。与受压构件相同，钢筋混凝土受拉构件根据轴向拉力的作用位置，分为轴心受拉构件和偏心受拉构件。

当拉力沿构件截面形心作用时，为轴心受拉构件，如钢筋混凝土桁架中的拉杆、有内压力的环形截面管壁、圆形贮液池的池壁以及拱等，通常均按轴心受压构件计算。当拉力偏离构件截面形心作用，或构件上有轴向拉力和弯矩同时作用时，则为偏心受拉构件，如矩形水池的池壁、双肢柱的受拉肢，以及受地震作用的框架边柱等，均属于偏心受拉构件。

同样，受拉构件除轴向拉力与弯矩作用外，还同时受剪力作用。本章主要讨论矩形截面受拉构件正截面承载力的计算，同时介绍受拉构件斜截面承载力计算。

8.1 轴心受拉构件

在对称配筋的钢筋混凝土轴心受拉构件中，钢筋与混凝土共同承受拉力 N 的作用。轴心受拉构件受力状况如图 8-1a 所示。

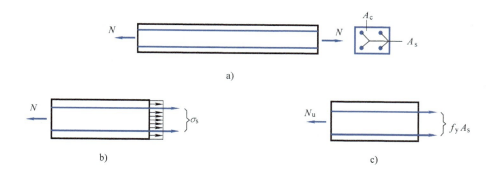

图 8-1 轴心受拉构件受力状况

a）轴心受拉构件 b）开裂前截面应力 c）截面极限状态

混凝土开裂前，如图 8-1b 所示，钢筋和混凝土的应变相等，即

$$\varepsilon_s = \varepsilon_c = \varepsilon \tag{8.1}$$

此时，钢筋和混凝土的应力分别为

$$\sigma_s = E_s \varepsilon_s = E_s \varepsilon \tag{8.2}$$

$$\sigma_c = E'_c \varepsilon_c = \nu E_c \varepsilon_c = \nu E_c \varepsilon \tag{8.3}$$

截面受力平衡条件

$$N = \sigma_c A_c + \sigma_s A_s \tag{8.4}$$

式中　N——轴心受拉构件所受的轴向拉力；

　A_s、A_c——构件中钢筋、混凝土的截面面积；

　ε_s、ε_c——构件截面钢筋、混凝土的拉应变；

　σ_s、σ_c——构件截面钢筋、混凝土的拉应力；

　E_c、E_c'——混凝土弹性模量、变形模量；

　　E_s——钢筋弹性模量；

　　ε——受拉构件截面应变；

　　ν——混凝土的弹性系数。

混凝土开裂后，开裂截面混凝土退出工作。全部拉力由钢筋承受，当钢筋应力达到屈服强度时，构件达到其极限承载力，如图 8-1c 所示。

则轴心受拉构件承载力计算公式为

$$N \leqslant N_u = f_y A_s \tag{8.5}$$

式中　N——轴向拉力设计值；

　　f_y——钢筋抗拉强度设计值；

　　A_s——全部受拉钢筋截面面积。

全部受拉钢筋截面面积 A_s 应满足 $A_s \geqslant (0.9 f_t / f_y) A$，其中 A 为构件截面面积。

8.2　偏心受拉构件正截面承载力

8.2.1　偏心受拉构件的破坏形态

根据轴向拉力 N 在截面上作用位置的不同，偏心受拉构件有两种破坏形态：

1）轴向拉力 N 作用在 A_s 与 A_s' 合力点之外为大偏心受拉破坏，如图 8-2a 所示。

2）轴向拉力 N 作用在 A_s 与 A_s' 合力点之间为小偏心受拉破坏，如图 8-2b 所示。

对于矩形截面，近轴向拉力 N 一侧纵筋截面面积为 A_s，远离轴向拉力 N 一侧纵筋截面面积为 A_s'。

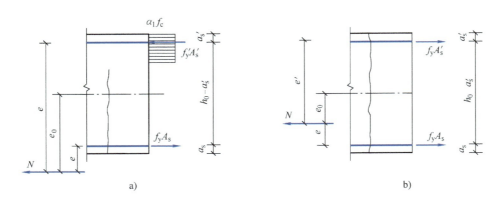

图 8-2　偏心受拉构件

a）大偏心受拉　b）小偏心受拉

8.2.2　偏心受拉构件承载力计算

1. 大偏心受拉构件

大偏心受拉构件轴心拉力 N 的偏心距 e_0 较大，$e_0 \geqslant \dfrac{h}{2} - a_s$，受荷载作用时，截面为部分受拉部分受压，即离 N 近的一侧 A_s 受拉，离 N 远的一侧 A'_s 受压。受拉区混凝土开裂后，裂缝不会贯通整个截面。随荷载继续增加，受拉钢筋 A_s 达到受拉屈服，受压侧混凝土压碎破坏，A'_s 受压屈服，构件达到极限承载力而破坏。其破坏形态与大偏心受压破坏情况类似。

由图 8-2a 截面平衡条件可得大偏心受拉构件承载力计算基本公式为

$$N \leqslant N_u = f_y A_s - f'_y A'_s - \alpha_1 f_c b x \tag{8.6a}$$

$$Ne \leqslant \alpha_1 f_c b x \left(h_0 - \frac{x}{2} \right) + f'_y A'_s (h_0 - a'_s) \tag{8.6b}$$

式中　e——轴向力 N 至受拉钢筋 A_s 合力点的距离，$e = e_0 - \dfrac{h}{2} + a_s$。

式（8.6）的使用条件为：

1）为保证受拉钢筋 A_s 达到屈服强度 f_y，应满足 $\xi \leqslant \xi_b$。

2）为保证受压钢筋 A'_s 达到屈服强度 f'_y，应满足 $x \geqslant 2a'_s$。

3）A_s 应不小于 $\rho_{\min} bh$，其中 $\rho_{\min} = \max\ (0.45 f_t/f_y,\ 0.002)$。

当 $\xi > \xi_b$ 时，受拉钢筋不屈服，这是受拉钢筋 A_s 的配筋率过大引起的，类似于受弯构件超筋梁，应避免采用。

当 $x < 2a'_s$ 时，可取 $x = 2a'_s$，对受压钢筋形心取矩有

$$Ne' \leqslant f_y A_s (h_0 - a'_s) \tag{8.7a}$$

则

$$A_s = \frac{Ne'}{f_y (h_0 - a'_s)} \tag{8.7b}$$

$$e' = e_0 + \frac{h}{2} - a'_s$$

当为对称配筋时，由式（8.6）可知，当 $x < 0$ 时，则可按 $x < 2a'_s$ 的情况及式（8.7）计算配筋。

大偏心受拉构件的配筋计算方法与大偏心受压构件情况类似。在截面设计时，若 A_s 与 A'_s 均未知，需补充条件来求解。为使总钢筋用量（$A_s + A'_s$）最小，可取 $\xi = \xi_b$ 为补充条件，然后由式（8.6a）和式（8.6b）即可求解。

2. 小偏心受拉构件

小偏心受拉构件轴向拉力 N 的偏心距 e_0 较小，即 $0 < e_0 < \dfrac{h}{2} - a_s$，轴向拉力的位置在 A_s 与 A'_s 之间。在轴向拉力作用下，全截面均受拉应力，近 N 侧钢筋 A_s 拉应力较大，远 N 侧钢筋 A'_s 拉应力较小。随着荷载继续增加，近 N 侧混凝土首先开裂，裂缝很快贯通整个截面，最后因钢筋 A_s 和 A'_s 均达到屈服，构件达到极限承载力而破坏。当偏心距 $e_0 = 0$ 时，为轴心受拉构件。

如图 8-2b 所示，分别对 A_s 和 A'_s 合力点取矩的平衡条件，得

$$A'_s = \frac{Ne}{f_y(h_0 - a'_s)} \tag{8.8a}$$

$$A_s = \frac{Ne'}{f_y(h_0 - a'_s)} \tag{8.8b}$$

式中　e、e'——N 至 A_s 和 A'_s 合力点的距离，按下式计算

$$e = \frac{h}{2} - e_0 - a_s \tag{8.9a}$$

$$e' = \frac{h}{2} + e_0 - a'_s \tag{8.9b}$$

将 e 和 e' 代入式（8.8a）和式（8.8b），取 $M = Ne_0$，且取 $a_s = a'_s$，则可得

$$A_s = \frac{N(h - 2a'_s)}{2f_y(h_0 - a'_s)} + \frac{M}{f_y(h_0 - a'_s)} = \frac{N}{2f_y} + \frac{M}{f_y(h_0 - a'_s)} \tag{8.10a}$$

$$A'_s = \frac{N(h - 2a'_s)}{2f_y(h_0 - a'_s)} + \frac{M}{f_y(h_0 - a'_s)} = \frac{N}{2f_y} + \frac{M}{f_y(h_0 - a'_s)} \tag{8.10b}$$

由上式可见，右边第一项代表轴心受拉所需要的配筋，第二项反映了弯矩 M 对配筋的影响。显然，M 的存在使 A_s 增大，使 A'_s 减小。因此，在设计中如果有不同的内力组合 (N, M) 时，应按 (N_{max}, M_{max}) 的内力组合计算 A'_s。

当为对称配筋时，为保持截面内外力的平衡，远离轴向力 N 一侧的钢筋 A'_s 达不到屈服，故设计时可按式（8.8b）计算配筋，即取

$$A'_s = A_s = \frac{Ne'}{f_y(h_0 - a'_s)} \tag{8.11}$$

以上计算的配筋均应满足受拉配筋的最小配筋率的要求，即

$$\left.\begin{array}{l} A_s \geqslant \rho_{min}bh \\ A'_s \geqslant \rho_{min}bh \end{array}\right\} \tag{8.12}$$

其中，$\rho_{min} = \max(0.45f_t/f_y, 0.002)$。

在轴心受拉和小偏心受拉构件中，钢筋的接头应采用可靠焊接。

例 8-1　某矩形水池，壁板厚为 200mm，每米板宽上承受轴向拉力设计值为 $N = 200$kN，承受弯矩设计值 $M = 100$kN·m，混凝土采用 C25 级，钢筋 HRB400 级，设 $a_s = a'_s = 30$mm，试设计水池壁板配筋。

解　（1）设计参数　查附表 5 和附表 7 可知 $f_c = 11.9$N/mm^2，$f_t = 1.27$N/mm^2，$f_y = f'_y = 360$N/mm^2。$h_0 = 200$mm $- 30$mm $= 170$mm，$\xi_b = 0.518$（查表 4-3），$\alpha_{s,max} = 0.384$，$\alpha_1 = 1.0$（查表 4-2），$b = 1000$mm。

（2）判别大小偏心受拉构件

$$e_0 = \frac{M}{N} = \frac{100 \times 10^6}{200 \times 10^3}\text{mm} = 500\text{mm} > \frac{h}{2} - a_s = 100\text{mm} - 30\text{mm} = 70\text{mm}$$

为大偏心受拉构件。

$$e = e_0 - \frac{h}{2} + a_s = (500 - 100 + 30)\text{mm} = 430\text{mm}$$

（3）计算钢筋　取 $x = \xi_b h_0$ 可使总配筋最小，即 $\alpha_{s,max} = 0.384$ 带入式（8.6）有

$$A_s' = \frac{Ne - \alpha_1 f_c bx\left(h_0 - \dfrac{x}{2}\right)}{f_y'(h_0 - a_s')} = \frac{Ne - \alpha_{s,\max}\alpha_1 f_c bh_0^2}{f_y'(h_0 - a_s')}$$

$$= \frac{200 \times 10^3 \times 430 - 0.368 \times 1.0 \times 11.9 \times 1000 \times 170^2}{360 \times (170 - 30)} \text{mm}^2 < 0$$

按最小配筋率配置受压钢筋，有

$$\rho_{\min} = \max(0.45f_t/f_y, 0.002) = 0.002$$

则由式（8.12）有

$$A_s' = \rho_{\min}bh = 0.002 \times 1000\text{mm} \times 200\text{mm} = 400\text{mm}^2$$

查附表 11，选配 $\Phi 10@180$，$A_s' = 436\text{mm}^2$，满足要求。

再按 A_s' 已知的情况计算

$$\alpha_s = \frac{Ne - f_y'A_s'(h_0 - a_s')}{\alpha_1 f_c bh_0^2} = \frac{200 \times 10^3 \times 430 - 360 \times 436 \times (170 - 30)}{1.0 \times 11.9 \times 1000 \times 170^2} = 0.186$$

$$\xi = 1 - \sqrt{1 - 2\alpha_s} = 0.208$$

$$x = \xi h_0 = 35.4\text{mm} < 2a_s' = 60\text{mm}$$

取 $x = 2a_s' = 60\text{mm}$，按式（8.7）计算受拉钢筋有

$$e' = e_0 + \frac{h}{2} - a_s' = (500 + 100 - 30)\text{mm} = 570\text{mm}$$

$$A_s = \frac{Ne'}{f_y(h_0 - a_s')} = \frac{200 \times 10^3 \times 570}{360 \times (170 - 30)}\text{mm}^2 = 2262\text{mm}^2$$

查附表 11，选配 $\Phi 18@100$，$A_s = 2545\text{mm}^2$。

例 8-2　矩形截面偏心受拉构件截面尺寸为 $b \times h = 250\text{mm} \times 400\text{mm}$，承受轴向拉力设计值 $N = 500\text{kN}$，弯矩设计值 $M = 50\text{kN} \cdot \text{m}$，混凝土采用 C30 级，钢筋采用 HRB400 级，$a_s = a_s' = 45\text{mm}$，试设计构件的配筋。

解　（1）设计参数　查附表 5 和附表 7 可知 $f_c = 14.3\text{N/mm}^2$，$f_t = 1.43\text{N/mm}^2$，$f_y = f_y' = 360\text{N/mm}^2$。$h_0 = 400\text{mm} - 45\text{mm} = 355\text{mm}$。

（2）判别大小偏心受拉

$$e_0 = \frac{M}{N} = \frac{50 \times 10^6}{500 \times 10^3}\text{mm} = 100\text{mm} < \frac{h}{2} - a_s = 200\text{mm} - 45\text{mm} = 155\text{mm}$$

为小偏心受拉构件。

（3）计算钢筋

$$e = \frac{h}{2} - e_0 - a_s' = (200 - 100 - 45)\text{mm} = 55\text{mm}$$

$$e' = \frac{h}{2} + e_0 - a_s' = (200 + 100 - 45)\text{mm} = 255\text{mm}$$

分别带入式（8.8a）和式（8.8b），有

$$A_s' = \frac{Ne}{f_y(h_0 - a_s')} = \frac{500 \times 10^3 \times 55}{360 \times (355 - 45)}\text{mm}^2 = 246.4\text{mm}^2$$

$$A_s = \frac{Ne'}{f_y(h_0 - a_s')} = \frac{500 \times 10^3 \times 255}{360 \times (355 - 45)}\text{mm}^2 = 1142.5\text{mm}^2$$

查附表 11，受拉侧选配 4 Φ 20 钢筋，$A_s = 1256\text{mm}^2$；受压侧选配 2 Φ 14 钢筋，$A'_s = 308\text{mm}^2$。

$$\rho_{\min} = \max(0.45f_t/f_y, 0.002) = 0.00179$$

$$\rho_{\min}bh = 178.75\text{mm}^2 < A_s \text{且} < A'_s$$

满足最小配筋率要求，截面配筋如图 8-3 所示。

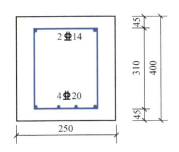

图 8-3　例 8-2 配筋图

8.3　偏心受拉构件斜截面受剪承载力

当偏心受拉构件同时作用剪力 V 和轴向拉力 N 时，由于轴向拉力的存在，增加了构件的主拉应力，使斜裂缝更易出现。小偏心受拉情况下甚至形成贯通全截面的斜裂缝，致使斜截面受剪承载力降低。受剪承载力的降低与轴向拉力 N 的大小有关，《混凝土结构设计规范》根据试验结果分析提出，对于矩形截面偏心受拉构件的受剪承载力，采用下式计算，即

$$V = V_u = \frac{1.75}{\lambda + 1.0}f_t bh_0 + f_{yv}\frac{A_{sv}}{s}h_0 - 0.2N \tag{8.13}$$

式中　N——与剪力设计值 V 相对应的轴向拉力设计值；

　　　λ——剪跨比，其取值与偏心受压构件相同。

当下式成立时，考虑剪压区完全消失，斜裂缝将贯通全截面，剪力全部由箍筋承担，此时受剪承载力应取式（8.14）

$$\frac{1.75}{\lambda + 1.0}f_t bh_0 + f_{yv}\frac{A_{sv}}{s}h_0 - 0.2N < f_{yv}\frac{A_{sv}}{s}h_0$$

$$V_u \geqslant f_{yv}\frac{A_{sv}}{s}h_0 \tag{8.14}$$

为防止斜拉破坏，并提高箍筋的最小配箍率，取 $\rho_{sv,\min} = 0.36\frac{f_t}{f_{yv}}$，即

$$f_{yv}\frac{A_{sv}}{s}h_0 \geqslant 0.36f_t bh_0 \tag{8.15}$$

思考题与习题

8.1　当轴心受拉杆件的受拉钢筋强度不同时，怎样计算其正截面的承载力？

8.2　怎样区别偏心受拉构件所属的类型？

8.3　怎样计算小偏心受拉构件的正截面承载力？

8.4　偏心受拉和偏心受压杆件斜截面承载力计算公式有何不同？为什么？

8.5　已知混凝土轴心受拉构件，截面尺寸为 $b \times h = 300\text{mm} \times 300\text{mm}$，截面中心配置 1 Φ 25，$A_s = 409.9\text{mm}^2$。试计算构件极限承载力。

8.6　已知矩形截面偏心受拉板，截面尺寸为 $b \times h = 1000\text{mm} \times 300\text{mm}$，$a_s = a_s' = 40\text{mm}$，混凝土强度等级为 C25，纵向钢筋采用 HRB400，承受纵向拉力设计值 $N = 220\text{kN}$ 和弯矩设计值 $M = 110\text{kN} \cdot \text{m}$。试设计该构件。

8.7　已知矩形截面偏心受拉构件，截面尺寸为 $b \times h = 300\text{mm} \times 400\text{mm}$，$a_s = a_s' = 35\text{mm}$，混凝土强度等级采用 C30，纵向钢筋采用 HRB400，承受纵向拉力设计值 $N = 450\text{kN}$ 和弯矩设计值 $M = 50\text{kN} \cdot \text{m}$。求 A_s 和 A_s'。

第 9 章　钢筋混凝土构件的裂缝、变形和耐久性

9.1　概述

混凝土结构设计时，必须进行承载力能力极限状态计算，以保证结构和构件的安全可靠。此外，许多结构构件还可能由于裂缝宽度、变形过大，影响到结构的适用性和耐久性，从而达到正常使用的极限状态。因此，根据结构的使用条件还应对结构和构件进行正常使用极限状态的验算，主要包括裂缝控制验算和变形验算，以及保证结构耐久性的设计和构造措施等方面。随着材料向高强、轻质方向发展，构件截面尺寸进一步减少，在有些情况下，正常使用极限状态的验算也可能成为设计中的控制情况。

正常使用极限状态的验算是通过将荷载组合效应值控制在一定限值之内而实现的。具体实践中，应根据其使用功能和外观要求，按下列规定对钢筋混凝土结构构件进行正常使用极限状态验算：

1）对需控制变形的构件进行变形验算。

2）对不允许出现裂缝的构件进行混凝土拉应力验算。

3）对允许出现裂缝的构件进行受力裂缝宽度验算。

4）对有舒适度要求的楼盖结构进行竖向自振频率验算。

9.1.1　裂缝控制

一般钢筋混凝土结构构件在使用荷载作用下和非荷载因素作用下都会产生裂缝。因为混凝土抗拉强度远小于抗压强度，构件在不大的拉应力下就可能开裂，构件在正常使用的状态由于使用荷载作用而有产生裂缝是正常现象，不可避免。非荷载影响因素很多，如温度变化、混凝土收缩、地基不均匀沉降、冰冻、钢筋锈蚀等都可能引起裂缝。很多裂缝的产生是几种原因综合作用的结果。由温度变化、混凝土收缩、地基不均匀沉降等非荷载引起的裂缝十分复杂，往往是结构中某些部位开裂，而不是个别构件受拉区开裂，目前主要是通过合理布置结构及相应的构造措施（如加强配筋、设变形缝）进行控制。本章介绍由荷载引起的正截面裂缝的验算。

保证结构的耐久性是对裂缝进行控制的目的之一。因为裂缝过宽时气体、水分和化学介质会侵入裂缝，引起钢筋锈蚀。随着高强度钢筋的应用，构件中钢筋应力相应提高，应变增大，裂缝必然随之加宽。《混凝土结构设计规范》规定，对钢筋混凝土的横向裂缝须进行最大裂缝宽度验算。而对水池、油罐等有专门要求的结构，因发生裂缝后会引起严重渗漏，应进行抗裂验算。

控制裂缝宽度还考虑到对建筑物观瞻、人们的心理感受和使用者不安程度的影响。根据公众对裂缝的反应的调查发现大多数人对于宽度超过 0.3mm 的裂缝存在明显的心理压力。

综合考虑结构的功能要求、环境条件对钢筋的腐蚀影响、钢筋种类对腐蚀的敏感性、荷

载作用的时间等因素，《混凝土结构设计规范》将钢筋混凝土结构构件的正截面裂缝控制等级划分为三级，并分别用应力及裂缝宽度进行控制：

一级——严格要求不出现裂缝的构件。按荷载标准组合计算式，构件受拉边缘混凝土不应产生拉应力。

二级——一般要求不出现裂缝的构件。按荷载标准组合计算式，构件受拉边缘混凝土拉应力不应大于混凝土抗拉强度的标准值。

三级——允许出现裂缝的构件。对钢筋混凝土构件，按荷载准永久组合并考虑长期作用影响计算时，构件的最大裂缝宽度不超过规范规定的最大裂缝宽度限值。对预应力混凝土构件按荷载标准组合并考虑长期作用影响计算时，构件的最大裂缝宽度不超过规范规定的最大裂缝宽度限值。最大裂缝宽度限值 w_{lim}，见附表 12，表中的最大裂缝限值是用来验算荷载作用引起的最大裂缝宽度。

钢筋混凝土构件在正常使用阶段是带裂缝工作的，因此其裂缝控制等级属于三级。若要使结构构件的裂缝达到一级或二级要求，必须对其施加预应力，将结构构件做成预应力混凝土结构构件。

9.1.2　变形控制

《混凝土结构设计规范》对受弯构件的变形有一定要求，变形控制主要考虑以下几方面：

1）结构构件产生过大的变形将影响甚至丧失其使用功能，如支承精密仪器设备的梁板结构挠度过大，将难以使仪器保持水平；屋面结构挠度过大会造成积水而产生渗漏；起重机梁和桥梁的过大变形会妨碍起重机和车辆的正常运行等。

2）结构构件变形过大，会对其他结构构件产生不良影响，使结构构件的实际受力情况与设计中的计算假定不相符甚至会改变荷载传递路线、大小和性质。如支承在砖墙上的梁端产生过大转角，将使支承面积减小、支承反力偏心增大，并会引起墙体开裂。

3）结构构件变形过大，会对非结构构件产生不良影响。结构变形过大会使门窗等不能正常开关，也会导致隔墙、天花板的开裂或损坏。

4）结构构件变形过大还会引起使用者的不适或不安全感。

《混凝土结构设计规范》对受弯构件的最大挠度限值进行了规定，见附表 13。

9.1.3　耐久性控制

混凝土结构是由多种材料组成的复合人工材料，由于结构本身组成成分及承载力特点，在周围环境中水及侵蚀介质的作用下，随着时间的推移，混凝土将出现裂缝、破碎、酥裂、磨损、溶蚀等现象，钢筋将产生锈蚀、脆化、疲劳，钢筋与混凝土之间的黏结锚固作用将逐渐减弱，即出现耐久性问题。耐久性问题开始时表现为对结构构件外观和使用功能的影响，到一定阶段，可能引发承载力方面的问题，使结构构件出现突然破坏。

结构会因耐久性不足而失效或为继续使用而进行大规模维修或改造将会付出巨大的代价，造成巨大浪费，因此混凝土结构的耐久性问题十分重要。《混凝土结构设计规范》对耐久性设计问题及混凝土材料做了规定。

对于钢筋混凝土结构构件来说，不满足正常使用极限状态所产生的危害性比不满足承载力极限状态的要小，因此正常使用极限状态的目标可靠指标值 β 要小一些。故《混凝土结构设计规范》规定：结构构件承载力计算采用荷载效应组合设计值；而变形及裂缝宽度验算（即变形、裂缝、应力等计算值不超过相应的规定限制）则均采用荷载效应标准组合、准永久组合、标准组合并考虑长期作用的影响。此处，对长期作用影响的考虑主要是因为构件的变形和裂缝宽度都随时间而增大。试验研究表明，按正常使用极限状态验算结构构件的变形及裂缝宽度时，其荷载效应值大致相当于破坏荷载效应值的 50%~70%。结构构件承载力计算材料强度采用设计值；而进行正常使用状态验算时，材料强度取标准值。

9.2 裂缝宽度验算

目前混凝土构件裂缝宽度计算模式主要有三种：第一，按照黏结滑移理论推得；第二，按无滑移理论推得；第三，基于试验的统计公式。我国《混凝土结构设计规范》中裂缝宽度计算公式是综合了黏结滑移理论、无滑移理论的模式，通过试验确定有关系数得到的。

9.2.1 裂缝的出现、分布与开展

以受弯构件为例，在裂缝出现前，受拉区由钢筋和混凝土共同受力，各截面的受拉钢筋及受拉混凝土应力大体相等，如图 9-1a 所示。随着荷载的增加，截面应变不断增大，当受拉区外边缘达到其抗拉强度 f_t 时，由于混凝土材料的非均匀性，在某一薄弱截面处，应变达到混凝土极限拉应变，首先出现第一条（批）裂缝，第一条（批）裂缝出现的位置是随机的。当裂缝出现后，裂缝截面处的混凝土不再承受拉力，应力降至零。原先由受拉混凝土承担的拉力由钢筋承担，使开裂截面处钢筋的应力突然增大，如图 9-1b 所示。

在裂缝出现的瞬间，原受拉张紧的混凝土突然断裂回缩，使混凝土和钢筋之间产生相对滑移和黏结应力。因受钢筋与混凝土黏结作用的影响，混凝土的回缩受到约束。离裂缝截面越远，黏结力累计越大，混凝土回缩就越小。通过黏结力的作用，钢筋的拉应力部分传递给混凝土，使钢筋的拉应力随着离裂缝截面距离的增大而逐渐减小。混凝土的应力从裂缝处为零随着离裂缝截面距离的增大而逐渐增大。当达到某一距离 l 后，黏结应力消失，钢筋和混凝土又具有相同的拉伸应变，各自的应力又呈均匀分布，如图 9-1b 所示。此处，l 即为黏结应力作用长度，也称为传递长度。

当荷载稍稍增加时，在其他一些薄弱截面将出现新的裂缝，同样，裂缝截面处混凝土会退出工作，应力下降为零，钢筋应力突增，由于黏结应力作用，钢筋与混凝土的应力将随离裂缝的距离而变化。中和轴也不保持在一个水平面上，而是随着裂缝的位置呈波浪形变化，如图 9-1c 所示。

显然，在已有裂缝两侧 l 的范围内或间距小于 $2l$ 的已有裂缝间，将不可能再出现裂缝了。因为在这些范围内，通过黏结应力传递的混凝土拉应力将小于混凝土的实际抗拉强度，不足以使混凝土开裂。当荷载增大到一定程度后，裂缝会基本出齐，裂缝间距趋于稳定。从理论上讲，最小裂缝间距为 l，最大裂缝间距为 $2l$，平均裂缝间距 l_m 则为 $1.5l$。

试验证明，由于混凝土质量的不均匀性及黏结强度的差异，裂缝间距有疏有密。黏结强度高，则黏结应力传递长度 l 短，裂缝分布较密。裂缝间距与混凝土表面积大小也有关，钢筋面积相同时，小直径钢筋的表面积较大，因而 l 就较短。裂缝间距与配筋率有关，低配筋

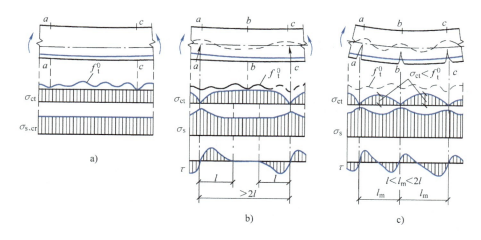

图 9-1　裂缝的出现、分布和展开

率时钢筋应力增量较大，将使 τ 应力图形峰值超过黏结强度而出现裂缝附近局部黏结破坏，从而增大滑移量，使 l 较长，裂缝分布较疏。大概在荷载超过开裂荷载的 50% 以上时，裂缝间距才趋于稳定。对正常配筋率或配筋率较高的梁来说，在正常使用时期，可以认为裂缝间距已基本稳定，此后荷载再继续增加时，构件不再出现新的裂缝，而只是使原有的裂缝扩展和延伸，荷载越大，裂缝越宽。在荷载长期作用下，混凝土的滑移徐变和拉应力的松弛，将导致裂缝间受拉混凝土不断退出工作，使裂缝开展宽度增大；此外，由于荷载的变动使钢筋直径时胀时缩等因素，也将引起黏结强度的降低，导致裂缝宽度的增大。

裂缝的出现具有某种程度的偶然性，裂缝的分布和宽度也是不均匀的。但是，平均裂缝间距和平均裂缝宽度具有一定的规律性。

9.2.2　平均裂缝间距

如 9.2.1 节所述，平均裂缝间距 l_m 为 $1.5l$，传递长度 l 可由平衡条件求得。图 9-2 所示为一轴心受拉构件，在截面 $a\text{-}a$ 出现第一条裂缝，并即将在距离裂缝为 l 的截面 $b\text{-}b$ 出现第二条相邻裂缝时的一段隔离体应力图形。在截面 $a\text{-}a$ 处，混凝土应力为零，钢筋应力为 σ_{s1}，在截面 $b\text{-}b$ 处，通过黏结应力的传递，混凝土应力从截面 $a\text{-}a$ 处的零提高到 f_t，钢筋应力则降至 σ_{s2}。由平衡条件得

$$\sigma_{s1}A_s = \sigma_{s2}A_s + f_t A_{te} \qquad (9.1)$$

取 l 段内钢筋的截离体，钢筋两端的不平衡力有黏结力平衡。考虑到黏结应力的不均匀分布，在此取平均黏结应力 τ_m。由平衡条件得

$$\sigma_{s1}A_s = \sigma_{s2}A_s + \tau_m \mu l \qquad (9.2)$$

将式（9.2）代入式（9.1）得

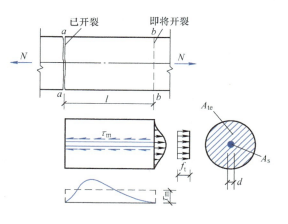

图 9-2　轴心受拉构件黏结应力、传递长度

$$l = \frac{f_t A_{te}}{\tau_m \mu} \tag{9.3}$$

式中　A_{te}——有效受拉区混凝土面积；

　　　τ_m——l 范围内纵向受拉钢筋与混凝土的平均黏结应力；

　　　μ——纵向受拉钢筋总周长，$\mu = n\pi d$，n 和 d 为钢筋的根数和直径。

因为 $A_s = \pi d^2/4$，截面有效配筋率 $\rho_{te} = A_s/A_{te}$，平均裂缝间距为

$$l_m = 1.5l = \frac{1.5}{4} \frac{f_t d}{\tau_m \rho_{te}} = k_2 \frac{d}{\rho_{te}} \tag{9.4}$$

k_2 值与 f_t、τ_m 有关。试验研究表明，黏结应力平均值 τ_m 与混凝土的抗拉强度 f_t 成正比，它们的比值可取为常值，故 k_2 为一常数；纵向受拉钢筋的有效配筋率 ρ_{te} 主要取决于有效受拉混凝土截面面积 A_{te} 的取值。有效受拉混凝土截面面积不是指全部受拉混凝土的截面面积，因为对于裂缝间距和裂缝宽度而言，钢筋的作用仅仅影响到它周围的有限区域，裂缝出现后只是钢筋周围有限范围内的混凝土受到钢筋的约束。

但式（9.4）中，当 $\dfrac{d}{\rho_{te}}$ 趋于零时，裂缝间距趋于零，这并不符合实际情况。试验表明，当 $\dfrac{d}{\rho_{te}}$ 趋于零时，裂缝间距不会趋于零而是保持一定的间距。另外，混凝土保护层厚度对裂缝间距有一定的影响，保护层厚度大时，l_m 也较大。考虑到这两种情况，以及不同种类钢筋与混凝土的黏结特性的不同，用等效直径 d_{eq} 来表示纵向受拉钢筋的直径，则构件的平均裂缝间距一般表达式为

$$l_m = \beta \left(k_1 c_s + k_2 \cdot \frac{d_{eq}}{\rho_{te}} \right) \tag{9.5}$$

根据试验结果，确定 k_1、k_2。式（9.5）又可修正为

$$l_m = \beta \left(1.9 c_s + 0.08 \frac{d_{eq}}{\rho_{te}} \right) \tag{9.6}$$

$$d_{eq} = \frac{\sum n_i d_i^2}{\sum n_i \nu_i d_i} \tag{9.7}$$

式中　c_s——最外层纵向受拉钢筋外边缘到受拉区底边的距离，mm，当 $c_s < 20\text{mm}$ 时，取 $c_s = 20\text{mm}$；当 $c_s > 65\text{mm}$ 时，取 $c_s = 65\text{mm}$；

　　　ρ_{te}——按有效受拉混凝土截面面积 A_{te}（见图 9-3）计算的纵向受拉钢筋配筋率，当 $\rho_{te} < 0.01$ 时，取 $\rho_{te} = 0.01$，A_{te} 为有效受拉混凝土截面面积，A_{te} 可按下列规定取用：对轴心受拉构件取构件截面面积 $A_{te} = bh$，对受弯、偏心受压和偏心受拉构件，取 $A_{te} = 0.5bh + (b_f - b)h_f$；

　b_f、h_f——翼缘板宽度和高度（mm），如图 9-3 所示；

　　　d_{eq}——纵向受拉钢筋的等效直径（mm），按式（9.7）计算；

　　　d_i——第 i 种纵向受拉钢筋的直径（mm）；

　　　n_i——第 i 种纵向受拉钢筋的根数；

　　　ν_i——第 i 种纵向受拉钢筋的相对黏结特性系数，光圆钢筋 $\nu_i = 0.7$；带肋钢筋 $\nu_i = 1.0$；

　　　β——与构件受力状态有关的系数，轴心受拉构件 $\beta = 1.1$，其他构件 $\beta = 1.0$。

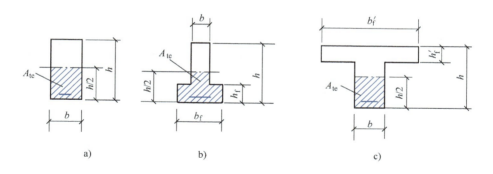

图 9-3　有效受拉混凝土截面面积

9.2.3　平均裂缝宽度

裂缝宽度是受拉钢筋重心水平处构件侧表面上的裂缝宽度。试验表明，裂缝宽度的离散程度比裂缝间距更大些，因此，平均裂缝宽度的计算是建立在稳定的平均裂缝间距基础上的。

裂缝开展后，其宽度是由裂缝间混凝土的回缩造成的，由于裂缝间的混凝土与钢筋黏结作用的存在，受拉区混凝土并未完全回缩。因此，裂缝宽度 w_m 应等于裂缝平均间距范围内钢筋重心处的钢筋的平均伸长值与混凝土的平均伸长值之差，如图 9-4 所示，即

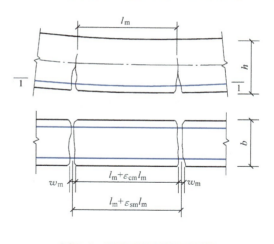

$$w_\mathrm{m} = \varepsilon_\mathrm{sm} l_\mathrm{m} - \varepsilon_\mathrm{cm} l_\mathrm{m} = \varepsilon_\mathrm{sm}\left(1 - \frac{\varepsilon_\mathrm{cm}}{\varepsilon_\mathrm{sm}}\right) l_\mathrm{m} = \alpha_\mathrm{c} \varepsilon_\mathrm{sm} l_\mathrm{m}$$

(9.8)

图 9-4　平均裂缝宽度计算图

式中　ε_sm、ε_cm——裂缝间钢筋的平均应变和混凝土的平均应变；

α_c——裂缝间混凝土自身伸长对裂缝宽度的影响系数，对于受弯和偏心受压构件 $\alpha_\mathrm{c} = 0.77$，其余构件 $\alpha_\mathrm{c} = 0.85$。

ε_sm 为裂缝间钢筋的平均应变。从图 9-5 所示的试验梁纯弯段内实测纵向受拉钢筋应变分布图可以看出，钢筋应变是不均匀的，裂缝截面处最大，非裂缝截面的钢筋应变逐渐减小，这是因为裂缝之间的混凝土仍然能承担拉力的缘故。图中的水平虚线表示平均应变 ε_sm。设 ψ 为裂缝之间钢筋应变不均匀系数，其值为裂缝间钢筋的平均应变 ε_sm 与开裂截面处钢筋的应变 ε_s 之比，即 $\psi = \varepsilon_\mathrm{sm}/\varepsilon_\mathrm{s}$，由于 $\varepsilon_\mathrm{s} = \sigma_\mathrm{s}/E_\mathrm{s}$，则平均裂缝宽度 w_m 可表示为

$$w_\mathrm{m} = 0.85\psi \frac{\sigma_\mathrm{sq}}{E_\mathrm{s}} l_\mathrm{m}$$

(9.9)

对于钢筋混凝土构件裂缝宽度应按荷载准永久组合计算，所以式（9.9）中把裂缝处的

应力 σ_s 改记为 σ_{sq}。

1. 裂缝面处的钢筋应力 σ_{sq}

σ_{sq} 是按荷载准永久组合计算的钢筋混凝土构件裂缝截面处纵向受拉钢筋的应力。对于受弯、轴心受拉、偏心受拉及偏心受压构件，σ_{sq} 均可按使用阶段（Ⅱ阶段）裂缝截面处应力状态，按平衡条件求得。

（1）轴心受拉构件 在正常使用荷载作用下，裂缝截面的应力图形如图9-6所示，则

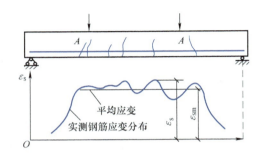

图9-5 纯弯段内受拉钢筋的应变分布图

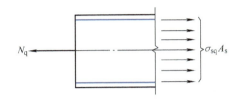

图9-6 使用阶段轴心受拉构件裂缝处应力图

$$\sigma_{sq} = \frac{N_q}{A_s} \tag{9.10}$$

式中 N_q——按荷载的准永久组合计算的轴向拉力；

A_s——纵向受拉钢筋截面面积，对轴心受拉构件，取全部纵向钢筋截面面积。

（2）受弯构件 受弯构件在正常使用荷载作用下，裂缝截面的应力图形如图9-7所示，受压区混凝土的作用忽略不计，对受压区合力点取矩，得

$$\sigma_{sq} = \frac{M_q}{A_s \eta h_0} \tag{9.11}$$

式中 M_q——按荷载的准永久组合计算的弯矩；

A_s——纵向受拉钢筋截面面积；

η——裂缝截面内力臂长度系数，近似取 0.87；

h_0——截面有效高度。

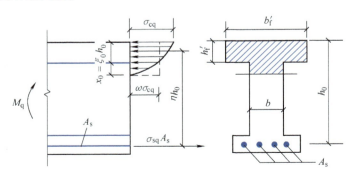

图9-7 使用阶段受弯构件裂缝处应力图

（3）偏心受拉构件　大小偏心受拉构件裂缝截面应力图形如图 9-8 所示。当截面有受压区存在时，假定受压区合力点位于受压钢筋合力点处，则近似取大偏心受拉构件截面内力臂长 $\eta h_0 = h_0 - a'_s$，将大小偏心受拉构件的 σ_{sq} 统一写成

$$\sigma_{sq} = \frac{N_q e'}{A_s (h_0 - a'_s)} \tag{9.12}$$

$$e' = e_0 + y_c - a'_s \tag{9.13}$$

式中　N_q——按荷载的准永久组合计算的轴向拉力；

　　　　A_s——纵向受拉钢筋截面面积，取受拉较大边的纵向钢筋截面面积；

　　　　e'——轴向拉力作用点至受压区或受拉较小边纵向钢筋合力点的距离；

　　　　y_c——截面重心至受压或较小受拉边缘的距离。

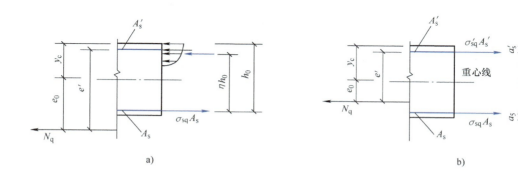

图 9-8　使用阶段偏心受拉构件裂缝处应力图

（4）偏心受压构件　偏心受压构件的裂缝截面应力图形如图 9-9 所示，对受压区合力点取矩，得

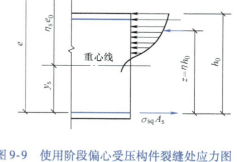

$$\sigma_{sq} = \frac{N_q (e - z)}{A_s z} \tag{9.14}$$

$$z = \left[0.87 - 0.12 (1 - \gamma'_f) \left(\frac{h_0}{e} \right)^2 \right] h_0 \tag{9.15}$$

$$\eta_s = 1 + \frac{1}{4000 e_0 / h_0} \left(\frac{l_0}{h} \right)^2 \qquad \eta_s \leqslant 1 \tag{9.16}$$

$$\gamma'_f = \frac{(b'_f - b) h'_f}{b h_0} \tag{9.17}$$

图 9-9　使用阶段偏心受压构件裂缝处应力图

式中　N_q——按荷载的准永久组合计算的轴向压力；

　　　　e——轴向压力作用点至纵向受拉钢筋合力点的距离，$e = \eta_s e_0 + y_s$；

　　　　η_s——使用阶段的轴心压力偏心距增大系数，当 $l_0 / h \leqslant 14$ 时，$\eta_s = 1.0$；

　　　　y_s——截面重心至纵向受拉钢筋合力点的距离；

　　　　z——纵向受拉钢筋合力点受压区合力点的距离，且 $z \leqslant 0.87 h_0$；

　　b'_f、h'_f——T 形截面受压区翼缘板宽度和高度，当 $h'_f > 0.2 h_0$ 时取 $0.2 h_0$。

2. 裂缝间纵向受拉钢筋应变不均匀系数 ψ

钢筋应变不均匀系数 ψ 是钢筋平均应变与裂缝截面处钢筋应变的比值，即 $\psi = \dfrac{\varepsilon_{sm}}{\varepsilon_s}$，反映了裂缝截面之间的混凝土参与受拉对钢筋应变的影响程度。ψ 越小，表示混凝土参与承受拉力的程度越大；ψ 越大，表示混凝土参与受拉程度越小，各截面中钢筋的应变就比较均匀；当 $\psi = 1$ 时，表明此时裂缝间受拉混凝土全部退出工作。ψ 的大小与以有效受拉混凝土截面面积计算的纵向受拉钢筋配筋率 ρ_{te} 有关。这是因为参加工作的受拉混凝土主要指钢筋周围的那部分有效受拉混凝土面积。当 ρ_{te} 较小时，说明钢筋周围的混凝土参加受拉的有效相对面积较大，它所承担的总拉力也相对较大，对纵向受拉钢筋应变的影响程度也相应较大，因而 ψ 值较小。根据试验资料，ψ 可用式（9.18）近似计算

$$\psi = 1.1 - \frac{0.65 f_{tk}}{\rho_{te} \sigma_{sq}} \tag{9.18}$$

当 ψ 计算值较小时会过高地估计了混凝土的作用，因而规定当 $\psi < 0.2$ 时，取 $\psi = 0.2$；当 $\psi > 1$ 时是没有物理意义的，所以当 $\psi > 1$ 时，取 $\psi = 1$；对直接承受重复荷载作用的构件，取 $\psi = 1$。

9.2.4　最大裂缝宽度及验算

1. 最大裂缝宽度的确定

由于混凝土的不均匀性，混凝土构件的裂缝宽度具有很大的离散性，对工程具有实际意义的是混凝土构件的最大裂缝宽度。

最大裂缝宽度是由平均裂缝宽度乘以短期裂缝宽度扩大系数得来的。扩大系数根据试验结果的统计分析并参照使用经验确定，主要考虑了两方面的情况：一是混凝土构件在荷载效应准永久组合下裂缝宽度的离散性；二是荷载长期作用下，由于混凝土的收缩、徐变以及钢筋与混凝土之间的滑移徐变等因素的影响，使混凝土构件中已有裂缝发生变化。

根据统计分析确定，在保证率 95% 以下的相对最大裂缝宽度，即超过这个宽度的裂缝出现概率不大于 5%。试验表明，受弯构件裂缝宽度的频率基本上呈正态分布。相对最大裂缝宽度对可由下式求得，即

$$w_{max} = \tau \cdot \tau_l \cdot w_m = (1 + 1.645\delta)\tau_l w_m \tag{9.19}$$

式中　δ—— 裂缝宽度的变异系数。

对于受弯构件和偏心受压构件，可取 δ 的平均值 0.4，取裂缝扩大系数 $\tau = 1.66$；轴心受拉和偏心受拉构件的试验表明，裂缝宽度的频率分布曲线是偏态的，所以 w_{max} 与 w_m 的比值比受弯构件大，取裂缝扩大系数 $\tau = 1.9$。

长期荷载作用下，由于混凝土的滑移徐变和拉应力的松弛，会导致裂缝间混凝土不断退出受拉工作，钢筋平均应变增大，使裂缝随时间推移逐渐增大。混凝土的收缩也使裂缝间混凝土的长度缩短，引起裂缝随时间推移不断增大。荷载的变动，环境温度的变化，都会使钢筋与混凝土之间的黏结力受到削弱，也将导致裂缝宽度不断增大。根据长期观测结果，长期

荷载下裂缝的扩大系数为 $\tau_1 = 1.5$。

因此，《混凝土结构设计规范》规定按荷载准永久组合，考虑裂缝宽度分布不均匀性和荷载长期作用影响的最大裂缝宽度可按下式计算

$$w_{max} = \alpha_{cr} \psi \frac{\sigma_{sq}}{E_s} \left(1.9 c_s + 0.08 \frac{d_{eq}}{\rho_{te}} \right) \tag{9.20}$$

式中 α_{cr}—— 构件受力特征系数，$\alpha_{cr} = \tau \tau_l \alpha_c \beta$，对受弯和偏心受压构件 $\alpha_{cr} = 1.9$，对偏心受拉构件 $\alpha_{cr} = 2.4$、对于轴心受拉构件 $\alpha_{cr} = 2.7$；

E_s——钢筋的弹性模量（见附表14）。

2. 最大裂缝宽度的验算

验算最大裂缝宽度时，应满足

$$w_{max} \leq w_{lim} \tag{9.21}$$

式中 w_{max}——按荷载效应准永久组合并考虑长期作用影响计算的最大裂缝宽度；

w_{lim}——《混凝土结构设计规范》规定的最大裂缝宽度限值，按附表12采用。

《混凝土结构设计规范》规定，对直接承受起重机荷载但不需要做疲劳验算的构件，可将计算求得的最大裂缝宽度乘以0.85；对按《混凝土结构设计规范》要求配置表层钢筋网片的梁，最大裂缝宽度可乘以0.7的折减系数；对 $e_0/h_0 \leq 0.55$ 的偏心受压构件，可不验算裂缝宽度。

式（9.20）表明，最大裂缝宽度主要与钢筋应力、有效配筋率及钢筋直径等有关。裂缝宽度的验算是在满足构件承载力的前提下进行的，此时构件的截面尺寸、配筋率等均已确定。在验算时，可能会出现满足了截面强度要求，不满足裂缝宽度要求的情况，这通常在配筋率较低，而钢筋选用的直径较大的情况下出现。因此，当计算最大裂缝宽度超过允许值不大时，常可用减小钢筋直径的方法解决，必要时适当增加配筋率。

对于受拉及受弯构件，当承载力要求较高时，往往会出现不能同时满足裂缝宽度或变形限值要求的情况，这时增大截面尺寸或增加用钢量是不经济也是不合理的。对此，有效的措施是施加预应力。

例 9-1 已知一矩形截面简支梁的截面尺寸 $b \times h = 200mm \times 500mm$，混凝土强度等级采用C30，纵向受拉钢筋为 3Φ20 的 HRB500 级钢筋，箍筋为 $\phi8@150mm$，混凝土保护层厚度 $c = 20mm$，按荷载准永久组合计算的跨中弯矩值 $M_q = 100kN \cdot m$，环境类别为一类。试验算最大裂缝宽度是否满足要求。

解

（1）查表确定各类参数与系数 C30：$f_{tk} = 2.01N/mm^2$（查附表4）；钢筋：$E_s = 2 \times 10^5 N/mm^2$（查附表14）；3Φ20：$A_s = 942mm^2$（查附表11）；环境类别一类：最大裂缝宽度限值 $w_{lim} = 0.3mm$（查附表12），$c = 20mm$（查附表8），$c_s = 28mm$。

（2）计算有关参数

$$h_0 = 500mm - (28 + 20/2)mm = 462mm$$

$$\rho_{te} = \frac{A_s}{0.5bh} = \frac{942}{0.5 \times 200 \times 500} = 0.0188 > 0.01$$

$$\sigma_{sq} = \frac{M_q}{0.87 h_0 A_s} = \frac{100 \times 10^6}{0.87 \times 462 \times 942} \mathrm{N/mm^2} = 264.11 \mathrm{N/mm^2}$$

$$\psi = 1.1 - \frac{0.65 f_{tk}}{\rho_{te} \sigma_{sq}} = 1.1 - \frac{0.65 \times 2.01}{0.0188 \times 264.11} = 0.837$$

（3）计算最大裂缝宽度

$$w_{max} = \alpha_{cr} \psi \frac{\sigma_{sq}}{E_s} \left(1.9 c_s + 0.08 \frac{d}{\rho_{te}} \right)$$

$$= 1.9 \times 0.837 \times \frac{264.11}{2 \times 10^5} \times \left(1.9 \times 28 + 0.08 \times \frac{20}{0.0188} \right) \mathrm{mm} = 0.256 \mathrm{mm}$$

（4）验算裂缝

$$w_{max} = 0.256 \mathrm{mm} < w_{lim} = 0.3 \mathrm{mm} \quad （满足要求）$$

讨论：该梁在正常使用阶段的最大裂缝宽度满足规范要求。若不符合要求，应采取措施减少最大裂缝宽度。

9.3　受弯构件的挠度验算

9.3.1　钢筋混凝土受弯构件抗弯刚度的概念和特点

由材料力学知，均质弹性材料受弯构件的跨中挠度为

$$f = S \frac{M}{EI} l^2 \qquad (9.22)$$

或

$$f = S \phi l^2 \qquad (9.23)$$

式中　E——材料的弹性模量；

　　　　I——截面的惯性矩；

　EI、ϕ——截面截面抗弯刚度、截面曲率；

　　　　S——与荷载形式、支承条件有关的挠度系数，如承受均布荷载的简支梁，$S = 5/48$；

　　　　M——作用于受弯构件截面最大弯矩；

　　　　l——受弯构件的计算跨度。

截面曲率与截面弯矩和抗弯刚度的关系可表示为，$\phi = M/EI$ 或 $EI = M/\phi$。截面抗弯刚度就是使截面产生单位转角所需要施加的弯矩。在 M-ϕ 曲线上任一点与原点 O 的连线，其倾斜角的正切值就是相应的截面抗弯刚度，它体现了截面抵抗弯曲变形的能力。

当受弯构件的截面形状、尺寸和材料已知时，受弯构件截面抗弯刚度 EI 是一个常数，因此，弯矩与挠度之间的关系是始终不变的正比例关系，如图 9-10 中的虚线 OA。

对混凝土受弯构件，上述力学概念仍然适用，

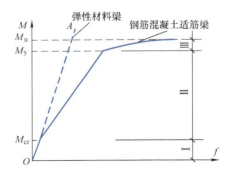

图 9-10　钢筋混凝土适筋梁 M-f 曲线

但钢筋混凝土不是均质的非弹性材料，因而它在受弯的全过程中截面抗弯刚度不是常数而是随弯矩增大而有所变化的。钢筋混凝土适筋梁 *M*-*f* 曲线如图 9-10 所示。可以看出，钢筋混凝土梁在受拉区混凝土裂缝的出现与开展对截面抗弯刚度有显著影响，开裂后，由于截面抗弯刚度减小，挠度随弯矩增大的速度要大于均质弹性材料梁截面抗弯刚度。

在混凝土结构设计中用到的截面抗弯刚度有两种情况，可分别采用简化方法：

1）对要求不开裂的构件，可近似把混凝土开裂前的抗弯刚度看作定值 $0.85E_cI_0$，E_c 是混凝土的弹性模量（见附表 15），I_0 是换算截面惯性矩（钢筋面积乘以钢筋与混凝土弹性模量之比换算成混凝土面积后，保持截面重心位置不变与混凝土面积一起计算的截面惯性矩）。

2）验算正常使用阶段构件挠度。对于普通混凝土构件来讲，在使用荷载作用下，绝大多数处于第 Ⅱ 阶段，正常使用阶段变形验算也就是指这一阶段的变形验算。试验表明，截面抗弯刚度随着荷载作用时间增长而减小。所以变形验算除了要考虑荷载效应标准组合外，还要考虑荷载长期作用的影响。通常用 B_s 表示钢筋混凝土受弯构件在荷载效应标准组合作用下的截面抗弯刚度，简称短期刚度；而用 B 表示荷载长期效应组合影响下的截面抗弯刚度，简称长期刚度。

下面分别在解决短期刚度和长期刚度计算的基础上，讨论钢筋混凝土受弯构件挠度变形的计算方法。

9.3.2 钢筋混凝土受弯构件的短期刚度

1. 使用阶段受弯构件应变分布特征

在正常使用条件下，裂缝出现后，钢筋混凝土梁在纯弯段内截面应变和裂缝分布情况如图 9-11 所示，具有以下特征：

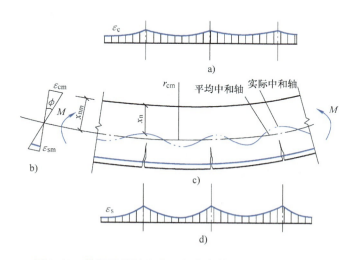

图 9-11 使用阶段梁纯弯区段内各截面应变及裂缝分布

1）受拉区钢筋的应变沿梁长度分布不均匀，开裂截面处应变较大，而裂缝之间应变较小。其不均匀程度可用受拉钢筋应变不均匀系数 $\psi = \varepsilon_{sm}/\varepsilon_s$ 来反映，ε_{sm} 为裂缝间钢筋的平均

应变，ε_s 为裂缝截面处的钢筋应变，所以

$$\varepsilon_{sm} = \psi\varepsilon_s \qquad (9.24)$$

2）受压区混凝土的应变沿梁长度分布也不均匀，开裂截面处较大，裂缝之间较小，但其应变波动幅度比钢筋应变波动幅度要小很多。其不均匀程度同样可用受压区混凝土压应变不均匀系数 $\psi_c = \varepsilon_{cm}/\varepsilon_c$ 来反映，ε_{cm} 为裂缝间压区混凝土的平均应变，ε_c 为裂缝截面处压区混凝土的应变，所以

$$\varepsilon_{cm} = \psi\varepsilon_c \qquad (9.25)$$

3）在开裂截面混凝土受压区高度较小，而在未开裂截面混凝土受压区高度较大，截面中和轴的高度也呈波浪形变化，其平均受压区高度称为平均中和轴高度，相应的中和轴为平均中和轴，相应截面称为平均截面，相应曲率为平均曲率。

如果量测范围较长，则各水平纤维的平均应变沿梁截面高度的变化符合平截面假定，即沿平均截面平均应变呈直线分布。因此有

$$\phi = \frac{1}{r_{cm}} = \frac{\varepsilon_{sm} + \varepsilon_{cm}}{h_0} \qquad (9.26)$$

2. 受弯构件短期刚度计算公式

利用弯矩与曲率的关系，可求得受弯构件短期刚度 B_s 为

$$B_s = \frac{M_q}{\phi} = \frac{M_q h_0}{\varepsilon_{sm} + \varepsilon_{cm}} \qquad (9.27)$$

式中 M_q——按荷载准永久组合计算的弯矩值。

在荷载效应准永久组合作用下，裂缝截面的应力如图 9-7 所示，对受压区合力点取矩得裂缝处钢筋应力为

$$\sigma_{sq} = \frac{M_q}{\eta h_0 A_s} \qquad (9.28)$$

受压区混凝土由于塑性变形，可用压应力为 $\omega\sigma_{ck}$ 的等效矩形应力图来代替，受压区面积为 $(b_f' - b)h_f' + b\xi h_0 = (\gamma_f' + \xi_0)bh_0$，对受拉钢筋合力点取矩，得

$$\sigma_c = \frac{M_q}{\omega(\gamma_f' + \xi_0)\eta bh_0^2} \qquad (9.29)$$

在荷载效应准永久组合作用下，钢筋在屈服以前应力应变符合胡克定律，所以裂缝截面钢筋的应变为

$$\varepsilon_s = \frac{M_q}{\eta h_0 A_s E_s} \qquad (9.30)$$

考虑到受压区混凝土塑性变形特性，采用混凝土的变形模量 $E_c' = \nu E_c$（ν 为混凝土受压时的弹性系数）计算得

$$\varepsilon_c = \frac{M_q}{\omega(\gamma_f' + \xi_0)\eta bh_0^2 \nu E_c} \qquad (9.31)$$

钢筋和混凝土的平均应变为

$$\varepsilon_{sm} = \psi \frac{M_q}{\eta h_0 A_s E_s} \qquad (9.32)$$

$$\varepsilon_{cm} = \psi_c \frac{M_q}{\omega(\gamma_f' + \xi_0)\eta bh_0^2 \nu E_c} \qquad (9.33)$$

令 $\zeta = \omega \nu(\gamma_f' + \xi_0)\eta/\psi_c$ 为混凝土受压区边缘平均应变综合系数，则混凝土的平均应变计算公式可简化为

$$\varepsilon_{cm} = \frac{M_q}{\zeta b h_0^2 E_c} \tag{9.34}$$

将式（9.32）、式（9.34）代入截面短期刚度计算公式（9.27）中，并取 $\alpha_E = E_s/E_c$，$\rho = A_s/bh_0$，近似取 $\eta = 0.87$，则截面短期抗弯刚度可表示为

$$B_s = \frac{E_s A_s h_0^2}{1.15\psi + \dfrac{\alpha_E \rho}{\zeta}} \tag{9.35}$$

通过常见截面受弯构件实测结果的分析，可取

$$\frac{\alpha_E \rho}{\zeta} = 0.2 + \frac{6\alpha_E \rho}{1 + 3.5\gamma_f'} \tag{9.36}$$

式中，γ_f' 的计算见式（9.17）。

将式（9.36）代入式（9.35）可得到《混凝土结构设计规范》的钢筋混凝土受弯构件短期刚度的表达式

$$B_s = \frac{E_s A_s h_0^2}{1.15\psi + 0.2 + \dfrac{6\alpha_E \rho}{1 + 3.5\gamma_f'}} \tag{9.37}$$

9.3.3　钢筋混凝土受弯构件的长期刚度

在长期荷载作用下，混凝土的徐变会使梁的挠度随时间增长。此外，钢筋与混凝土间黏结滑移徐变、混凝土收缩等也会导致梁的挠度增大。

《混凝土结构设计规范》考虑荷载长期作用对刚度的影响，按照考虑荷载准永久组合和荷载标准组合的长期作用对挠度增加的影响，给出了两个刚度计算公式。

采用荷载效应标准组合时，仅需对在 M_q 下产生的那部分挠度乘以挠度增大的影响系数，而（$M_k - M_q$）这部分弯矩产生的短期挠度是不必增大的。根据式（9.22），受弯构件的挠度为

$$f = S \frac{(M_k - M_q)l^2}{B_s} + S \frac{M_q l^2}{B_s}\theta \tag{9.38}$$

如果式（9.38）用考虑荷载长期作用影响的抗弯刚度 B 来表达，则有

$$f = S \frac{M_k l^2}{B} \tag{9.39}$$

当荷载作用形式相同时，式（9.38）等于式（9.39），即可得

$$B = \frac{M_k}{M_q(\theta - 1) + M_k} B_s \tag{9.40}$$

式中　M_k——按荷载效应的标准组合计算的弯矩，取计算区段内的最大弯矩；

M_q——按荷载效应的准永久组合计算的弯矩，取计算区段内的最大弯矩；

θ——为考虑荷载长期作用对挠度增大的影响系数，当 $\rho' = 0$ 时，取 $\theta = 2.0$；当 $\rho' = \rho$ 时，取 $\theta = 1.6$；ρ' 为中间值时 θ 按线性内插法确定，$\theta = 1.6 + 0.4$ $(1 - \rho'/\rho)$。此处 $\rho' = A_s'/(bh_0)$，$\rho = A_s/(bh_0)$。对翼缘位于受拉区的到 T 形截

面，θ 应增大 20%。

采用荷载准永久组合时，受弯构件考虑荷载长期作用影响的刚度 B 可直接取

$$B = \frac{B_s}{\theta}$$

(9.41)

9.3.4 最小刚度原则与受弯构件的挠度计算

1. 最小刚度原则

钢筋混凝土受弯构件截面的抗弯刚度随弯矩增大而减小。因此即使是等截面梁，由于沿梁长各截面的弯矩并不相同，故其抗弯刚度都不相等，抗弯刚度沿梁长也是变化的。例如，承受均布荷载的简支梁，当中间部分开裂后，其刚度分布情况如图 9-12a 所示，按照这样的变刚度来计算梁的挠度显然十分繁琐。

实用计算中，考虑到支座附近弯矩较小区段虽然刚度较大，但它对全梁变形影响不大，且挠度计算仅考虑弯曲变形的影响，实际上还存在一些剪切变形，故一般取同号弯矩区段的最大弯矩截面处的抗弯刚度作为该区段的抗弯刚度。对于简支梁即取最大弯矩截面按式 (9.41) 计算的截面刚度，并以此作为全梁的抗弯刚度，如图 9-12b 所示。对于带悬挑的简支梁、连续梁或框架梁，则取最大正弯矩截面和最小负弯矩截面的刚度，分别作为相应区段的刚度。这就是挠度计算中通称的"最小刚度原则"，例如，受均布荷载作用带悬挑的等截面简支梁其截面刚度分布如图 9-13 所示。

当计算跨度内的支座截面刚度不大于跨中截面刚度的 2 倍且不小于跨中截面刚度的 1/2 时，该跨度构件也可按等刚度构件进行计算，其构件刚度可取跨中最大弯矩截面的刚度。

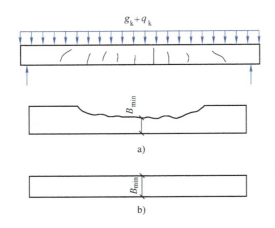

图 9-12 简支梁抗弯刚度分布图

a）实际抗弯刚度分布图 b）计算抗弯刚度分布图

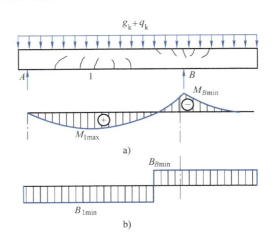

图 9-13 带悬挑梁抗弯刚度分布图

a）弯矩分布图 b）符合最小刚度原则的刚度分布图

2. 受弯构件的挠度变形验算

对钢筋混凝土受弯构件，按照刚度计算公式求出各同号弯矩区段中的最小刚度后，即可按结构力学的方法计算钢筋混凝土受弯构件的挠度。所求得的挠度应满足

$$f \leq f_{lim}$$

(9.42)

式中 f——根据最小刚度原则并考虑荷载长期作用影响的刚度 B 进行计算的挠度，当跨间

为同号弯矩时由式（9.22）可知 $f = S(M_q/B)l^2$；

f_{lim}——挠度限值，按附表13采用。

9.3.5 影响截面抗弯刚度的主要因素

由受弯构件短期刚度计算公式可知，影响截面抗弯刚度的主要因素有：

1）截面高度。在配筋率和材料一定时，增大截面高度是提高刚度的最有效措施。所以工程实践中一般是根据受弯构件的高跨比的合适取值范围预先进行变形控制，高跨比范围是工程实践经验的总结。

2）弯矩。弯矩对短期刚度的影响是隐含在系数 ψ 中的。截面尺寸及材料已知时，由混凝土承担的抗裂弯矩是定值，弯矩增大，短期刚度相应的减小。

3）配筋率。受拉钢筋配筋率增大，短期刚度也略有增大。

4）截面形状。当仅受拉区有翼缘时，有效配筋率较小，ψ 变小，刚度增大；当仅有受压翼缘时，系数 γ_f' 不为0，故刚度增大。

5）混凝土强度等级。在常用配筋率1%~2%的情况下，提高混凝土强度等级对提高刚度的作用不大。

例9-2 有一矩形截面混凝土简支梁，$b \times h = 200mm \times 500mm$，计算跨度 $l_0 = 6m$，环境类别为一类，混凝土强度等级为C30，截面底部配置纵向受拉钢筋为 3Φ20 的 HRB500 级钢筋和 $\phi8@150mm$ 的箍筋，梁上承受均布恒荷载，按荷载准永久组合计算的跨中弯矩 $M_q = 100kN \cdot m$。试验算其变形是否满足不超过挠度限值 $f_{lim} = l_0/200$ 的要求。

解

（1）查表确定各类参数 C30混凝土：$f_{tk} = 2.01N/mm^2$（查附表4），$E_c = 3 \times 10^4 N/mm^2$（查附表15）；HRB500级钢筋：$E_s = 2 \times 10^5 N/mm^2$（查附表14）；3Φ20：$A_s = 942mm^2$（查附表11）；环境类别一类：$c = 20mm$（查附表8），$c_s = 28mm$。

（2）受拉钢筋应变不均匀系数 ψ

$$a_s = c + d_{sv} + \frac{d}{2} = \left(20 + 8 + \frac{20}{2}\right)mm = 38mm$$

$$h_0 = h - a_s = (500 - 38)mm = 462mm$$

$$\sigma_{sq} = \frac{M_q}{0.87h_0A_s} = \frac{100 \times 10^6}{0.87 \times 462 \times 942}N/mm^2 = 264.11N/mm^2$$

$$\rho_{te} = \frac{A_s}{A_{te}} = \frac{942}{0.5 \times 200 \times 500} = 0.01884 > 0.01$$

$$\psi = 1.1 - \frac{0.65f_{tk}}{\rho_{te}\sigma_{sq}} = 1.1 - \frac{0.65 \times 2.01}{0.01884 \times 264.11} = 0.8374$$

（3）计算短期刚度 B_s

$$\alpha_E\rho = \frac{E_s A_s}{E_c bh_0} = \frac{2 \times 10^5}{3 \times 10^4} \times \frac{942}{200 \times 462} = 0.06797$$

对于矩形截面 $\gamma_f' = 0$，所以

$$B_s = \frac{E_s A_s h_0^2}{1.15\psi + 0.2 + 6\alpha_E\rho} = \frac{2 \times 10^5 \times 942 \times 462^2}{1.15 \times 0.8374 + 0.2 + 6 \times 0.06797}N \cdot mm^2 = 2.56 \times 10^{13} N \cdot mm^2$$

（4）计算长期刚度 B

$\rho' = 0$，故 $\theta = 2.0$。因此

$$B = \frac{B_s}{\theta} = \frac{2.56 \times 10^{13}}{2} \text{N} \cdot \text{mm}^2 = 1.28 \times 10^{13} \text{N} \cdot \text{mm}^2$$

（5）计算跨中挠度

$$f = \frac{5}{48} \frac{M_q l^2}{B} = \frac{5 \times 100 \times 10^6 \times 6000^2}{48 \times 1.28 \times 10^{13}} \text{mm} = 29.3 \text{mm}$$

$$f_{\text{lim}} = \frac{l}{200} = \frac{6000 \text{mm}}{200} = 30 \text{mm}$$

因 $f < f_{\text{lim}}$，故挠度满足要求。

例 9-3 如图 9-14 所示多孔板，计算跨度 $l_0 = 3.04\text{m}$，混凝土为 C20，配置 9Φ6 受力筋，保护层厚度 $c = 10\text{mm}$，按荷载标准组合计算的弯矩 $M_k = 4.47\text{kN} \cdot \text{m}$，按荷载准永久组合计算的弯矩 $M_q = 3.53\text{kN} \cdot \text{m}$，$f_{\text{lim}} = l_0/200$，试验算挠度是否满足要求。

解

（1）将多孔板截面换算成 I 形截面 换算时按截面面积、形心位置和截面对形心轴的惯性矩不变的条件，即

$$\frac{\pi d^2}{4} = b_a h_a$$

$$\frac{\pi d^4}{64} = \frac{b_a h_a^3}{12}$$

求得：$b_a = 72.6\text{mm}$，$h_a = 69.2\text{mm}$。换算后的 I 形截面尺寸为

$$b = (890 - 72.6 \times 8)\text{mm} = 310\text{mm}$$

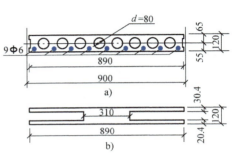

图 9-14 例 9-3 图

a）截面尺寸 b）换算后截面

$$h_f' = \left(65 - \frac{69.2}{2}\right)\text{mm} = 30.4\text{mm}$$

$$h_f = \left(55 - \frac{69.2}{2}\right)\text{mm} = 20.4\text{mm}$$

（2）参数确定 C20 混凝土：$E_c = 2.55 \times 10^4 \text{N/mm}^2$（查附表 15），$f_{\text{tk}} = 1.54\text{N/mm}^2$（查附表 4）；HRB300 级钢筋：$E_s = 2.1 \times 10^5 \text{N/mm}^2$（查附表 14）；$h_0 = h - a_s = 120\text{mm} - (15 + 6/2)\text{mm} = 102\text{mm}$；9Φ6 $A_s = 255\text{mm}^2$（查附表 11）。

（3）计算受拉钢筋应变不均匀系数 ψ

$$\sigma_{\text{sq}} = \frac{M_q}{0.87 h_0 A_s} = \frac{4.47 \times 10^6}{0.87 \times 102 \times 255} \text{N/mm}^2 = 197.54\text{N/mm}^2$$

$$\rho_{\text{te}} = \frac{A_s}{0.5bh + (b_f - b)h_f} = \frac{255}{0.5 \times 310 \times 120 + (890 - 310) \times 20.4} = 0.00837$$

$$\psi = 1.1 - \frac{0.65 f_{\text{tk}}}{\rho_{\text{te}} \sigma_{\text{sq}}} = 1.1 - \frac{0.65 \times 1.54}{0.00837 \times 197.54} = 0.495$$

（4）计算短期刚度 B_s

$$\alpha_E \rho = \frac{E_s A_s}{E_c b h_0} = \frac{2.1 \times 10^5}{2.55 \times 10^4} \times \frac{255}{310 \times 102} = 0.064$$

对于 I 形截面有

$$\gamma_f' = \frac{(b_f' - b)h_f'}{bh_0} = \frac{(890 - 310) \times 30.4}{310 \times 102} = 0.56$$

$$B_s = \frac{E_s A_s h_0^2}{1.15\psi + 0.2 + \frac{6\alpha_E\rho}{1 + 3.5\gamma_f'}} = \frac{2.1 \times 10^5 \times 255 \times 102^2}{1.15 \times 0.495 + 0.2 + \frac{6 \times 0.064}{1 + 3.5 \times 0.56}} N \cdot mm^2$$

$$= 6.20 \times 10^{11} N \cdot mm^2$$

（5）计算长期刚度 B

采用荷载标准组合时

$$B_k = \frac{M_k}{M_q(\theta - 1) + M_k} B_s = \frac{4.47}{3.53 \times (2 - 1) + 4.47} \times 6.20 \times 10^{11} N \cdot mm^2$$

$$= 3.46 \times 10^{11} N \cdot mm^2$$

采用荷载准永久组合时

$$B_q = \frac{B_s}{\theta} = \frac{6.20 \times 10^{11} N \cdot mm^2}{2} = 3.10 \times 10^{11} N \cdot mm^2$$

（6）计算跨中挠度

$$f_k = \frac{5}{48} \frac{M_k l_0^2}{B_k} = \frac{5 \times 4.47 \times 10^6 \times 3040^2}{48 \times 3.46 \times 10^{11}} mm = 12.4 mm$$

$$f_q = \frac{5}{48} \frac{M_q l_0^2}{B_q} = \frac{5 \times 3.53 \times 10^6 \times 3040^2}{48 \times 3.10 \times 10^{11}} mm = 11 mm$$

因 $f_k > f_q$，所以取 $f = f_k = 12.4 mm$

（7）验算挠度变形

$$f_{lim} = \frac{l_0}{200} = \frac{3040}{200} mm = 15.2 mm > f = 12.4 mm$$

所以满足要求。

9.4　混凝土结构的耐久性

9.4.1　影响耐久性能的主要因素

混凝土结构的耐久性是指结构或构件在正常维护的条件下，在预定设计使用年限内，在指定的工作环境中，不需要进行大修即可满足既定的功能要求。耐久性问题主要表现在钢筋混凝土构件表面锈溃或锈胀裂缝；预应力筋开始锈蚀；混凝土表面出现酥裂、分化等，可能引起构件承载力降低甚至结构倒塌。

影响混凝土结构耐久性能的因素很多，主要有内部和外部因素两个方面。内部因素主要有混凝土的强度，密实性和渗透性，保护层厚度，水泥品种、强度和用量，水胶比及外加剂，混凝土中的氯离子以及碱含量等；外部因素则主要有环境温度、湿度，二氧化碳（CO_2）含量、侵蚀性介质、冻融及磨损等。混凝土结构的耐久性问题往往是由于内部存在不完善、外部存在不利因素综合作用的结果。造成结构内部不完善或有缺陷往往是由设计不周、施工不良引起的，也有因使用或维修不当等引起的。

混凝土结构常见引起耐久性问题的原因和应采取的措施如下。

1. 混凝土的碳化

混凝土的碳化是指大气中二氧化碳（CO_2）与混凝土中碱性物质氢氧化钙 $[Ca(OH)_2]$ 发生反应，使混凝土的 pH 值下降。其他酸性物质，如二氧化硫（SO_2）、硫化氢（H_2S）等，也能与混凝土中碱性物质发生类似反应，使混凝土 pH 值下降。混凝土碳化对混凝土本身并无破坏作用，其主要危害是使混凝土中的保护膜受到破坏，引起钢筋锈蚀。另外，碳化还会加剧混凝土的收缩，可导致混凝土开裂。

混凝土的碳化是影响混凝土耐久性的重要因素之一。减小混凝土碳化的措施主要有合理设计混凝土的配合比，尽量提高混凝土的密实性、抗渗性，合理选用掺和料，采用覆盖层隔离，防止混凝土表面与大气环境的直接接触等；另外，在钢筋外留有足够厚的混凝土保护层也是常用的有效方法。

2. 钢筋的锈蚀

钢筋锈蚀会发生锈胀，使混凝土保护层脱落，严重的会产生纵向裂缝，影响正常使用。钢筋锈蚀还会导致钢筋有效截面的减小，强度和延性的降低，破坏钢筋与混凝土的黏结，使结构承载力下降，甚至导致结构破坏。

钢筋的锈蚀是影响混凝土结构耐久性最重要的因素之一。防止钢筋锈蚀的措施主要有严格控制集料中含盐量，降低水胶比，提高混凝土的密实度，保证足够的混凝土保护层厚度，采用涂面层、钢筋阻锈剂等。另外，还可以使用防腐蚀钢筋或对钢筋采用阴极防护等。

3. 混凝土的冻融破坏

混凝土水化结硬后内部有很多毛细孔。在浇筑混凝土时，为了得到必要的和易性，用水量往往会比水泥水化反应所需的水要多一些，这些多余的水分以游离水的形式滞留于混凝土毛细孔中，遇到低温就会结冰膨胀，引起混凝土内部结构的破坏。反复冻融多次，混凝土的损伤累积到一定程度就会引起结构破坏。

防止混凝土冻融破坏的主要措施有降低水胶比，减少混凝土中的游离水，浇筑时加入引气剂使混凝土中形成微细气孔等。混凝土早期受冻可采用加强养护、保温、掺入防冻剂等措施。

4. 混凝土的碱集料反应

混凝土集料中某些活性矿物与混凝土微孔中的碱性溶液产生化学反应称为碱集料反应。碱集料反应产生碱-硅酸盐凝胶，吸水膨胀体积可增大 3~4 倍，从而引起混凝土开裂、剥落、钢筋外露锈蚀、强度降低，甚至导致破坏。

防止碱集料反应的主要措施是采用低碱水泥或掺用粉煤灰等掺合料以降低混凝土中的碱性，以及对含活性成分的集料加以控制等。

5. 侵蚀性介质的腐蚀

化学介质对混凝土的侵蚀在石化、化工、轻工、冶金以及港湾建筑中很普遍，有的化工厂房和海港建筑仅使用几年就遭到不同程度的破坏。化学介质的侵入造成混凝土中一些成分溶解或流失，引起裂缝、孔隙或松散破碎，有的化学介质与混凝土中一些成分发生反应，其生成物造成混凝土体积膨胀，引起混凝土结构的破坏。常见的一些侵蚀性介质腐蚀有硫酸盐腐蚀、酸腐蚀、海水腐蚀和盐类结晶腐蚀等。要防止侵蚀性介质的腐蚀，应根据实际情况采用相应的防护措施，如从生产流程上防止有害物质的散溢，采用耐酸混凝土或铸石贴面等。

9.4.2 混凝土结构耐久性设计

耐久性设计的目的是保证混凝土结构的使用年限，要求在规定的设计工作寿命内，混凝土结构能在自然和人为环境的化学和物理作用下，不出现无法接受的承载力减小、使用功能降低和外观破损等耐久性问题。

混凝土结构耐久性设计涉及面广，影响因素多，主要采用经验的方法以概念设计为主，一般来说应包括以下几个方面。

1. 确定结构所处的环境类别

混凝土结构的耐久性与结构所处的环境有密切关系，同一结构在强腐蚀环境中要比在一般大气环境中的使用年限短。对混凝土结构使用环境进行分类，可以在设计时针对不同环境类别，采取相应的措施，满足达到设计使用年限的要求。《混凝土结构设计规范》规定，混凝土结构暴露表面所处的环境类别的划分见附表9。

2. 提出对混凝土材料的耐久性基本要求

合理设计混凝土的水胶比，严格控制集料中的含盐量、含碱量，保证混凝土必要的强度，提高混凝土的密实性和抗渗性是保证混凝土耐久性的重要措施。

氯离子引起的钢筋电化学腐蚀是混凝土最严重的耐久性问题，应限制使用含功能性氯化物的外加剂。《混凝土结构设计规范》对处于一、二、三类环境中，设计使用年限为50年的结构混凝土材料耐久性的基本要求，如最大水胶比、最低强度等级、最大氯离子含量和最大碱含量等，均做了明确的规定，见表9-1。

表9-1　结构混凝土材料的耐久性整体要求

环 境 等 级	最大水胶化	最低强度等级	最大氯离子含量（%）	最大碱含量 /（km/m³）
一	0.60	C20	0.30	不限制
二 a	0.55	C25	0.20	
二 b	0.50（0.55）	C30（C25）	0.15	
三 a	0.45（0.50）	C35（C30）	0.15	3.0
三 b	0.40	C40	0.10	

注：1. 氯离子含量系指其占胶凝材料总量的百分比。
　　2. 预应力构件混凝土中的最大氯离子含量为0.06%；其最低混凝土强度等级宜按表中的规定提高两个等级。
　　3. 素混凝土构件的水胶比及最低强度等级的要求可适当放松。
　　4. 有可靠工程经验时，二类环境中的最低混凝土强度等级可降低一个等级。
　　5. 处于严寒和赛冷地区二b、三a类环境中的混凝土应使用引气剂，并可采用括号中的有关参数。
　　6. 当使用非碱活性集料时，对混凝土中的碱含量可不作限制。

对在一类环境中设计使用年限为100年的混凝土结构，钢筋混凝土结构的最低强度等级为C30，预应力混凝土结构的最低强度等级为C40；混凝土中的最大氯离子含量为0.06%；宜使用非碱活性集料，当使用碱活性集料时，混凝土中的最大碱含量为

$3.0kg/m^3$。

3. 确定构件中钢筋的混凝土保护层厚度

混凝土保护层对减小混凝土的碳化，防止钢筋锈蚀，提高混凝土结构的耐久性有重要作用，各国规范都有关于混凝土最小保护层厚度的规定。《混凝土结构设计规范》规定：构件中受力钢筋的保护层厚度不应小于钢筋直径；对设计使用年限为 50 年的混凝土结构，最外层钢筋（包括箍筋和构造钢筋）的保护层厚度应符合附表 8 的规定；对设计使用年限为 100 年的混凝土保护层的厚度，保护层厚度不应小于表中数值的 1.4 倍。当有充分依据并采用有效措施时，可适当减小混凝土保护层的厚度，这些措施包括构件表面有可靠的防护层；采用工厂化生产预制构件，并能保证预制构件混凝土的质量；在混凝土中掺杂阻锈剂或采用阴极保护处理等防锈措施；另外，当对地下室墙体采取可靠的建筑防水做法或防护措施时，与土壤接触侧钢筋的保护层厚度可适当减少，但不应小于 25mm。

4. 不同环境条件下混凝土结构构件应采取的满足耐久性的技术措施

预应力混凝土结构中的预应力筋应根据具体情况采取表面防护、管道灌浆、加大混凝土保护层厚度等措施，外露的锚固端应采取封锚和混凝土表面处理等有效措施。

有抗渗性要求的混凝土结构，混凝土的抗渗等级应符合有关标准的要求。

严寒以及寒冷地区的潮湿环境中，结构混凝土应满足抗冻要求，混凝土抗冻等级应符合有关标准的要求。

处在三类环境中的混凝土结构构件，可采用阻锈剂、环氧树脂涂层钢筋或其他具有耐腐蚀性能的钢筋，也可采用阴极保护措施或采用可更换的构件等措施。

处在二、三类环境中的悬臂梁构件宜采用悬臂梁- 板的结构形式，或在其上表面增设防护层。

处在二、三类环境中的结构构件，其表面的预埋件、吊钩、连接件等金属部件应采取可靠的防锈措施。

对处在恶劣环境条件下的结构，以及在二类和三类环境中，设计使用年限为 100 年的混凝土结构，应采取专门的有效防护措施。

5. 提出结构使用阶段的检测与维护要求

要保证混凝土结构的耐久性，还需要在使用阶段对结构进行正常的检查维护，不得随意改变建筑物所处的环境类别，这些检查维护的措施包括：

1）结构应按设计规定的环境类别使用并定期进行检查维护。

2）设计中的可更换混凝土构件应定期按规定更换。

3）构件表面的防护层应按规定进行维护或更换。

4）结构出现可见的耐久性缺陷时，应及时进行检测处理。

我国《混凝土结构设计规范》主要对处于一、二、三类环境中的混凝土结构的耐久性要求做了明确规定；对处于四、五类环境中的混凝土结构，其耐久性要求应符合有关标准的规定。

对临时性（设计使用年限为 5 年）的混凝土结构，可不考虑和混凝土的耐久性要求。

思考题与习题

9.1 对钢筋混凝土结构构件进行设计时为何要对裂缝宽度进行控制？引起构件裂缝的原因有哪些？

9.2　混凝土构件的平均裂缝宽度是如何定义的？

9.3　何谓"钢筋应变不均匀系数"，其物理意义是什么？与哪些因素有关？

9.4　什么是构件截面的弯曲刚度？它与材料力学中的弯曲刚度相比有何区别？

9.5　什么是结构构件变形验算的"最小刚度原则"？

9.6　减少受弯构件挠度和裂缝宽度的有效措施有哪些？

9.7　影响混凝土结构耐久性的主要因素有哪些？

9.8　什么是混凝土的碳化，混凝土的碳化对钢筋混凝土结构的耐久性有何影响？

9.9　我国《混凝土结构设计规范》是如何保证结构耐久性要求的？

9.10　混凝土结构耐久性设计的内容包括哪些？

9.11　已知一矩形截面简支梁的截面尺寸 $b \times h = 250\text{mm} \times 600\text{mm}$，计算跨度 $l_0 = 6\text{m}$，混凝土等级为 C30，纵向受拉钢筋为 2 根直径 14mm 和 2 根直径 16mm 的 HRB400 级钢筋，箍筋为直径 6mm 的 HPB300 级钢筋，梁上均布恒荷载（包括梁自重）$g_k = 19\text{kN/m}$，均布活荷载 $q_k = 12\text{kN/m}$，准永久系数为 $\psi_q = 0.5$，梁处于室内正常环境。试验算最大裂缝宽度是否满足要求？验算其变形是否满足要求？

9.12　已知预制 T 形截面简支梁，安全等级为二级，一类环境，计算跨度 $l_0 = 6\text{m}$，$b_f' = 600\text{mm}$，$b = 200\text{mm}$，$h_f' = 60\text{mm}$，$h = 500\text{mm}$，混凝土强度等级为 C30，纵筋采用 HRB400 级，箍筋采用 HPB300 级，直径为 $\phi 8\text{mm}$。各种荷载在跨中截面所引起的弯矩标准值为：永久荷载 $g_k = 43\text{kN/m}$，可变荷载 $q_{1k} = 35\text{kN/m}$（准永久值系数 $\psi_{1q} = 0.4$），雪荷载 $q_{2k} = 8\text{kN/m}$（准永久值系数 $\psi_{2q} = 0.2$）。

求：（1）受弯正截面受拉钢筋面积，并选用钢筋直径（在 18～22mm 之间选择）及根数。

（2）验算挠度是否小于 $f_{\lim} = l_0/250$。

（3）验算裂缝宽度是否小于 $w_{\lim} = 0.3\text{mm}$。

9.13　圆孔空心板截面如图 9-15 所示，其上作用永久荷载标准值 $g_k = 2.38\text{kN/m}^2$，可变荷载标准值 $q_k = 4\text{kN/m}^2$，准永久值系数 $\psi_q = 0.4$。简支板的计算跨度 $l_0 = 3.18\text{m}$。采用 C25 级混凝土，HPB300 钢筋，纵向受拉钢筋为 $9\Phi 8$，混凝土保护层厚度 $c_s = 20\text{mm}$，$A_s = 453\text{m}^2$，求板的挠度。

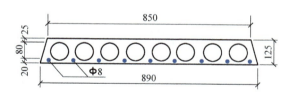

图 9-15　习题 9.13 图

第10章 预应力混凝土结构构件

10.1 概述

10.1.1 预应力混凝土的基本概念

通过前几章对钢筋混凝土材料和结构构件的分析计算得知,钢筋混凝土结构与其他材料的结构相比有许多显著的优点,但混凝土存在的抗拉能力差和容易开裂的缺陷在一定范围内限制了钢筋混凝土构件的应用和发展。

钢筋混凝土构件中,尽管钢筋和混凝土分工合作,充分发挥了两种材料各自的优点,但它们在变形方面存在矛盾。在正常使用条件下,构件出现裂缝时钢筋的拉应变达到混凝土极限拉应变的 5 ~ 10 倍(钢筋拉应变为 0.0005 ~ 0.0015,混凝土极限拉应变为 0.0001 ~ 0.00015),两种材料的变形相差很大。如果要求构件不开裂,则钢筋的应力不能超过 $30N/mm^2$,若超过此值混凝土将会出现裂缝,即构件在使用荷载作用下,钢筋强度还未被利用之前,混凝土已开裂。

构件开裂后,刚度将会降低,变形也将随之增大,为满足变形和裂缝的要求,需要增大截面尺寸或增加钢筋用量,构件自重也相应增大,特别是大跨度和承受荷载较大的结构,截面尺寸和自重将更大,使得大部分材料用来承担自重荷载,这显然是不合理的。

在钢筋混凝土构件中,采用高强钢筋虽然能提高构件的承载力,但高强钢筋拉应变大,致使裂缝过宽,对于允许出现裂缝的构件,必须限制其裂缝宽度。按允许裂缝宽度 $w_{lim} = 0.2 \sim 0.3mm$ 计算时,钢筋的应力只能达到 $150 \sim 250N/mm^2$,可见配置高强钢筋不能充分发挥作用。如果用提高混凝土强度等级来增加混凝土的极限拉应变,显然也不能从根本上解决钢筋和混凝土拉应变不相适应的矛盾,也不能解决混凝土的裂缝问题。

为了解决钢筋混凝土结构的上述缺点,随着科学和生产的发展,出现了预应力混凝土结构。预应力混凝土结构即在构件承受荷载之前对受拉区的混凝土施加压力,使构件产生压缩变形和预压应力,当荷载作用使构件产生拉应力时,首先要抵消混凝土截面的预压应力,随着荷载的增加逐渐使混凝土受拉并进而出现裂缝,这就推迟了裂缝的出现也相应地减小了裂缝宽度。

现以图 10-1a 所示轴心受拉构件为例说明预应力混凝土的基本原理。在荷载作用之前通过预应力钢筋或锚固装置,预先在构件两端施加一对大小相等、方向相反的预压力 N_p(见图 10-1b),在构件截面上产生的预压应力为 σ_{pc},当作用有轴向拉力 N(见图 10-1c)时,截面上产生的拉应力为 σ_t,两种应力相互叠加后截面的实际应力减小为 $\sigma_t - \sigma_{pc}$(见图 10-1d),若 $\sigma_t - \sigma_{pc} \leqslant f_{tk}$,构件不开裂;若 $\sigma_t - \sigma_{pc} > f_{tk}$,则构件出现裂缝,但裂缝宽度比普通钢筋混凝土构件小得多,故预应力混凝土构件的抗裂度高,裂缝宽度小。

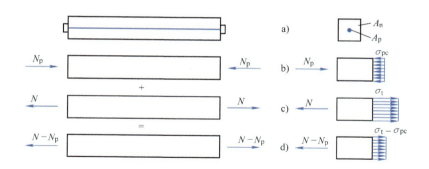

图 10-1　预应力混凝土原理

10.1.2　预应力混凝土的特点

预应力混凝土的应用和发展，克服了普通钢筋混凝土的缺陷，不仅为充分利用高强材料创造了条件，而且使结构构件在使用上更加趋于完善、合理。预应力混凝土大致具有以下几方面的特点：

1）提高构件的抗裂性、耐久性，增加构件的刚度。预应力可以全部或部分抵消构件在荷载作用下产生的拉应力，使构件不出现裂缝或减小裂缝宽度，故其抗裂性能比普通钢筋混凝土构件高，从而提高了构件的耐久性和刚度。

2）节约材料、减轻自重、降低造价。高强材料的应用，可以相对减小构件的截面尺寸，一般可比普通钢筋混凝土节约钢筋 20%~50%，节约混凝土 20%~30%，降低造价10%~20%；

3）构件标准化、工厂化生产程度高。生产预应力混凝土构件需要一套专门的制作设备，对于大量的工业与民用建筑构件不便于现场制作，可在工厂定型生产，减少现场湿作业，缩短施工周期，加快施工进度。

预应力混凝土的缺点是构件制作复杂、施工工序多，对材料的质量和制作技术水平要求高，需要有复杂的张拉和锚固设备，构件制作周期长，计算复杂等。这是今后发展和应用中有待于进一步改进的方向。

10.2　预应力的施加方法

预应力混凝土的主要特征在于构件承受荷载之前，钢筋和混凝土已建立起较大的预应力（钢筋为拉应力，混凝土为压应力），这种预应力是通过张拉钢筋实现的。通常，根据预应力筋张拉时间的先后，习惯上把预加应力的方法分为先张法和后张法。

10.2.1　先张法

在浇注混凝土之前先张拉预应力筋称为先张法。

先张法的施工工序是（见图 10-2）：在台座上张拉钢筋，当钢筋应力达到规定值时，锚固预应力钢筋，浇注混凝土并养护构件，混凝土结硬达到一定强度（不低于强度设计值的

75%）后，放松钢筋，钢筋立即回缩，将形成的回弹力作用在构件上，通过构件端部的黏结力将回弹力传给混凝土，使混凝土截面产生弹性压缩并获得预压应力。先张法施工工艺简单、工序少、效率高、质量容易保证，是目前我国生产中小型预应力混凝土构件的主要方法。

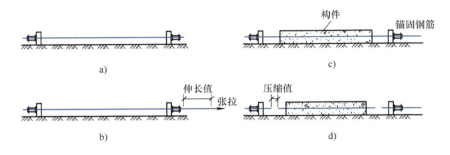

图 10-2　先张法施工工序

a）钢筋就位　b）张拉钢筋　c）浇注混凝土养护　d）放松钢筋使混凝土产生预应力

在先张法构件中，预应力是通过构件端部钢筋与混凝土之间的黏结力建立起来的，并且在一定长度内传递完成。通常假定预应力在此范围内按直线分布，预应力钢筋的应力从端部为零增大到 σ_{pc}（见图 10-3），这段长度称为传递长度 l_{tr}，其值按下式计算，即

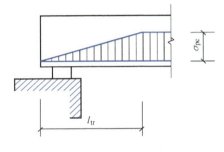

图 10-3　传递长度

$$l_{tr} = \alpha \frac{\sigma_{pc}}{f'_{tk}} d \qquad (10.1)$$

式中　σ_{pc}——放张时预应力筋的有效预应力；

　　　　d——预应力钢丝、钢绞线的公称直径，见附表 16、附表 17；

　　　　α——预应力钢筋外形系数，按表 10-1 的规定确定；

　　　　f'_{tk}——与放张时混凝土立方体抗压强度 f'_{tu} 相应的抗拉强度标准值，按附表 4 以线性内插法取用。

表 10-1　预应力钢筋外形系数

预应力筋种类	刻痕钢丝	螺旋肋钢丝	钢 绞 线	
			三　　股	七　　股
α	0.19	0.13	0.16	0.17

注：1. 当采用骤然放松预应力筋的施工工艺时，l_{tr} 的起点应从距构件末端 $0.25l_{tr}$ 处开始计算；

　　2. 对热处理钢筋，可不考虑预应力传递长度 l_{tr}。

10.2.2　后张法

构件成型且混凝土结硬后，在构件上张拉钢筋的方法称为后张法。

后张法的施工工序是（见图 10-4）：浇筑混凝土并在构件中预留孔道，当混凝土达到一定强度后（不低于设计强度值的 75%），将钢筋穿入孔道，依附于构件端部张拉预应力筋，同时混凝土受到挤压产生弹性压缩，当钢筋达到规定应力时，锚固预应力筋，钢筋形成的回弹力通过锚具传给混凝土，从而使混凝土获得预压应力。最后在孔道内进行压力灌浆，防止钢筋锈蚀，使钢筋和混凝土更好地黏结成整体。

后张法是在构件上张拉预应力钢筋，不需要台座，适用于现场制作生产受力较大的大型构件，但孔道抽芯和压力灌浆等工序复杂，构件两端需设有特制锚具，故后张法构件造价较高。后张法是目前我国生产预应力混凝土大型构件的主要方法。

后张法在张拉钢筋时混凝土也同时受到压缩，两者是同时建立起预应力的。换句话说，在预应力钢筋张拉完毕时，混凝土已产生弹性压缩，即混凝土的预压力等于钢筋的张拉力。

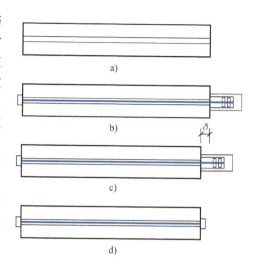

图 10-4 后张法施工工序
a) 制作构件，预留孔道 b) 穿筋，安装拉伸机
c) 预拉钢筋 d) 锚固钢筋，孔道灌浆

10.3 预应力混凝土对材料的要求

10.3.1 混凝土

1）强度高。为了与高强钢筋相适应，宜采用强度等级较高的混凝土，混凝土的强度等级越高，建立的预应力就越大，有利于对构件变形和裂缝的控制。混凝土强度等级的选用与施工方法、构件跨度、钢筋种类以及使用情况有关。预应力混凝土强度等级不宜低于 C30。当采用钢丝、钢绞线、热处理钢筋作预应力钢筋时，混凝土的强度等级不宜低于 C40。

2）收缩、徐变小，可以显著减小预应力损失。

3）快硬、早强。可以尽早对构件施加预应力，加快施工进度，提高劳动生产率。

10.3.2 钢筋

1）高强度。构件在制作过程中，由于多种原因会使预应力钢筋的张拉力逐渐降低。为了使构件在混凝土产生弹性压缩、徐变、收缩后仍能够使混凝土建立较高的预应力，需要钢筋具有较高的张拉力，即要求预应力钢筋有较高的抗拉强度。

2）塑性好。为避免构件发生脆性破坏，要求钢筋被拉断时具有一定的延伸率。当构件处于低温或受冲击荷载时，对塑性和冲击韧性方面的要求是很重要的。

3）与混凝土间具有良好的黏结性能。黏结力是保证钢筋和混凝土得以可靠工作的基础，当采用光圆高强钢筋时，钢筋表面应经"压纹"或"刻痕"处理后使用。

4）良好的加工性能。钢筋应具有良好的焊接性，并要求钢筋"镦粗"后不影响其原材料的物理力学性能。

常用的预应力钢筋有：热处理钢筋、钢丝、钢绞线等。

10.4 张拉控制应力与预应力损失

10.4.1 预应力钢筋的张拉控制应力

张拉控制应力是指千斤顶液压表控制的总张拉力除以钢筋截面面积所得的应力，用 σ_{con} 表示。

从构件使用阶段的抗裂性能分析，张拉控制应力 σ_{con} 越高，在混凝土中建立的预应力就越大，故 σ_{con} 不宜取值过低。但如果 σ_{con} 过高，将使构件开裂时的承载力与破坏时的承载力很接近，这就意味着构件开裂后不久即告破坏；同时 σ_{con} 过高，由于钢筋的离散性及施工时可能超张拉等原因，会使张拉控制应力 σ_{con} 达到或超过预应力筋的抗拉强度标准值 f_{ptk}，产生过大的塑性变形而达不到预期的预应力效果，甚至还有可能由于张拉力不准确或钢筋焊接质量不好使钢筋发生脆断。因此，为充分发挥预应力筋的作用，确保操作和使用安全，预应力筋的张拉控制应力不宜超过表 10-2 规定的数值。

表 10-2 张拉控制应力

项 次	钢 种	张拉方法	
		先 张 法	后 张 法
1	预应力钢丝、钢绞线	$0.75f_{ptk}$	$0.75f_{ptk}$
2	热处理钢筋	$0.70f_{ptk}$	$0.65f_{ptk}$

注：1. 预应力筋的强度标准值 f_{ptk} 按附表 2 采用。
　　2. 预应力钢丝、钢绞线、热处理钢筋张拉控制应力 σ_{con} 不应小于 $0.4f_{ptk}$。

10.4.2 预应力损失 σ_l

预应力混凝土构件在制作过程中，由于张拉工艺和材料特性等原因，钢筋中的张拉控制应力将随时间的延续而逐渐降低，我们把降低的这部分应力称为预应力损失。预应力损失的大小是影响构件抗裂性能和刚度的关键，预应力损失过大，不仅会减小混凝土的预压应力，降低构件的抗裂能力，降低构件的刚度，而且可能导致预应力的失败。因此，正确了解和准确地掌握各项预应力损失的计算，对于设计和制作预应力混凝土构件是非常重要的。

1. 张拉端锚具变形和钢筋内缩引起的预应力损失 σ_{l1}

（1）直线预应力钢筋 构件施工时，张拉钢筋到 σ_{con} 后立即锚固，钢筋的张拉力由锚具承受，此时钢筋在锚（夹）具内将产生微小的滑移，而锚具也因受力而变形（锚具、垫板、螺帽间缝隙被挤紧），这些因素都将使被张紧的钢筋产生回缩而引起预应力损失 σ_{l1}，其值按下式计算，即

$$\sigma_{l1} = \frac{\alpha}{l} E_s \qquad (10.2)$$

式中　α——张拉端锚具变形与钢筋内缩值，mm，按表 10-3 选取；

　　　l——张拉端至锚固端之间的距离，mm；

E_{s}——预应力筋的弹性模量，N/mm^2。

表 10-3　锚具变形和钢筋内缩值

项　次	锚具类别		α
1	支承式锚具（钢丝束镦头锚具） 螺帽缝隙 每块后加垫板的缝隙		1 1
2	锥塞式锚具（钢丝束的钢质锥形锚具等）		5
3	夹片式锚具	有顶压时	5
		无顶压时	6~8

注：1. 表中的锚具变形和钢筋内缩值也可根据实测数据确定。

　　2. 其他类型的锚具变形和钢筋内缩值应根据实测数据确定。

（2）曲线预应力筋　后张法构件当张拉曲线预应力筋到 σ_{con} 并在构件端部锚固时，预应力筋的回缩将受到孔道壁反向摩擦力的影响，这种影响在一定长度内发生。由变形协调条件得知，端头锚具变形和钢筋内缩值等于反向摩擦力引起的预应力筋的变形值，于是可求得预应力损失 σ_{l1}（见图 10-5）。

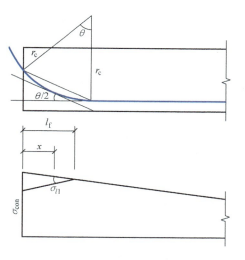

对于常用的圆弧形曲线，当 $\theta \leqslant 30°$ 时，σ_{l1} 的计算公式为

$$\sigma_{l1} = 2\sigma_{con} l_f \left(\frac{\mu}{r_c} + k \right) \left(1 - \frac{x}{l_f} \right) \quad (10.3)$$

反向摩擦影响长度 $l_f(m)$，可按下式计算，即

$$l_f = \sqrt{\frac{\alpha E_s}{1000 \cdot \sigma_{con} \left(\dfrac{\mu}{r_c} - k \right)}} \quad (10.4)$$

图 10-5　端部孔道壁反向摩擦力影响

式中　μ——预应力筋与孔道壁间的摩擦系数，按表 10-4 取用；

　　　r_c——圆弧形曲线预应力筋的曲率半径，m；

　　　k——考虑孔道每米长度局部偏差的摩擦系数，按表 10-4 取用；

　　　x——张拉端到计算截面的距离，m，且符合 $x < l_f$ 的规定；

α、E_s 的意义同前。

表 10-4　摩擦系数

项　次	孔道成型方式	k	μ
1	预埋金属波纹管	0.0015	0.25
2	预埋钢管	0.0010	0.30
3	橡胶管或钢管抽芯成型	0.0014	0.55

注：1. 表中系数也可根据实测数据确定。

　　2. 当采用钢丝束的钢制锥形锚具及类似形式锚具时，尚应考虑锚环口处的附加摩擦损失，其值可根据实测数据确定。

2. 预应力筋与孔道壁之间（后张法）和在转向装置处的（先张法）摩擦引起的预应力损失 σ_{l2}

后张法构件在张拉预应力筋时，由于施工中预留孔道的偏差、孔道壁表面的粗糙和不平整等原因，使钢筋与孔道壁之间某些部位接触引起摩擦阻力（当孔道为曲线时摩擦阻力将更大），使得预应力筋的应力从张拉端开始沿孔道逐渐减小（见图 10-6），这种应力差额称为预应力损失 σ_{l2}，计算公式为

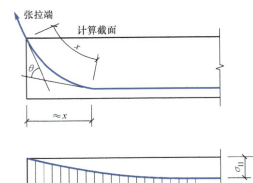

图 10-6 摩擦阻力的影响

$$\sigma_{l2} = \sigma_{con}\left(1 - \frac{1}{e^{kx + \mu\theta}}\right) \quad (10.5)$$

式中 θ——从张拉端至计算截面曲线孔道部分切线的夹角，rad；

x——从张拉端至计算截面的孔道长度，m，可近似地取该段孔道在纵轴上的投影长度；

k，μ 意义同前。

当 $kx + \mu\theta \leqslant 0.2$ 时，σ_{l2} 可近似地按下式计算，即

$$\sigma_{l2} = \sigma_{con}(kx + \mu\theta) \quad (10.6)$$

由式（10.6）可知，计算截面到张拉端的距离 x 越大，σ_{l2} 就越大，当一端张拉时，固定端的 σ_{l2} 最大，预应力筋的应力最低，因而构件的抗裂能力也将相应降低。

先张法构件中，预应力筋在转向装置处的摩擦损失 σ_{l2} 按实际情况确定。

3. 混凝土加热养护时，受张拉的钢筋与承受拉力设备之间的温差引起的预应力损失 σ_{l3}

对于先张法构件，为了缩短生产周期，提高张拉设备的周转次数，在浇注混凝土后，用蒸气养护。升温时，混凝土尚未结硬，还未与钢筋黏结成整体，而张拉好的钢筋因受热膨胀会自由地伸长，由于钢筋的温度比台座温度高得多，且台座与大地相连基本不受温度影响，故两者间的温差将导致张拉钢筋放松，引起张拉应力降低。而降温时，混凝土已经和钢筋结合成整体，两者可以同时变形，此时，钢筋的应力已不能再恢复到升温前的应力，即产生了预应力损失 σ_{l3}。当预应力筋与承受拉力设备间的温差为 Δt 时，由于钢筋的线膨胀系数为 $\alpha = 0.00001/℃$，则钢筋的应变为 $\alpha\Delta t$，预应力损失为

$$\sigma_{l3} = \alpha\Delta t E_s = 0.00001 \times \Delta t \times 2.0 \times 10^5 = 2\Delta t \quad (10.7)$$

4. 钢筋应力松弛引起的预应力损失 σ_{l4}

钢筋在高应力作用下，钢筋应力保持不变，变形具有随时间增长而逐渐增大的性质，该现象称为钢筋的徐变。若钢筋长度保持不变，钢筋的应力会随时间的增长而逐渐降低，这种现象称为钢筋的应力松弛。不论先张法还是后张法，钢筋的徐变和应力松弛都将引起预应力损失。通常，张拉开始时期钢筋基本处于应力松弛阶段，钢筋一经锚固到构件已承受荷载时期，钢筋基本处于徐变阶段。实际上钢筋的徐变和应力松弛很难明确划分，故在计算中统称

为钢筋应力松弛损失。

预应力筋的应力松弛损失与张拉应力、张拉时间和钢筋品种有关，张拉控制应力越大，钢筋的应力松弛损失越大，σ_{l4} 初期增长快，后期增长较慢，以后将逐渐收敛。

钢筋的应力松弛损失 σ_{l4} 按式（10.8）~式（10.12）计算。

1）热处理钢筋。

一次张拉

$$\sigma_{l4} = 0.05\sigma_{con} \qquad (10.8)$$

超张拉

$$\sigma_{l4} = 0.035\sigma_{con} \qquad (10.9)$$

2）预应力钢丝、钢绞线。

普通松弛

$$\sigma_{l4} = 0.4\psi\left(\frac{\sigma_{con}}{f_{psk}} - 0.5\right)\sigma_{con} \qquad (10.10)$$

一次张拉时，取 $\psi = 1.0$；超张拉时，取 $\psi = 0.9$。

低松弛：

当 $\sigma_{con}/f_{ptk} \leqslant 0.7$ 时，为

$$\sigma_{l4} = 0.125\left(\frac{\sigma_{con}}{f_{ptk}} - 0.5\right)\sigma_{con} \qquad (10.11)$$

当 $0.7 < \sigma_{con}/f_{ptk} \leqslant 0.8$ 时，为

$$\sigma_{l4} = 0.20\left(\frac{\sigma_{con}}{f_{ptk}} - 0.575\right)\sigma_{con} \qquad (10.12)$$

5. 混凝土收缩、徐变引起的受拉区和受压区预应力筋的应力损失 σ_{l5} 和 σ'_{l5}

一般温度条件下，混凝土在空气中结硬时，会发生体积收缩，而在预压力的作用下，混凝土还发生沿力的作用方向的徐变。收缩和徐变会使构件缩短，而被张拉的钢筋将随构件一起回缩，引起预应力损失。预应力筋的应力损失 $\sigma_{l5}(\sigma'_{l5})$，根据预应力筋合力点处混凝土的法向应力 $\sigma_{pc}(\sigma'_{pc})$ 与预加应力时混凝土的立方体抗压强度 f'_{cu} 比值，分别按先张法和后张法计算。

对于先张法构件，可按式（10.13）、式（10.14）计算。

受拉区预应力筋

$$\sigma_{l5} = \frac{45 + 280\dfrac{\sigma_{pc}}{f'_{cu}}}{1 + 15\rho} \qquad (10.13)$$

受压区预应力筋：

$$\sigma_{l5} = \frac{45 + 280\dfrac{\sigma'_{pc}}{f'_{cu}}}{1 + 15\rho'} \qquad (10.14)$$

对于后张法构件，可按式（10.15）、式（10.16）计算。

受拉区预应力筋

$$\sigma_{l5} = \frac{35 + 280\dfrac{\sigma_{pc}}{f'_{cu}}}{1 + 15\rho} \qquad (10.15)$$

受压区预应力筋

$$\sigma'_{l5} = \frac{35 + 280\dfrac{\sigma'_{pc}}{f'_{cu}}}{1 + 15\rho'} \qquad (10.16)$$

式中　σ_{pc}、σ'_{pc}——受拉区、受压区预应力筋在各自合力点处混凝土的法向应力，这时仅考

虑混凝土预压前（第一批）的损失。σ_{pc}、σ'_{pc} 应小于 $0.5f'_{cu}$，当 σ'_{pc} 为拉应力时，式（10.14）和式（10.16）中的 σ'_{pc} 取为零计算；

f'_{cu}——施加预应力时的混凝土立方体抗压强度；

ρ、ρ'——受拉区、受压区预应力筋和非预应力筋的配筋率，对先张法构件，$\rho = (A_p + A_s)/A_0$，$\rho' = (A'_p + A'_s)/A_0$，对于后张法构件，$\rho = (A_p + A_s)/A_n$，$\rho' = (A'_p + A'_s)/A_n$，对称配置预应力筋和非预应力筋构件，取 $\rho = \rho'$，此时，配筋率按钢筋截面面积的一半进行计算；

A_n——混凝土截面净面积；

A_0——截面换算面积；

A_c——截面混凝土面积，$A_n = A_c + \alpha_{Es}A_s$，$A_0 = A_n + \alpha_{Ep} \cdot A_p$，$\alpha_{Es} = E_s/E_c$，$\alpha_{Ep} = E_p/E_c$。

当结构处于年平均相对湿度低于 40% 的环境下，σ_{l5} 和 σ'_{l5} 应增加 30%。

在计算 σ_{pc} 时，一般要求 $\sigma_{pc} \leqslant 0.5f'_{cu}$，这时混凝土将发生线性徐变，$\sigma_{l5}$ 按线性比例增加；当 $\sigma_{pc} > 0.5f'_{cu}$，混凝土发生非线性徐变，σ_{l5} 将迅速增加，这对构件使用不利。

6. 螺旋预应力配筋对环形构件混凝土的局部挤压所引起的预应力损失 σ_{l6}

配置螺旋式预应力筋的后张法构件，混凝土受到预应力筋的局部挤压，使混凝土产生局部压陷变形（见图 10-7），因而构件的直径相对减小引起预应力筋的预应力损失 σ_{l6}。σ_{l6} 的大小与环形构件的直径 D 成反比，D 越大，σ_{l6} 越小。当 $D \leqslant 3m$ 时，取 $\sigma_{l6} = 30N/mm^2$，当 $D > 3m$ 时，取 $\sigma_{l6} = 0$。

需要特别指出的是，后张法构件在制作过程中，通常对配置的多根预应力筋采用分批张拉，在分批张拉时应考虑后批张拉钢筋所产生的混凝土弹性压缩对前批张拉钢筋的影响。此时应将前批张拉钢筋的张拉应力值 σ_{con} 增加 $\alpha_E \sigma_{pci}$，此处 σ_{pci} 为张拉后批钢筋时在前批张拉钢筋重心处由预加应力产生的混凝土法向应力，$\alpha_E = E_s/E_c$。

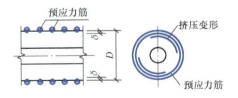

图 10-7　局部挤压的影响

10.4.3　预应力损失的组合

上述六项预应力损失并不对每一构件都同时产生，而与施工方法有关。实际上，应力损失是按不同的张拉方法分两批产生的，对于先张法以放松预应力筋的时点来划分，对于后张法以刚锚固好预应力筋的瞬间来划分，其组合项目见表 10-5。

表 10-5　各阶段预应力损失的组合

项　次	预应力损失的组合	先张法构件	后张法构件
1	混凝土预压前（第一批）的损失 σ_{lI}	$\sigma_{l1} + \sigma_{l2} + \sigma_{l3} + \sigma_{l4}$	$\sigma_{l1} + \sigma_{l2}$
2	混凝土预压后（第二批）的损失 σ_{lII}	σ_{l5}	$\sigma_{l4} + \sigma_{l5} + \sigma_{l6}$

考虑到应力损失计算值与实际损失值尚有误差，为了保证预应力构件的抗裂性能，《混

凝土结构设计规范》规定，当计算求得的预应力总损失小于下列数值时，按下列数值采用：先张法构件，$100N/mm^2$；后张法构件，$80N/mm^2$。

10.4.4　减小各项预应力损失的措施

在各项预应力损失中，由混凝土收缩和徐变引起的预应力损失 σ_{l5} 是最大的一项，一般占总损失的 $30\% \sim 60\%$。因此，减小 σ_{l5} 对有效地建立预应力是很关键的。减少各种预应力损失的具体措施如下：

1）选择变形小的锚具，尽量少用垫板，先张法构件增加台座长度，以减小锚具变形和钢筋回缩损失。

2）采用两端张拉，孔道长度减小一半，σ_{l2} 可减小一半。采用超张拉（见图 10-8），因超张拉所建立的预应力筋的应力比较均匀，可使 σ_{l2} 大大降低，超张拉的张拉程序是

$$0 \rightarrow 1.05\sigma_{con} \xrightarrow{\text{持荷 2min}} \sigma_{con}$$

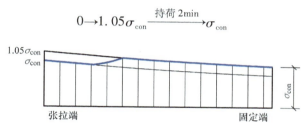

图 10-8　超张拉钢筋应力均匀

3）采用两阶段升温养护，首次升温至 $20℃$，待混凝土的强度等级达到 C7.5 ~ C10 时，再升温至规定的养护温度。这样，钢筋和混凝土已黏结为一体，可同时伸长，以减小 σ_{l3}；在钢模上张拉预应力筋，因钢模和混凝土一起加热养护，没有温差，故不产生预应力损失 σ_{l3}。

4）采用超张拉，以减小应力松弛损失 σ_{l4}。

5）减少水泥用量，降低水胶比；提高混凝土的密实度，加强养护；施加预应力时，混凝土的强度不宜过低，一般 $f_{cu}/f'_{cu} \geqslant 0.75$，保证 $\sigma_{pc} \leqslant 0.5f'_{cu}$ 以减小由收缩和徐变引起的预应力损失。

10.5　预应力混凝土轴心受拉构件各阶段的应力分析

为了准确地对轴心受拉构件进行设计计算，了解构件在不同阶段的工作特性，首先要了解预应力混凝土轴心受拉构件从张拉钢筋到构件破坏各个阶段的应力变化过程，为制作和使用阶段的计算提供理论依据。

10.5.1　后张法轴心受拉构件

1. 施工阶段

1）张拉预应力筋，当混凝土结硬且达到规定的强度后，在构件上张拉预应力筋到控制

应力 σ_{con}，依靠锚具将张拉力反作用于构件端部，混凝土受到弹性压缩而产生预压应力，摩擦损失同时产生，此时预应力筋的应力降低为

$$\sigma_p = \sigma_{con} - \sigma_{l2} \qquad (10.17)$$

由平衡条件求得混凝土的应力为

$$\sigma_p A_p = \sigma_{pc} A_n$$
$$\sigma_p A_p = \sigma_{pc} A_n$$
$$\sigma_{pc} = \frac{(\sigma_{con} - \sigma_{l2})}{A_n} A_p \qquad (10.18)$$

式中　A_n——混凝土的净截面面积；

　　　　A_p——预应力筋的截面面积。

2）锚固钢筋，完成第一批应力损失。在构件端部锚固预应力筋，锚具变形和钢筋内缩损失产生，构件缩短（见图10-9a），钢筋的应力降低为

$$\sigma_{pI} = \sigma_{con} - \sigma_{lI} \qquad (10.19)$$

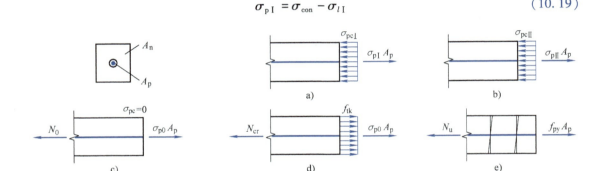

图 10-9　后张法轴心受拉构件工作过程

由平衡条件求得混凝土的应力为

$$\sigma_{pI} A_p = \sigma_{pcI} A_n$$
$$\sigma_{pcI} = \frac{(\sigma_{con} - \sigma_{lI})}{A_n} A_p \qquad (10.20)$$

3）钢筋的应力松弛和混凝土的收缩、徐变引起的应力损失产生，完成第二批应力损失 σ_{lII}，至此全部预应力损失完成（$\sigma_l = \sigma_{lI} + \sigma_{lII}$），构件再次缩短（见图10-9b），钢筋的应力为

$$\sigma_{pII} = \sigma_{con} - \sigma_l \qquad (10.21)$$

同理，求得混凝土的应力为

$$\sigma_{pcII} = \frac{(\sigma_{con} - \sigma_l)}{A_n} A_p \qquad (10.22)$$

当在预应力混凝土构件中配置非预应力筋时，混凝土的收缩和徐变将会使非预应力筋随构件缩短而回缩，在非预应力筋中产生压应力，同时非预应力筋也将阻止构件回缩。在混凝土截面上产生拉应力，因而影响预应力的效果。为此在计算混凝土的有效预应力时应考虑这

种影响，此时 σ_{pcII} 应以预应力筋和非预应力筋的合力来计算。为简化计算，取混凝土收缩、徐变使非预应力筋产生的压应力等于混凝土收缩、徐变引起的预应力损失 σ_{l5}，预应力筋和非预应力筋的合力 N_{pII} 为

$$N_{pII} = (\sigma_{con} - \sigma_l)A_p - \sigma_{l5}A_s \tag{10.23}$$

混凝土截面的有效预应力 σ_{pc} 为

$$\sigma_{pc} = \frac{(\sigma_{con} - \sigma_l)A_p - \sigma_{l5}A_s}{A_n} \tag{10.24}$$

式中　A_n——混凝土的净截面面积（包括混凝土的净面积和非预应力筋换算为相应的混凝土面积）。

σ_{pcII}——预应力混凝土构件在施工阶段所建立的有效预应力。

在构件受荷之前，混凝土受到压应力，钢筋受到拉应力，这就是预应力混凝土构件与普通钢筋混凝土构件的本质区别。

2. 使用阶段

1）加载至混凝土截面的应力为零。开始加载，构件因受拉而伸长，此时混凝土的预压应力逐渐被轴向拉力引起的拉应力所抵消，当混凝土截面上的应力为零时，有效的预压应力全部消失（见图 10-9c），称此阶段的应力状态为"消压状态"，预应力筋的应力在 σ_{pII} 的基础上增加 $\alpha_E\sigma_{pcII}$，则钢筋的应力为

$$\sigma_{p0} = \sigma_{con} - \sigma_l + \alpha_E\sigma_{pcII} \tag{10.25}$$

由力的平衡条件，求得构件截面上的拉力为

$$N_{p0} = \sigma_{p0}A_p = (\sigma_{con} - \sigma_l + \alpha_E\sigma_{pcII})A_p = (\sigma_{con} - \sigma_l)A_p + \alpha_E\sigma_{pcII}A_p$$

代入式（10.22），则

$$N_{p0} = \sigma_{pcII}A_n + \alpha_E\sigma_{pcII}A_p = \sigma_{pcII}(A_n + A_p) = \sigma_{pcII}A_0 \tag{10.26}$$

式中　N_{p0}——消压轴向拉力；

A_0——构件的换算截面面积，$A_0 = A_n + \alpha_E A_p$，$\alpha_E = E_s/E_c$。

2）加载至构件即将出现裂缝。继续增加轴向拉力，构件再次伸长，当 $N > N_{p0}$ 时，混凝土开始产生拉应力并逐渐达到 f_{tk}（见图 10-9d），构件即将开裂，钢筋的拉应力在前一阶段的基础上又增加 $\alpha_E f_{tk}$，此时构件中钢筋的拉应力增加为

$$\sigma_{p0} = \sigma_{con} - \sigma_l + \alpha_E\sigma_{pcII} + \alpha_E f_{tk} \tag{10.27}$$

构件的开裂轴力为

$$N_{cr} = \sigma_{p0}A_p + A_n f_{tk} = (\sigma_{con} - \sigma_l + \alpha_E\sigma_{pcII})A_p + \alpha_E A_p f_{tk} + A_n f_{tk}$$
$$= \sigma_{pcII}A_0 + f_{tk}(A_n + \alpha_E A_p) = (\sigma_{pcII} + f_{tk})A_0 \tag{10.28}$$

3）加载至构件破坏。继续增大轴向拉力，当 $N > N_{cr}$ 时，构件开裂。混凝土退出工作。全部拉力由钢筋承担（见图 10-9e），当钢筋的拉应力达到抗拉强度时，构件即告破坏。构件的破坏轴向拉力为

$$N_u = f_{py}A_p \tag{10.29}$$

式中　f_{py}——预应力筋抗拉强度试验值。

后张法轴心受拉构件应力分析全过程见表 10-6。

表 10-6　后张法预应力混凝土轴心受拉构件各阶段应力状态

应力阶段		简　图	预应力筋应力 σ_p	混凝土应力 σ_c	说　明
施工阶段	在构件上张拉预应力筋	σ_{pc}(压) 弹性压缩	$\sigma_p = \sigma_{con} - \sigma_{l2}$	$\sigma_{pc} = \dfrac{(\sigma_{con} - \sigma_{l2})}{A_n} A_p$	在构件上张拉钢筋，混凝土产生弹性压缩，σ_{l2} 同时产生，钢筋应力为 σ_p，混凝土应力为 σ_{pc}
	锚固钢筋完成第一批应力损失	σ_{pcI}(压) 收缩徐变	$\sigma_{pI} = \sigma_{con} - \sigma_{lI}$	$\sigma_{pcII} = \dfrac{(\sigma_{con} - \sigma_{lI})}{A_n} A_p$	锚固钢筋，产生锚具变形损失 σ_{lI}，完成第一批应力损失 σ_{lI}，钢筋的应力为 σ_{pI}，混凝土的应力为 σ_{pcI}
	完成第二批应力损失	σ_{pcII}(压)	$\sigma_{pII} = \sigma_{con} - \sigma_l$	$\sigma_{pcIII} = \dfrac{(\sigma_{con} - \sigma_l)}{A_n} A_p$	混凝土收缩、徐变和钢筋应力松弛损失 σ_{l5}、σ_{l4} 出现，完成第二批应力损失 σ_{lII}，总损失为 $\sigma_l = \sigma_{lI} + \sigma_{lII}$ 钢筋应力为 σ_{pII} 混凝土应力为 σ_{pcII}
使用阶段	加载至混凝土应力为零	0 $N_0 \quad N_0$	$\sigma_{p0} = \sigma_{con} - \sigma_l + \alpha_E \sigma_{pcII}$	0	在外力 N_0 作用下，混凝土应力增为0，钢筋应力增加 $\alpha_E \sigma_{pcII}$
	加载至混凝土即将出现裂缝	f_{tk}(拉) $N_{cr} \quad N_{cr}$	$(\sigma_{con} - \sigma_l) + \alpha_E (\sigma_{pcII} + f_{tk})$	f_{tk}	在外力 N_{cr} 作用下，混凝土应力增为 f_{tk}，钢筋应力增加 $\alpha_E f_{tk}$
	加载至构件破坏	0 $N_u \quad N_u$	f_{py}	0	在 N_u 作用下，构件开裂，混凝土退出工作，由钢筋承担全部拉力，钢筋应力达到 f_{py}，构件破坏

10.5.2　先张法轴心受拉构件

1. 施工阶段

1）张拉预应力筋，锚固，完成第一批应力损失（$\sigma_{lI} = \sigma_{l1} + \sigma_{l3} + \sigma_{l4}$），构件混凝土尚未结硬，无压力作用，故混凝土应力为零。则钢筋的应力为

$$\sigma_p = \sigma_{con} - \sigma_{lI} \tag{10.30}$$

2）放松（切断）预应力筋，钢筋立即回缩并以回弹力的形式作用在构件上，依靠黏结力使钢筋和混凝土共同变形，混凝土产生弹性压缩并获得预压应力（见图 10-10a）。此时钢筋的应力降低为

$$\sigma_{pI} = \sigma_{con} - \sigma_{lI} - \alpha_E \sigma_{pcI} \tag{10.31}$$

由力的平衡条件求得混凝土的应力为

$$\sigma_{pI} A_p = \sigma_{pcI} A_n$$
$$(\sigma_{con} - \sigma_{lI} - \alpha_E \sigma_{pcI}) A_p = \sigma_{pcI} A_n$$
$$(\sigma_{con} - \sigma_{lI}) A_p = \sigma_{pcI} (A_n + \alpha_E A_p) = \sigma_{pcI} A_0$$

则

$$\sigma_{pcI} = \frac{(\sigma_{con} - \sigma_{lI})}{A_0} A_p \tag{10.32}$$

3）混凝土的收缩、徐变和钢筋的应力松弛产生了应力损失，完成第二批应力损失 $\sigma_{lII} = \sigma_{l5}$。至此，全部预应力损失完成（$\sigma_l = \sigma_{lI} + \sigma_{lII}$），构件再次缩短（见图 10-10b），此时钢筋的应力降低为

$$\sigma_{pII} = \sigma_{con} - \sigma_l - \alpha_E \sigma_{pcII} \tag{10.33}$$

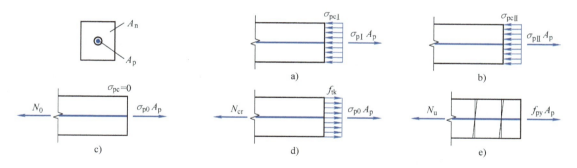

图 10-10　先张法轴心受拉构件工作过程

同理可求得混凝土的应力为

$$\sigma_{pcII} = \frac{(\sigma_{con} - \sigma_l)}{A_0} A_p \tag{10.34}$$

当在预应力混凝土构件中配置非预应力筋时，预应力筋和非预应力筋的合力为

$$N_{p0II} = (\sigma_{con} - \sigma_l) A_p - \sigma_{l5} A_s \tag{10.35}$$

混凝土截面的有效预应力 σ_{pcII} 为：

$$\sigma_{pcII} = \frac{(\sigma_{con} - \sigma_l) A_p - \sigma_{l5} A_s}{A_0} \tag{10.36}$$

式中　A_0——混凝土的换算截面面积（包括混凝土的净面积、预应力筋和非预应力筋换算

为混凝土的面积）。

2. 使用阶段

先张法预应力混凝土轴心受拉构件使用阶段的计算过程基本与后张法构件相同（见图10-10ce），根据力的平衡条件，只需将先张法构件中的 $\sigma_{pc\text{II}}$ 代入后，即可求得与后张法构件相同的 N_{p0}，N_{cr}，N_u 计算公式。先张法轴心受拉构件各阶段的应力分析全过程汇总于表10-7。

表10-7　先张法预应力混凝土轴心受拉构件各阶段应力状态

应力阶段		简　图	预应力筋应力 σ_p	混凝土应力 σ_c	说　明
制作阶段	张拉钢筋并锚固浇注混凝土	弹性压缩	$\sigma_p = \sigma_{con} - \sigma_{l\text{I}}$	0	张拉钢筋、锚固，出现 $\sigma_{l\text{I}}$，钢筋应力为 σ_p，混凝土不产生应力
	放松预应力筋	σ_{pc}（压）收缩徐变	$\sigma_{p\text{I}} = \sigma_{con} - \sigma_{l\text{I}} - \alpha_E \sigma_{pc\text{I}}$	$\sigma_{pc\text{I}} = \dfrac{(\sigma_{con} - \sigma_{l\text{I}})}{A_0} A_p$	预应力钢筋回缩、构件缩短，混凝土受到压应力 $\sigma_{pc\text{I}}$，筋的应力降低了 $\alpha_E \sigma_{pc\text{I}}$
	完成第二批应力损失	$\sigma_{pc\text{II}}$（压）	$\sigma_{p\text{II}} = \sigma_{con} - \sigma_l - \alpha_E \sigma_{pc\text{II}}$	$\sigma_{pc\text{II}} = \dfrac{(\sigma_{con} - \sigma_l)}{A_0} A_p$	构件再次缩短，混凝土应力降低到为 $\sigma_{pc\text{II}}$，钢筋的应力降低到 $\sigma_{p\text{II}}$
使用阶段	加载至混凝土应力为零	0　$N_0 \leftarrow\quad\rightarrow N_0$	$\sigma_{p0} = \sigma_{con} - \sigma_l$	0	在外力 N_0 作用下，混凝土应力为0，钢筋应力增加 $\alpha_E \sigma_{pc\text{II}}$
	加载至混凝土即将出现裂缝	f_{tk}（拉）$N_{cr} \leftarrow\quad\rightarrow N_{cr}$	$(\sigma_{con} - \sigma_l) + \alpha_E f_{tk}$	f_{tk}	在外力 N_{cr} 作用下，混凝土应力增为 f_{tk}，钢筋应力增加 $\alpha_E f_{tk}$
	加载至构件破坏	0　$N_u \leftarrow\quad\rightarrow N_u$	f_{py}	0	在 N_u 作用下，构件开裂，混凝土退出工作，由钢筋承担全部拉力，钢筋应力达到 f_{py}，构件破坏

10.5.3　轴心受拉构件的应力比较

1. 先张法构件与后张法构件的应力比较

1）混凝土完成弹性压缩的时间不同。先张法构件是在放松预应力筋时完成的，而后张法构件是在张拉钢筋至 σ_{con} 时完成的。

2）制作阶段预应力筋对构件施加的预压力，先张法是作用在包括预应力筋在内的全部换算截面 A_0 上，因而钢筋和混凝土同时回缩，使预应力筋的应力降低了 $\alpha_E\sigma_{pcⅡ}$；而后张法构件中预应力筋对构件的预压力则是作用在不包括预应力筋的混凝土净截面 A_n 上（此时虽然已在孔道内灌浆，但构件与砂浆的黏结尚不可靠，因而不考虑孔道内的钢筋和砂浆受力），且预应力筋没有回缩应力降低。

3）虽然构件在使用阶段 N_{p0}，N_{cr}，N_u 的计算公式形式完全相同，但先张法和后张法构件中的 $\sigma_{pcⅡ}$ 和 σ_{con} 值不同。

4）张拉控制应力 σ_{con} 值不同。先张法构件在放松预应力筋时，混凝土产生弹性压缩并使预应力筋回缩，而引起应力降低，其值为 $\alpha_E\sigma_{pcⅠ}$；而后张法是边张拉钢筋，混凝土边压缩，所以不必考虑此项应力降低值。先张法 σ_{con} 要比后张法 σ_{con} 的取值高些，这样可以保证先张法和后张法在同等条件下的构件中建立起近乎相等的预应力。

2. 预应力混凝土构件与普通钢筋混凝土构件应力状态比较

将先张法和后张法轴心受拉构件的钢筋和混凝土应力变化和普通钢筋混凝土轴心受拉构件的应力变化关系绘成曲线如图 10-11 和图 10-12 所示。通过比较进一步说明预应力混凝土构件具有以下受力特点：

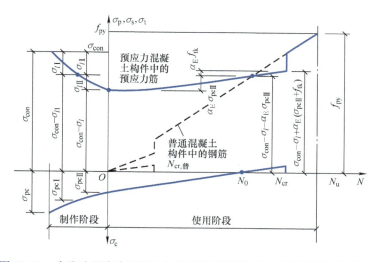

图 10-11　先张法预应力混凝土与普通钢筋混凝土轴心受拉构件应力比较

1）预应力混凝土构件从制作、使用直至破坏阶段，预应力筋始终处于高应力状态，而混凝土在加载前始终处于受压状态。

2）预应力混凝土构件从加载至混凝土截面即将出现裂缝时，截面上混凝土的应力为 $(\sigma_{pcⅡ}+f_{tk})$，而普通钢筋混凝土构件则只有 f_{tk}。可见，预应力混凝土构件多一项 $\sigma_{pcⅡ}$，开裂承载力也增大一项 N_{p0}，故延缓了裂缝的出现，使抗裂性能大为提高，这正是施加预应力

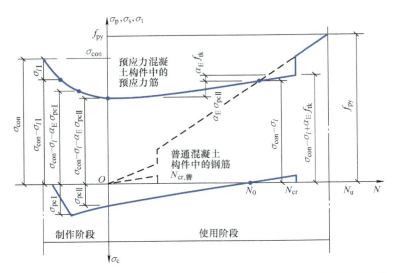

图 10-12 后张法预应力混凝土与普通钢筋混凝土轴心受拉构件应力比较

的关键所在。

3）当构件开裂后，预应力混凝土构件与普通钢筋混凝土构件应力变化值相同，具有相同的极限承载力，即施加预应力后并不改变构件的承载力。

10.6 预应力混凝土轴心受拉构件计算

10.6.1 使用阶段

1. 承载力计算

加载至构件破坏，全部拉力由预应力筋和非预应力筋承担，当钢筋应力达到屈服强度时（$\sigma_p = f_{py}$，$\sigma_s = f_y$），构件的应力分布如图 10-13 所示，构件承载力按下式计算，即

$$N \leqslant f_{py}A_p + f_yA_s \tag{10.37}$$

式中 N——轴向拉力设计值；

f_y，f_{py}——非预应力筋和预应力筋的抗拉强度设计值（见附表 5、附表 6）；

A_p，A_s——预应力筋和非预应力筋的截面面积。

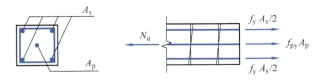

图 10-13 应力分布

2. 抗裂验算

对预应力混凝土轴心受拉构件，除进行承载力计算外，还应对构件的抗裂和裂缝宽度进行验算。为此，在进行构件设计时，应根据使用功能，使用环境的不同，选用不同的裂缝控

制等级。具体规定如下：

（1）严格要求不出现裂缝的构件　在荷载效应标准组合下应符合

$$\sigma_{ck} - \sigma_{pc\,II} \leqslant 0 \tag{10.38}$$

（2）一般要求不出现裂缝的构件　在荷载效应标准组合下应符合

$$\sigma_{ck} - \sigma_{pc\,II} \leqslant f_{tk} \tag{10.39}$$

在荷载效应准永久组合下应符合

$$\sigma_{cq} - \sigma_{pc\,II} \leqslant 0 \tag{10.40}$$

式中　σ_{ck}，σ_{cq}——荷载效应的标准组合、准永久组合下抗裂验算边缘混凝土的法向应力。

$$\sigma_{ck} = N_k/A_0 \qquad \sigma_{cq} = N_q/A_0 \tag{10.41}$$

式中　N_k，N_q——荷载效应的标准组合及准永久组合计算的轴向拉力。

3. 裂缝宽度验算

对允许出现裂缝构件，在荷载效应标准组合作用下，并考虑裂缝宽度分布的不均匀性和荷载效应的影响，其最大裂缝宽度的计算公式为

$$w_{max} = 2.2\psi \cdot \frac{\sigma_{sk}}{E_s}\left(1.9c_s + 0.08\frac{d_{eq}}{\rho_{te}}\right) \tag{10.42}$$

$$\sigma_{sk} = \frac{N_k - N_{p0}}{A_p + A_s} \tag{10.43}$$

$$\psi = 1.1 \tag{10.44}$$

$$\rho_{te} = \frac{A_p + A_s}{bh} \tag{10.45}$$

式中　σ_{sk}——预应力混凝土构件纵向受拉钢筋的等效应力；

c_s，d_{eq}——意义及用法均与第 9 章相同。

10.6.2　施工阶段

当先张法放松钢筋或后张法构件张拉预应力筋时，混凝土受压且达到最大值，与使用阶段的受力性质不同，故应对预应力混凝土构件进行制作阶段验算。对后张法构件，预应力是通过端部锚具传给混凝土的，在锚具下会形成很大的局部压力。因此，还须进行局部承载力验算。

1. 放松（或张拉）预应力筋时混凝土的预压应力的验算

验算公式为

$$\sigma_{cc} \leqslant 0.8f'_{ck} \tag{10.46}$$

式中　σ_{cc}——相应施工阶段混凝土的压应力；

f'_{ck}——与施工阶段混凝土立方体抗压强度相应的抗压强度标准值，按附表 4 以线性内插法确定。

对于先张法构件，σ_{cc} 按第一批损失出现后的情况计算，即

$$\sigma_{cc} = \frac{(\sigma_{con} - \sigma_{l1})A_p}{A_0} \tag{10.47}$$

对于后张法构件，σ_{cc} 按张拉力计算，即

$$\sigma_{cc} = \frac{\sigma_{con}A_p}{A_n} \tag{10.48}$$

2. 后张法构件中锚头承压区局部受压承载力的验算

为了避免局部压力作用下构件端部挤压破坏,可在构件端部锚具附近的一定长度范围内配置间接钢筋(方格网式或螺旋式),如图 10-14 所示,以保证构件端部局部受压承载力。

配有间接钢筋的构件,当其核心截面面积 $A_{cor} \geq A_l$ 时,混凝土局部压力由混凝土和间接钢筋两部分承担,按下式计算,即

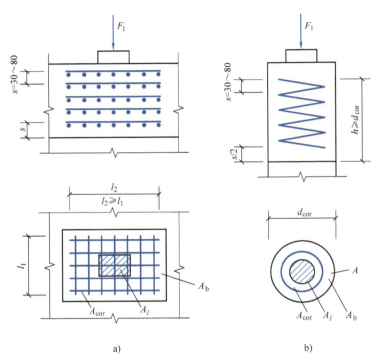

a)   b)

图 10-14   间接钢筋
a)方格式钢筋网片   b)螺旋式钢筋

$$F_l \leqslant 0.9(\beta_c \beta_l f_{cl} + 2\alpha \rho_v \beta_{cor} f_y) A_{ln} \tag{10.49}$$

$$\beta_l = \sqrt{\frac{A_b}{A_l}} \tag{10.50}$$

式中 F_l——局部受压面上作用的局部荷载或局部压力设计值;在后张法预应力混凝土构件中的锚头局部受压区,取 1.2 倍张拉控制应力;在无黏结预应力混凝土构件中,尚应与 f_{ptk} 值相比较,取其中较大值;

β_c——混凝土强度影响系数;

β_l——混凝土局部受压强度提高系数;

A_l——混凝土局部受压面积,如图 10-15 所示;

A_{ln}——混凝土局部受压净面积,对后张法构件,应在混凝土局部受压面积中扣除孔道、凹槽部分的面积;

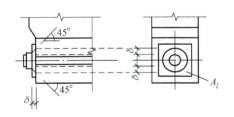

图 10-15 A_l 的计算

A_b——局部受压时计算底面积，可由局部受压面积与计算面积按同心、对称的原则确定，一般情况可按图 10-16 取用。

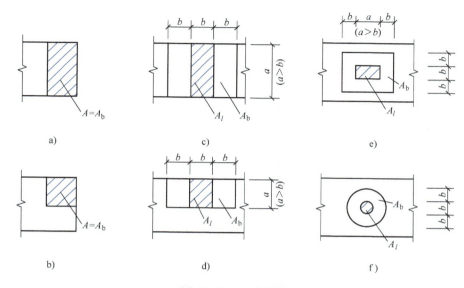

图 10-16　A_b 的计算

β_{car}——配置间接钢筋的局部受压承载力提高系数，按式（10.50）计算，但 A_b 以 A_{cor} 代替，当 $A_{cor} > A_b$ 时，应取 $A_{cor} = A_b$；

α——间接钢筋对混凝土约束的折减系数；

A_{cor}——配置方格网或螺旋式间接钢筋范围以内的混凝土核心面积，但不应大于 A_b，且其重心应与 A_l 的重心相重合；

ρ_v——间接钢筋的体积配筋率（核心面积 A_{cor} 范围内单位混凝土体积所含间接钢筋体积）。

当为方格网配筋时，在钢筋网两个方向的长度内，其钢筋面积相差不应大于 1.5 倍。此时，按下式计算，即

$$\rho_v = \frac{n_1 A_{s1} l_1 + n_2 A_{s2} l_2}{A_{cor} s} \tag{10.51}$$

式中　n_1，A_{s1}——方格网沿 l_1 方向的钢筋根数，单根钢筋截面面积；

n_2，A_{s2}——方格网沿 l_2 方向的钢筋根数，单根钢筋截面面积；

s——方格网钢筋间距。

当为螺旋配筋时，ρ_v 应按下式计算，即

$$\rho_v = \frac{4 A_{ss1}}{d_{cor} s} \tag{10.52}$$

式中　A_{ss1}——螺旋式单根间接钢筋的截面面积；

d_{cor}——配置螺旋式间接钢筋范围内的混凝土直径；

s——螺旋式间接钢筋的间距。

局部受压区截面尺寸控制条件：当间接钢筋配置过多，超过一定限值时，局部受压垫板

会产生过大的局部下陷，使裂缝提早在破坏之前出现，影响构件正常使用。为了满足构件受压区的抗裂要求，配置间接钢筋的构件，局部受压区的截面尺寸应符合

$$F_l \leqslant 1.35\beta_c\beta_l f_c A_{ln} \tag{10.53}$$

按式（10.50）计算的间接钢筋应配置在图10-14规定的 h 范围内，方格网钢筋不少于4片，螺旋式钢筋不少于4圈。

例 10-1 已知某预应力混凝土轴心受拉构件（后张法屋架下弦），截面尺寸为 $b \times h = 250\text{mm} \times 200\text{mm}$，如图10-17所示，构件长度为21m，混凝土强度等级为C40，预应力筋用钢绞线（1×7），BM扁形锚具，配置非预应力筋4 Φ 12，当混凝土达到设计强度等级的100%时张拉预应力筋（在一端张拉，超张拉），孔道尺寸为 $50\text{mm} \times 20\text{mm}$（用预埋波纹管成型），按荷载效应基本组合计算的轴向拉力设计值 $N = 480\text{kN}$，按荷载效应标准组合计算的轴向拉力值 $N_k = 360\text{kN}$，按荷载效应准永久组合计算的轴向拉力值 $N_q = 250\text{kN}$，该构件属一般要求不出现裂缝的构件，环境类别为一类。

要求：（1）根据使用阶段正截面抗拉承载力，确定预应力筋数量。

（2）验算使用阶段正截面抗裂。

（3）校核施工阶段混凝土预压力应力。

（4）验算施工阶段锚头承压区局部受压承载力。

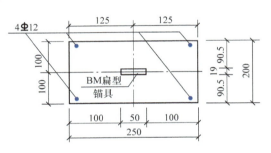

图 10-17　例 10-1 图

解

（1）使用阶段正截面抗拉承载力（预应力筋）计算

非预应力筋强度设计值 $f_y = 300\text{N/mm}^2$，面积 $A_s = 452\text{mm}^2$

预应力钢绞线强度设计值 $f_{py} = 1320\text{N/mm}^2$。

由式（10.37），求得预应力筋的计算面积为

$$A_p = \frac{N - f_y A_s}{f_{py}} = \frac{480000 - 300 \times 452}{1320}\text{mm}^2 = 260.9\text{mm}^2$$

实配 2 Φ^s 15.2（1×7）（$A_p = 278\text{mm}^2$）。

（2）使用阶段正截面抗裂验算

1）截面几何特性。预应力筋的换算比为

$$\alpha_{E1} = \frac{E_s}{E_c} = \frac{1.95 \times 10^5}{3.25 \times 10^4} = 6.0$$

非预应力筋的换算比为

$$\alpha_{E2} = \frac{E_s}{E_c} = \frac{2.0 \times 10^5}{3.25 \times 10^4} = 6.15$$

净截面面积为

$$A_n = [250 \times 200 - 50 \times 20 + (6.15 - 1) \times 452]\text{mm}^2 = 51328\text{mm}^2$$

换算截面面积为

$$A_0 = 51328\text{mm}^2 + 6.0 \times 278\text{mm}^2 = 52996\text{mm}^2$$

2）张拉控制应力。预应力钢绞线强度标准值 $f_{ptk}=1860\text{N}/\text{mm}^2$。由表 10-2，张拉控制应力为

$$\sigma_{con}=0.75f_{ptk}=0.75\times1860\text{N}/\text{mm}^2=1395\text{N}/\text{mm}^2$$

3）预应力损失值的计算。

① 预应力筋与孔道壁之间摩擦引起的损失 σ_{l2}。由表 10-4 查得 $k=0.0015$，由式（10.5），得

$$\sigma_{l2}=\sigma_{con}\left(1-\frac{1}{e^{(kx+\mu\theta)}}\right)=1395\text{N}/\text{mm}^2\times\left(1-\frac{1}{e^{(0.0015\times21+0)}}\right)=43.3\text{N}/\text{mm}^2$$

第一批预应力损失为

$$\sigma_{lI}=\sigma_{l2}=43.3\text{mm}^2$$

② 钢筋应力松弛引起的损失 σ_{l4}。对钢绞线，普通松弛，由式（10.10）

$$\sigma_{l4}=0.4\psi\left(\frac{\sigma_{con}}{f_{ptk}}-0.5\right)\sigma_{con}$$

当为超张拉时，$\psi=0.9$，因此

$$\sigma_{l4}=0.4\times0.9\times\left(\frac{1395}{1860}-0.5\right)\times1395\text{N}/\text{mm}^2=125.6\text{N}/\text{mm}^2$$

③ 混凝土收缩、徐变引起的预应力损失 σ_{l5}。第一批预应力损失出现后，预应力筋的合力为

$$N_{pI}=(\sigma_{con}-\sigma_{l1})A_p=260.9\text{mm}^2\times(1395-43.4)\text{N}/\text{mm}^2=352632\text{N}$$

由式（10.20）得

$$\sigma_{pcI}=\frac{N_{p1}}{A_n}=\frac{352632\text{N}}{51328\text{mm}^2}=6.87\text{N}/\text{mm}^2$$

因配有非预应力筋 A_s，A_n 中包括了非预应力筋的换算截面面积 $\alpha_E A_s$，则

$$\frac{\sigma_{pc1}}{f'_{cu}}=\frac{6.87}{40}=0.17<0.5$$

$$\rho=\frac{A_p+A_s}{2A_n}=\frac{260.9+452}{2\times51328}=0.0069$$

故由式（10.15）得

$$\sigma_{l5}=\frac{35+280\dfrac{\sigma_{pc}}{f_{cu}}}{1+15\rho}=\frac{35+280\times0.17}{1+15\times0.0069}\text{N}/\text{mm}^2=74.9\text{N}/\text{mm}^2$$

第二批预应力损失为

$$\sigma_{lII}=\sigma_{l4}+\sigma_{l5}=(125.6+74.9)\text{N}/\text{mm}^2=200.5\text{N}/\text{mm}^2$$

总的预应力损失为

$$\sigma_l=\sigma_{lI}+\sigma_{lII}=(43.3+200.5)\text{N}/\text{mm}^2=243.8\text{N}/\text{mm}^2$$

4）正截面抗裂验算。全部预应力损失出现后预应力筋的合力为

$$N_p=(\sigma_{con}-\sigma_l)A_p-\sigma_{l5}A_s$$
$$=[260.9\times(1395-243.8)-74.9\times452]\text{N}=266493\text{N}$$

由预加应力产生的混凝土法向应力为

$$\sigma_{pcI} = \frac{N_p}{A_n} = \frac{266493}{51328} N/mm^2 = 5.19 N/mm^2$$

① 按荷载效应标准组合的抗裂度验算。$N_k = 360kN$，则

$$\sigma_{ck} = \frac{N_k}{A_0} = \frac{360000N}{52996mm^2} = 6.79 N/mm^2$$

因 $\sigma_{ck} - \sigma_{pc} = (6.79 - 5.19)N/mm^2 = 1.60 N/mm^2 < f_{tk} = 2.39 N/mm^2$（满足要求）

② 按荷载效应准永久组合的抗裂度验算，由 $N_q = 250kN$，则

$$\sigma_{cq} = \frac{N_q}{A_0} = \frac{250000N}{52996mm^2} = 4.72 N/mm^2$$

因 $\sigma_{cp} - \sigma_{pc} = (4.72 - 5.19)N/mm^2 < 0$（满足要求）

（3）施工阶段混凝土预压应力的校核

$$\sigma_{cc} = \frac{\sigma_{con}A_p}{A_0} = \frac{1395 \times 278}{51328} N/mm^2 = 7.56 N/mm^2 < 0.8f'_{ck} = 0.8 \times 26.8 N/mm^2 = 21.44 N/mm^2$$

（满足要求）

（4）施工阶段锚头承压区局部受压承载力验算。构件所采用的 BM 扁形锚具构造如图 10-18 所示，其中锚板的尺寸为 80mm×48mm，锚垫板的尺寸为 160mm×80mm，设锚固区配Φ6焊接钢筋网（见图 10-18c），网片间距 $s = 50mm$，共 5 片。混凝土局部受压面积 A_l，可按预压力沿锚板边缘在锚垫板中沿 45° 的刚性扩散后的面积计算，但不能大于锚垫板的尺寸（对固定端锚具，其工作原理与张拉端锚具基本相同，但构造型式略有不同，图形从略）。

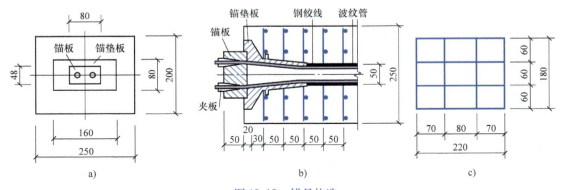

图 10-18　锚具构造

a）承压面积图　b）受拉端部锚固区　c）钢筋网片

1）局部受压区尺寸的校核

$$A_l = (80 + 2 \times 20)mm \times 80mm = 120mm \times 80mm = 9600mm^2$$

$$A_{ln} = 9600mm^2 - 50mm \times 20mm = 8600mm^2$$

$$A_b = 250mm \times 200mm = 50000mm^2$$

由式（10.51），得

$$\beta_l = \sqrt{\frac{A_b}{A_l}} = \sqrt{\frac{50000}{9600}} = 2.28$$

$$F_l = 1.2\sigma_{con}A_p = (1.2 \times 1395 \times 260.9)\text{N} = 436747\text{N}$$

$$1.35\beta_c B_l f_c A_{ln} = (1.35 \times 1.0 \times 2.28 \times 19.1 \times 8600)\text{N} = 505592\text{N}$$

因 $F_l < 1.35\beta_c\beta_l f_c A_{ln}$，故局部受压尺寸符合要求。

2）局部受压承载力验算

$$\beta_{cor} = \sqrt{\frac{A_{cor}}{A_l}} = \sqrt{\frac{220 \times 180}{9600}} = 2.03$$

由式（10.52）得

$$\rho_v = \frac{n_1 A_{s1}l_1 + n_2 A_{s2}l_2}{A_{cor} \cdot s} = \frac{3 \times 220 \times 28.3 + 3 \times 180 \times 28.3}{220 \times 180 \times 50} = 0.017$$

$$0.9(\beta_c\beta_l f_c + 2\alpha\rho_v f_y\beta_{cor})A_{ln} = 0.9(1.0 \times 2.28 \times 19.1 + 2 \times 1.0 \times$$
$$0.017 \times 2.03 \times 210)\text{N/mm}^2 \times 8600$$
$$= 449247\text{N} > F_l = 436747\text{N}$$

端部钢筋网仍采用 5 片，网的间距仍用 50mm，已满足 $h > l_1$ 的要求（h 为自构件张拉端截面外表面算起，网片间距的总长度）。

10.7　预应力混凝土受弯构件各阶段应力分析

预应力混凝土受弯构件的应力分析过程，原则上与预应力混凝土轴心受拉构件大致相似，但又有其特点。在轴心受拉构件中，预应力筋及非预应力筋对称布置的，在轴向预压力或轴向拉力作用下，截面混凝土中应力为均匀分布。制作阶段两种构件的不同之处仅在于：轴心受拉构件的预应力筋 A_p 通常设于构件截面中心，因而预应力筋的回弹力在截面中所建立的预压应力是均匀的。而受弯构件的预应力筋大部分或全部设置于构件的受拉区，为防止构件在制作、运输和吊装过程中上部开裂，通常还在受压区配置适量的预应力筋 A'_p，同时在受拉区和受压区相应配置一定数量的非预应力筋 A_s 和 A'_s，因而预应力筋 A_p 和 A'_p 张拉力的合力是一个偏心压力，混凝土截面上所建立的预压应力沿截面高度分布是不均匀的。因此，预应力混凝土受弯构件截面的应力图形与计算公式也与轴心受拉构件不同。

10.7.1　施工阶段

1. 先张法构件（见图 10-19）

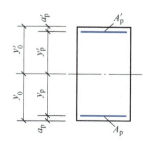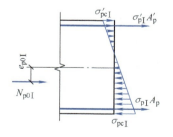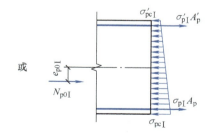

图 10-19　先张法截面应力

1）完成第一批应力损失，放松预应力筋后的应力。根据材料力学公式求得截面上、下边缘混凝土的应力为

$$\sigma_{\mathrm{pcI}} = \frac{N_{\mathrm{p0I}}}{A_0} \pm \frac{N_{\mathrm{p0I}} \cdot e_{\mathrm{p0I}}}{l_0} \cdot y_0 \tag{10.54}$$

预应力筋张拉力的合力为

$$N_{\mathrm{p0I}} = (\sigma_{\mathrm{con}} - \sigma_{l\mathrm{d}})A_{\mathrm{p}} + (\sigma'_{\mathrm{con}} - \sigma'_{l\mathrm{d}})A'_{\mathrm{p}} \tag{10.55}$$

预应力筋张拉力的合力至换算截面重心轴的距离为

$$e_{\mathrm{p0I}} = \frac{(\sigma_{\mathrm{con}} - \sigma_{\mathrm{I}l})A_{\mathrm{p}}y_{\mathrm{p}} - (\sigma'_{\mathrm{con}} - \sigma'_{\mathrm{I}l})A'_{\mathrm{p}}y'_{\mathrm{p}}}{N_{\mathrm{p0I}}} \tag{10.56}$$

2）全部应力损失完成后截面上、下边缘混凝土的应力为

$$\sigma_{\mathrm{pcII}} = \frac{N_{\mathrm{p0I}}}{A_0} \pm \frac{N_{\mathrm{p0I}} \cdot e_{\mathrm{p}l\mathrm{I}}}{l_0} \cdot y_0 \tag{10.57}$$

预应力筋张拉力的合力为

$$N_{\mathrm{p0II}} = (\sigma_{\mathrm{con}} - \sigma_{l\mathrm{I}})A_{\mathrm{p}} + (\sigma'_{\mathrm{con}} - \sigma'_{l\mathrm{I}})A'_{\mathrm{p}} - \sigma_{l5}A_{\mathrm{s}} - \sigma'_{l5}A'_{\mathrm{s}} \tag{10.58}$$

预应力筋张拉力的合力至换算截面重心轴的距离为

$$e_{\mathrm{p0II}} = \frac{(\sigma_{\mathrm{con}} - \sigma_{l\mathrm{I}})A_{\mathrm{p}}y_{\mathrm{p}} - (\sigma'_{\mathrm{con}} - \sigma'_{l\mathrm{I}})A'_{\mathrm{p}}y'_{\mathrm{p}} - \sigma_{l5}A_{\mathrm{s}}y_{\mathrm{s}} + \sigma_{l5}A'_{\mathrm{s}}y'_{\mathrm{s}}}{N_{\mathrm{poII}}} \tag{10.59}$$

式中　l_0，y_0——换算截面惯性矩、换算截面重心至计算纤维处的距离；

y_{p}，y'_{p}——受拉区、受压区预应力筋至换算截面重心轴的距离；

y_{s}，y'_{s}——受拉区、受压区非预应力筋至换算截面重心轴的距离。

当在预应力混凝土受弯构件中配置非预应力筋时，和轴心受拉构件相同，应考虑非预应力筋对预应力的影响。

2. 后张法构件（见图 10-20）

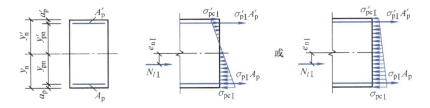

图 10-20　后张法截面应力

1）锚固钢筋，完成第一批应力损失后截面上、下边缘混凝土的应力为

$$\sigma_{\mathrm{pcI}} = \frac{N_{\mathrm{p}l}}{A_{\mathrm{n}}} \pm \frac{N_{l\mathrm{I}} \cdot e_{\mathrm{nI}}}{l_{\mathrm{n}}} \cdot y_{\mathrm{n}} \tag{10.60}$$

预应力筋张拉力的合力为

$$N_{l\mathrm{I}} = (\sigma_{\mathrm{con}} - \sigma_{l\mathrm{n}})A_{\mathrm{p}} + (\sigma'_{\mathrm{con}} - \sigma'_{l1})A'_{\mathrm{p}} \tag{10.61}$$

预应力筋张拉力的合力 N_{pI} 至净截面重心轴的距离为

$$e_{\mathrm{nI}} = \frac{(\sigma_{\mathrm{con}} - \sigma_{l1})A_{\mathrm{p}}y_{\mathrm{pn}} - (\sigma'_{\mathrm{con}} - \sigma'_{l\mathrm{I}})A'_{\mathrm{p}}y'_{\mathrm{pn}}}{N_{\mathrm{pI}}} \tag{10.62}$$

2）全部预应力损失完成后截面上、下边缘混凝土的应力为

$$\sigma_{pcII} = \frac{N_{pI}}{A_n} \pm \frac{N_{pI}e_{pI}}{l_n} \cdot y_n \tag{10.63}$$

预应力筋张拉力的合力为

$$N_{lI} = (\sigma_{con} - \sigma_l)A_p + (\sigma'_{con} - \sigma'_l)A'_p - \sigma_{l5}A_s - \sigma'_{l5}A'_s \tag{10.64}$$

预应力筋张拉力的合力 N_{lI} 至净截面重心轴的距离为

$$e_{nII} = \frac{(\sigma_{con} - \sigma_l)A_p y_{pn} - (\sigma'_{con} - \sigma'_l)A'_p y'_{pn} - \sigma_{l5}A_s y_{sn} + \sigma_{ls'}A_{s'}y'_{sn}}{N_{lII}} \tag{10.65}$$

式中 $I_{n'}$，y_n——净截面惯性矩、净截面重心轴到计算纤维处的距离；

y_{pn}，y'_{pn}——受拉区、受压区预应力筋至净截面重心轴的距离。

10.7.2 使用阶段

在使用阶段，无论先张法还是后张法构件，均以换算截面进行计算，计算公式的形式相同。

1）加载至截面下边缘混凝土的应力为零时，构件上承受的弯矩为

$$M_0 = \sigma_{pcII} W_0 \tag{10.66}$$

式中 W_0——换算截面对受拉边缘的弹性抵抗矩。

2）加载至构件截面下边缘混凝土即将开裂时，构件上承受的弯矩为

$$M_{cr} = (\sigma_{pcII} + \gamma f_{tk}) W_0 \tag{10.67}$$

式（10.67）前一项为消压弯矩，后一项为普通钢筋混凝土受弯构件的抗裂承载力，其中

$$\gamma = \left(0.7 + \frac{120}{h}\right)\gamma_m$$

γ_m——混凝土构件截面抵抗矩塑性影响系数基本值，由表 10-8 查得。

表 10-8　截面抵抗矩塑性影响系数基本值 γ_m

项次	1	2	3		4		5
截面形状	矩形截面	翼缘位于受压区的 T 形截面	对称 I 形截面或箱形截面		翼缘位于受拉区的倒 T 形截面		圆形和环形截面
			$b_f/b \leqslant 2$、h_f/h 为任意值	$b_f/b > 2$、$h_f/h < 0.2$	$b_f/b \leqslant 2$、h_f/h 为任意值	$b_f/b > 2$、$h_f/h < 0.2$	
γ_m	1.55	1.50	1.45	1.35	1.50	1.40	1.6 ~ 0.24r_1/r

注：1. 对 $b_{f'} > b_f$ 的 I 形截面，可按项次 2 与项次 3 之间的数值采用；对 $b_{f'} < b_f$ 的 I 形截面，可按项次 3 与项次 4 之间的数值采用。

　　2. 对于箱形截面，b 是指各肋宽度的总和。

　　3. r_1 为环形截面的内环半径，对圆形截面取 r_1 为零。

3）加载至构件破坏。根据预应力混凝土受弯构件的应力状态，其极限弯矩可参照普通钢筋混凝土受弯构件的方法列出计算公式，这里不再介绍。

10.7.3　受弯构件正截面混凝土法向应力为零时，预应力筋中的应力及合力的计算

在预应力混凝土受弯构件的设计中（如承载力计算及裂缝宽度验算等），常需得出构件

正截面混凝土法向应力为零时预应力筋中的应力 σ_{p0}、σ'_{p0} 和相应预应力及非预应力筋中应力的合力值 N_{p0}；假定在预应力及非预应力筋上各施加外力，使其分别产生拉应力 σ_{p0}（σ'_{p0}）及压应力 σ_{ls}（σ'_{ls}），其合力为 N_{p0}，如图 10-21 所示。此时，正截面混凝土法向应力即为零（全截面消压）。

N_{p0} 按下列公式计算

$$N_{p0} = \sigma_{p0}A_p + \sigma'_{p0}A'_p - \sigma_{ls}A_s - \sigma'_{ls}A'_s \qquad (10.68)$$

N_{p0} 的合力点至换算截面重心轴的距离 e_{p0} 为

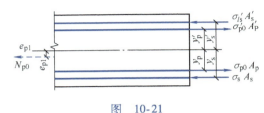

图　10-21

$$e_{p0} = \frac{\sigma_{p0}A_p y_p - \sigma'_{p0}A'_p y'_p - \sigma_{l5}A_s y_s + \sigma_{l5'}A_{s'}y'_s}{\sigma_{p0}A_p + \sigma'_{p0}A'_p - \sigma_{l5}A_s - \sigma_{l5'}A_{s'}} \qquad (10.69)$$

式中　σ_{p0}、σ'_{p0}——受拉区及受压区的预应力筋合力点处混凝土法向应力为零时，预应力筋的应力。

对于先张法构件，σ_{p0}、σ'_{p0} 按下式计算

$$\sigma_{p0} = \sigma_{con} - \sigma_l \qquad (10.70)$$

$$\sigma'_{p0} = \sigma'_{con} - \sigma'_l \qquad (10.71)$$

对后张法构件，σ_{p0}、σ'_{p0} 按下式计算

$$\sigma_{p0} = \sigma_{con} - \sigma_l + \alpha_E \sigma_{pc} \qquad (10.72)$$

$$\sigma'_{p0} = \sigma'_{con} - \sigma'_l + \alpha_E \sigma'_{pc} \qquad (10.73)$$

式中　σ_{pc}、σ'_{pc}——后张法构件受拉区及受压区的预应力筋合力点处混凝土由预加力产生的法向应力，按式（10.64）计算，当为拉应力时，以负值代入。

后张法构件中，N_{p0} 大于全部预应力损失出现后预应力筋及非预应力筋的合力 N_p。

10.7.4　使用阶段裂缝控制的验算

1. 正截面抗裂度验算

《混凝土结构设计规范》规定，对于在使用阶段不允许出现裂缝的预应力混凝土受弯构件，其正截面抗裂度根据裂缝控制的不同要求，分别按式（10.74）~式（10.76）计算（以应力验算形式表达）：

（1）一级　严格要求不出现裂缝的构件在荷载效应的标准组合下应符合

$$\sigma_{ck} - \sigma_{pc} \leqslant 0 \qquad (10.74)$$

（2）二级　一般要求不出现裂缝的构件在荷载效应的标准组合下应符合

$$\sigma_{ck} - \sigma_{pc} \leqslant f_{tk} \qquad (10.75)$$

在荷载效应的准永久组合下宜符合

$$\sigma_{cq} - \sigma_{pc} \leqslant 0 \qquad (10.76)$$

式中　σ_{ck}，σ_{cq}——荷载效应的标准组合、准永久组合下抗裂验算边缘混凝土法向应力。

$$\sigma_{ck} = \frac{M_k}{W_0} \qquad \sigma_{cq} = \frac{M_q}{W_0}$$

式中　M_k，M_q——按荷载效应标准组合及准永久组合计算的弯矩标准值；

σ_{pc}——扣除全部预应力损失后在抗裂验算边缘混凝土的预压应力。

2. 斜截面抗裂度验算

《混凝土结构设计规范》规定，预应力混凝土受弯构件应分别按下列规定进行斜截面抗裂验算：

（1）混凝主拉应力　一级。对严格要求不出现裂缝的构件，应符合

$$\sigma_{tp} \leqslant 0.85 f_{tk} \tag{10.77}$$

二级。对一般要求不出现裂缝的构件，应符合

$$\sigma_{tp} \leqslant 0.95 f_{tk} \tag{10.78}$$

（2）混凝土主压应力　对要求不出现裂缝的构件，均应符合

$$\sigma_{cp} \leqslant 0.6 f_{ck} \tag{10.79}$$

式中　σ_{cp}、σ_{tp}——混凝土的主压应力、主拉应力；

f_{tk}——混凝土轴心抗拉强度标准值；

f_{ck}——混凝土轴心抗压强度标准值。

如不满足上述条件，则应加大截面尺寸。

3. 部分预应力混凝土受弯构件裂缝宽度的验算

近年来，部分预应力混凝土的应用日益广泛。迫切需要解决其构件裂缝宽度和刚度的计算问题。下面介绍部分预应力混凝土受弯构件裂缝宽度的计算公式。

如图 10-22 所示，在预应力筋及非预应力筋合力 N_p 作用下，截面混凝土中产生预压应力（见图 10-22a），欲消除此预压应力，使全截面混凝土中应力为零（全截面消压），可假定在预应力筋及非预应力筋上各施加外力，使其分别产生拉应力 σ_{p0}（σ'_{p0}）及压应力 σ_{l5}（σ'_{l5}）。其合力（偏心拉力）N_{p0}（见图 10-22b）为

$$N_{p0} = \sigma_{p0}A_p + \sigma'_{p0}A'_p - \sigma_{ls}A_s - \sigma'_{ls}A'_s \tag{10.80}$$

由式（10.66），N_{p0} 的合力点至换算截面重心轴的距离 e_{p0} 为

$$e_{p0} = \frac{\sigma_{p0}A_p y_p - \sigma'_{p0}A'_p y'_p - \sigma_{ls}A_s y_s + \sigma'_{ls}A'_s y'_s}{\sigma_{p0}A_p + \sigma'_{p0}A'_p - \sigma_{ls}A_s - \sigma'_{ls}A'_s}$$

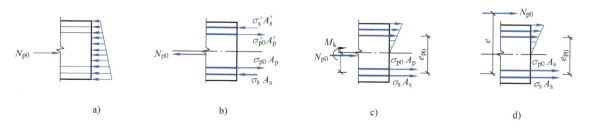

图　10-22

在预应力及弯矩标准值 M_k 作用下，预应力混凝土受弯构件的受力情况相当于图 10-22b 及图 10-22c 相叠加。在图 10-22c 中，偏心压力 N_{p0} 与图 10-22b 中的偏心拉力 N_{p0} 大小及作用点均相同，方向相反（其作用为抵消此假定的偏心拉应力 N_{p0}）。这样，部分预应力混凝土构件的裂缝宽度计算，可视为在 M_k 及 N_{p0} 作用下钢筋应力增量为 $\Delta\sigma_p$ 的非预应力混凝土构件的裂缝宽度计算问题。将 N_{p0} 及 M_k 组成为距纵向受拉钢筋截面重心的距离为 e 的等效偏心压力 N_{p0}（见图 10-22d），与非预应力混凝土偏心受压构件的情况相对比，可得出部分预

应力混凝土受弯构件裂缝宽度的计算公式。

在荷载效应标准组合下，平均裂缝宽度为

$$\omega_{\mathrm{m}} = \alpha_{\mathrm{c}} \psi_{\mathrm{p}} \frac{\Delta \sigma_{\mathrm{p}}}{E_{\mathrm{s}}} \tag{10.81}$$

式中 ψ_{p}——裂缝间预应力受拉钢筋应变的不均匀系数，近似按非预应力混凝土构件的公式计算；

$\Delta \sigma_{\mathrm{p}}$——在 M_{k} 及 N_{p0}（N_{p0} 称等效偏心压力）作用下，受拉钢筋的应力增量，在《混凝土结构设计规范》中写作 σ_{sk}。

考虑裂缝宽度分布的不均匀性及荷载长期效应组合的影响，最大裂缝宽度可由平均裂缝宽度 ω_{m} 乘以扩大系数 τ 及荷载长期作用的影响系数 τ_l 求得，即

$$\omega_{\max} = \tau \tau_l \alpha_{\mathrm{c}} \phi_{\mathrm{p}} \frac{\Delta p}{E_{\mathrm{s}}} l_{\mathrm{cr}} \tag{10.82}$$

试验表明，预应力混凝土受弯构件平均裂缝间距 l_{cr}、系数 α_{c}、τ 均可按非预应力混凝土偏心受压构件的规定采用（$\alpha_{\mathrm{c}} = 0.85$、$\tau = 1.6$）。对于荷载长期作用影响系数，由于预应力损失中已考虑了混凝土收缩和徐变的影响，故将 τ_l 由 1.5 改为 1.2。受拉钢筋的应力增量 $\Delta \sigma_{\mathrm{p}}$ 可按下式计算（见图 10-22c 或图 10-22d），即

$$\Delta \sigma_{\mathrm{p}} = \frac{M_{\mathrm{k}} - N_{\mathrm{p0}}(\eta h_0 - e_{\mathrm{p}})}{(A_{\mathrm{p}} + A_{\mathrm{s}}) \eta h_0} \tag{10.83}$$

或

$$\Delta \sigma_{\mathrm{p}} = \frac{N_{\mathrm{p0}}(e_{\mathrm{p}} - \eta h_0)}{(A_{\mathrm{p}} + A_{\mathrm{s}}) \eta h_0} \tag{10.84}$$

式中 ηh_0——内力臂，也可写成 Z，为受拉区纵向预应力筋和非预应力筋合力至受压区合力点的距离；

η——内力臂系数，由理论与试验分析，并与非预应力偏心受压构件相协调可得 $\eta = 0.87 - 0.12(1 - \gamma_{\mathrm{f}}')(h_0/e_0)^2 \leqslant 0.87$；

e_0——等效偏心压力 N_{p0} 合力点至受拉区全部纵向钢筋截面重心的距离，$e_0 = \dfrac{M_{\mathrm{k}}}{N_{\mathrm{p0}}} + e_{\mathrm{p}}$；

e_{p}——N_{p0} 作用点至受拉区全部纵向钢筋截面重心的距离。

由上述关系，《混凝土结构设计规范》规定，在矩形、T 形、倒 T 形及 I 形截面的预应力混凝土受弯构件中，考虑裂缝宽度分布的不均匀性和荷载效应长期作用的影响，其最大裂缝宽度（mm）按下式计算，即

$$w_{\max} = 1.2 \times 1.6 \times 0.85 \times \psi_{\mathrm{p}} \frac{\sigma_{\mathrm{sk}}}{E_{\mathrm{s}}} \left(1.9 c_{\mathrm{s}} + 0.08 \frac{d_{\mathrm{zq}}}{\rho_{\mathrm{tz}}} \right) \tag{10.85}$$

为与普通钢筋混凝土受弯、偏心受压构件最大裂缝宽度计算公式相协调，近似取为

$$w_{\max} = 1.7 \psi_{\mathrm{p}} \frac{\sigma_{\mathrm{sk}}}{E_{\mathrm{s}}} \left(1.9 c_{\mathrm{s}} + 0.08 \frac{d_{\mathrm{eq}}}{\rho_{\mathrm{te}}} \right) \tag{10.86}$$

$$\psi_{\mathrm{p}} = \psi = 1.1 - \frac{0.65 f_{\mathrm{tk}}}{\rho_{\mathrm{te}} \cdot \sigma_{\mathrm{sk}}}$$

$$\rho_{\mathrm{te}} = \frac{A_{\mathrm{p}} + A_{\mathrm{s}}}{0.5 b h + (b_{\mathrm{f}} - b) h_{\mathrm{f}}}$$

式中，c_s 的意义及取法与第 9 章相同。

思考题与习题

10.1　什么是预应力混凝土？

10.2　为什么说普通钢筋混凝土无法充分利用高强钢材的强度？

10.3　预应力混凝土结构有哪些主要优缺点？

10.4　先张法和后张法各有何特点？

10.5　预应力混凝土构件对混凝土和钢材各有哪些要求？为什么？

10.6　什么是张拉控制应力？为何要对它加以限制？

10.7　什么是预应力损失？有哪几项？如何分批组合？

10.8　如何减小预应力损失值？

10.9　A_n 和 A_0 的意义是什么？各在何种情况下使用？

10.10　预应力混凝土轴心受力构件的计算内容有哪些？为何要进行施工阶段的验算？

10.11　某 24m 跨预应力混凝土屋架下弦拉杆，截面尺寸如图 10-23 所示，采用混凝土 C30，预应力钢绞线（1×7），构件采用先张法生产，采用螺钉端杆锚具，张拉控制应力 $\sigma_{con} = 0.75 f_{ptk}$，构件为一端张拉并施行超张拉，当混凝土达到抗压设计强度时，放松预应力筋，构件在常温下进行自然养护。试分批计算预应力损失和总损失值。

10.12　已知条件同习题 10.11，截面尺寸如图 10-24 所示，构件长度 $L_0 = 9.0$m，预留孔道直径为 50mm，采用充压橡皮管抽芯成型，两端张拉，当混凝土达到设计强度的 90% 时张拉钢筋，张拉控制应力 $\sigma_{con} = 0.75 f_{ptk}$。试按后张法计算预应力损失。

10.13　已知 21m 后张法预应力混凝土折线形屋架，下弦截面尺寸如图 10-25 所示。混凝土为 C40，当混凝土达到设计强度时张拉钢筋；预应力筋为钢绞线（1×3），非预应力筋为 4 Φ 12，锚具为 JM12 型，采用充压橡皮管抽芯成型，一端（一次）张拉，张拉控制应力 $\sigma_{con} = 0.75 f_{ptk}$，下弦杆的轴向拉力设计值为 $N = 720$kN，荷载效应标准组合值 $N_k = 580$kN，荷载效应准永久组合值 $N_q = 510$kN。试：（1）计算预应力筋的用量；（2）验算使用阶段构件的抗裂性能；（3）验算张拉钢筋时构件的承载力。

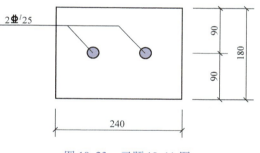

图 10-23　习题 10.11 图

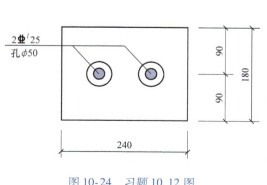

图 10-24　习题 10.12 图

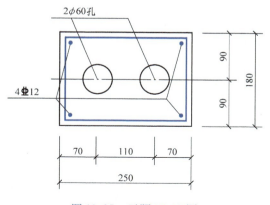

图 10-25　习题 10.13 图

附　　录

附表 1　普通钢筋强度标准值

牌　号	符　号	公称直径 d/mm	屈服强度标准值 f_{yk}/(N/mm²)	极限强度标准值 f_{stk}/(N/mm²)
HPB300	Φ	6～14	300	420
HRB400 HRBF400 RRB400	Φ Φ^F Φ^R	6～50	400	540
HRB500 HRBF500	Φ Φ^F	6～50	500	630

附表 2　预应力筋强度标准值　　　　　　　　　　（单位：N/mm²）

种　　类		符　号	公称直径 d/mm	屈服强度标准值 f_{pyk}	极限强度标准值 f_{ptk}
中强度预应力钢丝	光面螺旋肋	Φ^{PM} Φ^{HM}	5、7、9	620	800
				780	970
				980	1270
预应力螺纹钢筋	螺纹	Φ^T	18、25、32、40、50	785	980
				930	1080
				1080	1230
消除应力钢丝	光面螺旋肋	Φ^P Φ^H	5	1380	1570
				1640	1860
			7	1380	1570
			9	1290	1470
				1380	1570
钢绞丝	1×3（三股）	Φ^S	8.6、10.8、12.9	1410	1570
				1670	1860
				1760	1960
	1×7（七股）		9.5、12.7、15.2、17.8	1540	1720
				1670	1860
				1760	1960
			21.6	1590	1770
				1670	1860

注：强度为 1960MPa 级的钢绞线作后张预应力配筋时，应有可靠的工程经验。

附表3　普通钢筋及预应力筋在最大力作用下的总伸长率限值

钢筋品种	普 通 钢 筋		预 应 力 筋
	HPB300	HRB400、HRBF400、HRB500、HRBF500	
δ_{gt}（%）	10.0	7.5	3.5

附表4　混凝土强度标准值　　　　　（单位：N/mm²）

强度种类	符号	混凝土强度等级												
		C15	C20	C25	C30	C35	C40	C45	C50	C55	C60	C65	C70	C75	C80
轴心抗压	f_{ck}	10.0	13.4	16.7	20.1	23.4	26.8	29.6	32.4	35.5	38.5	41.5	44.5	47.4	50.2
轴心抗拉	f_{tk}	1.27	1.54	1.78	2.01	2.20	2.39	2.51	2.64	2.74	2.85	2.93	2.99	3.05	3.11

附表5　普通钢筋强度设计值　　　　　（单位：N/mm²）

牌　　号	抗拉强度设计值 f_y	抗压强度设计值 f_y'
HPB300	270	270
HRB400、HRBF400、RRB400	360	360
HRB500、HRBF500	435	435

附表6　预应力筋强度设计值　　　　　（单位：N/mm²）

种　　类	抗拉强度标准值 f_{ptk}	抗拉强度设计值 f_{py}	抗压强度设计值 f_{py}'
中强度预应力钢丝	800	510	410
	970	650	
	1270	810	
消除应力钢丝	1470	1040	410
	1570	1110	
	1860	1320	
钢绞线	1570	1110	390
	1720	1220	
	1860	1320	
	1960	1390	
预应力螺纹钢筋	980	650	435
	1080	770	
	1230	900	

注：当预应力筋的强度标准值不符合表中的规定时，其强度设计值应进行相应的比例换算。

附表7 混凝土强度设计值 （单位：N/mm²）

强度种类	符号	混凝土强度等级												
		C15	C20	C25	C30	C35	C40	C45	C50	C55	C60	C65	C70	C75	C80
轴心抗压	f_c	7.2	9.6	11.9	14.3	16.7	19.1	21.1	23.1	25.3	27.5	29.7	31.8	33.8	35.9
轴心抗拉	f_t	0.91	1.10	1.27	1.43	1.57	1.71	1.80	1.89	1.96	2.04	2.09	2.14	2.18	2.22

附表8 混凝土保护层的最小厚度 c （单位：mm）

环境等级	板、墙、壳	梁、柱
一	15	20
二 a	20	25
二 b	25	35
三 a	30	40
三 b	40	50

注：1. 混凝土强度等级不大于C25时，表中保护层厚度数值应增加5mm。

2. 钢筋混凝土基础应设置混凝土垫层，其受力钢筋的混凝土保护层厚度应从垫层顶面算起，且不应小于40mm。

3. 本表适用于设计使用年限为50年的混凝土结构，对设计使用年限为100年的混凝土结构，保护层厚度不应小于表中数值的1.4倍。

附表9 混凝土结构的环境类别

环境类别	条 件
一	室内干燥环境 无侵蚀性静水浸没环境
二 a	室内潮湿环境 非严寒和非寒冷地区的露天环境 非严寒和非寒冷地区与无侵蚀性的水或土直接接触的环境 严寒和寒冷地区的冰冻线以下与无侵蚀性的水或土直接接触的环境
二 b	干湿交替环境 水位频繁变动环境 严寒和寒冷地区的露天环境 严寒和寒冷地区冰冻线以上与无侵蚀性的水或土直接接触的环境
三 a	严寒和寒冷地区冬季水位变动区环境 受除冰盐影响环境 海风环境
三 b	盐渍土环境 受除冰盐作用环境 海岸环境
四	海水环境
五	受人为或自然的侵蚀性物质影响的环境

注：1. 室内潮湿环境是指构件表面经常处于结露或湿润状态的环境。

2. 严寒和寒冷地区的划分应符合国家现行标准《民用建筑热工设计规程》（GB 50176）的有关规定。

3. 海岸环境和海风环境宜根据当地情况，考虑主导风向及结构所处迎风、背风部位等因素的影响，由调查研究和工程经验确定。

4. 受除冰盐影响环境为受到除冰盐盐雾影响的环境；受除冰盐作用环境指被除冰盐溶液溅射的环境以及使用除冰盐地区的洗车房、停车楼等建筑。

附表 10　纵向受力钢筋的最小配筋百分率 ρ_{min}（%）

受 力 类 型			最小配筋百分率
受压构件	全部纵向钢筋	强度级别 500 N/mm²	0.50
		强度级别 400 N/mm²	0.55
		强度级别 300 N/mm²	0.60
	一侧纵向钢筋		0.20
受弯构件、偏心受拉、轴心受拉构件一侧的受拉钢筋			0.20 和 $45f_t/f_y$ 中的较大值

注：1. 当采用 C60 及以上强度等级的混凝土时，受压构件全部纵向钢筋最小配筋百分率，应按表中规定增加 0.10。

2. 板类受弯构件的受拉钢筋，当采用强度级别为 400 N/mm²、500 N/mm² 的钢筋时，其最小配筋百分率应允许采用 0.15 和 $45f_t/f_y$ 中的较大值。

3. 偏心受拉构件中的受压钢筋，应按受压构件一侧纵向钢筋考虑。

4. 受压构件的全部纵向钢筋和一侧纵向钢筋的配筋率以及轴心受拉构件和小偏心受拉构件一侧受拉钢筋的配筋率均应按构件的全截面面积计算。

5. 受弯构件、大偏心受拉构件一侧受拉钢筋的配筋率应按全截面面积扣除受压翼缘面积 $(b_f'-b)h_f'$ 后的截面面积计算。

6. 当钢筋沿构件截面周边布置时，"一侧纵向钢筋" 系指沿受力方向两个对边中一边布置的纵向钢筋。

附表 11　钢筋的公称直径、公称截面面积及理论重量

公称直径 /mm	不同根数钢筋的公称截面面积/mm²									单根钢筋理论重量/（kg/m）
	1	2	3	4	5	6	7	8	9	
6	28.3	57	85	113	142	170	198	226	255	0.222
8	50.3	101	151	201	252	302	352	402	453	0.395
10	78.5	157	236	314	393	471	550	628	707	0.617
12	113.1	226	339	452	565	678	791	904	1017	0.888
14	153.9	308	461	615	769	923	1077	1231	1385	1.21
16	201.1	402	603	804	1005	1206	1407	1608	1809	1.58
18	254.5	509	763	1017	1272	1527	1781	2036	2290	2.00 （2.11）
20	314.2	628	942	1256	1570	1884	2199	2513	2827	2.47
22	380.1	760	1140	1520	1900	2281	2661	3041	3421	2.98
25	490.9	982	1473	1964	2454	2945	3436	3927	4418	3.85 （4.10）
28	615.8	1232	1847	2463	3079	3695	4310	4926	5542	4.83
32	804.2	1609	2413	3217	4021	4826	5630	6434	7238	6.31 （6.65）
36	1017.9	2036	3054	4072	5089	6107	7125	8143	9161	7.99
40	1256.6	2513	3770	5027	6283	7540	8796	10053	11310	9.87 （10.34）
50	1963.5	3928	5892	7856	9820	11784	13748	15712	17676	15.42 （16.28）

注：括号内为预应力螺纹钢筋的数值。

附表 12　结构构件的裂缝控制等级及最大裂缝宽度的限值 w_{lim}　（单位：mm）

环 境 类 别	钢筋混凝土结构		预应力混凝土结构	
	裂缝控制等级	w_{lim}	裂缝控制等级	w_{lim}
一	三级	0.30（0.40）	三级	0.20
二 a		0.20		0.10
二 b			二级	—
三 a、三 b			一级	—

注：1. 表中的规定适用于采用热轧钢筋的钢筋混凝土构件和采用预应力钢丝、钢绞线及预应力螺纹钢筋的预应力混凝土构件，当采用其他类别的钢丝或钢筋时，其裂缝控制要求可按专门标准确定。

2. 对处于年平均相对湿度小于 60% 地区一级环境下的钢筋混凝土受弯构件，其最大裂缝宽度限值可采用括号内的数值。

3. 在一类环境下，对钢筋混凝土屋架、托架及需作疲劳验算的起重机梁，其最大裂缝宽度限值应取为 0.20mm；对钢筋混凝土屋面梁和托梁，其最大裂缝宽度限值应取为 0.30mm。

4. 一类环境下，对预应力混凝土屋架、托架及双向板体系，应按二级裂缝控制等级进行验算；对预应力混凝土屋面梁、托梁、单向板，按表中二 a 级环境的要求进行验算；在一类和二类环境下，对需作疲劳验算的预应力混凝土起重机梁，应按一级裂缝控制等级进行验算。

5. 表中规定的预应力混凝土构件的裂缝控制等级和最大裂缝宽度限值仅适用于正截面的验算；预应力混凝土构件的斜截面裂缝控制验算尚应符合预应力构件的要求。

6. 对于烟囱、筒仓和处于液体压力下的结构构件，其裂缝控制要求应符合专业标准的有关规定。

7. 对于处于四、五类环境下的结构构件，其裂缝控制要求应符合专门标准的有关规定。

8. 混凝土保护层厚度较大的构件，可根据实践经验将表中最大裂缝宽度限值适当放宽。

附表 13　受弯构件的挠度限值

构 件 类 型		挠 度 限 值
起重机梁	手动起重机	$l_0/500$
	电动起重机	$l_0/600$
屋盖、楼盖及楼梯构件	当 $l_0 < 7\mathrm{m}$ 时	$l_0/200$（$l_0/250$）
	当 $7\mathrm{m} \leqslant l_0 \leqslant 9\mathrm{m}$ 时	$l_0/250$（$l_0/300$）
	当 $l_0 > 9\mathrm{m}$ 时	$l_0/300$（$l_0/400$）

注：1. 表中 l_0 为构件的计算跨度；计算悬臂构件的挠度限值时，其计算跨度 l_0 按实际悬臂长度的 2 倍取用。

2. 表中括号内的数值适用于使用上对挠度有较高要求的构件。

3. 如果构件制作时预先起拱，且使用上也允许，则在验算挠度时，可将计算所得的挠度值减去起拱值；对预应力混凝土构件，尚可减去预加力所产生的反拱值。

4. 构件制作时的起拱值和预加力所产生的反拱值，不宜超过构件在相应荷载组合作用下的计算挠度值。

5. 当构件对使用功能和外观有较高要求时，设计时可适当加严挠度限值。

附表 14　钢筋的弹性模量　（单位：$\times 10^5 \mathrm{N/mm}^2$）

牌号或种类	弹性模量 E_s
HPB300 钢筋	2.10
HRB400、HRB500 钢筋 HRBF400、HRBF500 钢筋 RRB400 钢筋 预应力螺纹钢筋	2.00
消除应力钢丝、中强度预应力钢丝	2.05
钢绞线	1.95

注：必要时可采用实测的弹性模量。

附表 15　混凝土的弹性模量　　　　　　　　（单位：×10⁴N/mm²）

混凝土强度等级	C15	C20	C25	C30	C35	C40	C45	C50	C55	C60	C65	C70	C75	C80
E_c	2.20	2.55	2.80	3.00	3.15	3.25	3.35	3.45	3.55	3.60	3.65	3.70	3.75	3.80

注：1. 当有可靠试验依据时，弹性模量可根据实测数据确定；

　　2. 当混凝土中掺有大量矿物掺合料时，弹性模量可按规定龄期根据实测数据确定。

附表 16　钢丝的公称直径、公称截面面积及理论重量

公称直径/mm	公称截面面积/mm²	理论重量/(kg/m)
5.0	19.63	0.154
7.0	38.48	0.302
9.0	63.62	0.499

附表 17　钢绞线的公称直径、公称截面面积及理论重量

种　类	公称直径/mm	公称截面面积/mm²	理论重量/(kg/m)
1×3	8.6	37.4	0.296
	10.8	59.3	0.462
	12.9	85.4	0.666
1×7（标准型）	9.5	54.8	0.430
	12.7	98.7	0.775
	15.2	139	1.101
	17.8	191	1.500
	21.6	285	2.237

参 考 文 献

［1］东南大学，天津大学，同济大学. 混凝土结构设计原理［M］. 北京：中国建筑工业出版社，2001.

［2］刘立新，叶燕华. 混凝土结构原理［M］. 武汉：武汉理工大学出版社，2011.

［3］江见鲸. 混凝土结构工程学［M］. 北京：中国建筑工业出版社，1998.

［4］吴培明，刘立新. 混凝土结构：上册［M］. 武汉：武汉理工大学出版社，2002.

［5］张明. 结构可靠度分析——方法与程序［M］. 北京：科学出版社，2009.

［6］顾祥林. 混凝土结构基本原理［M］. 上海：同济大学出版社，2011.

［7］赵东拂，刘杨，刘栋栋. 钢筋混凝土构件承载力问题的三个要点［J］. 东南大学学报：哲学社会科学版，2012，14（S2）：163-165.